JN299197

高校数学でマスターする 制御工学
—— 本質の理解からMat@Scilabによる実践まで ——

博士（工学） 小坂 学 著

コロナ社

まえがき

　制御工学でなにができるのか？　そのためになにをすればよいのか？　その手順・方法は？　制約は？　その答えは本書の【わかる編】にあります。

　つまり，【わかる編】は制御工学の使い方がわかるマニュアルのようなものです。このマニュアルがあれば，とりあえず制御工学を使うことができるようになります。しかし，それをしっかり納得するためには，理論的裏付けが必要です。この理論的裏付けは，【ナットク編】でしっかり説明します。しかも，その説明は，高校の数学で十分理解できるものです。そして最後に，実際の制御工学の応用例が【役立つ編】にあります。そこでは現場の泥臭い制御設計をシミュレーションで実感できます。

　以上のように，本書は3編に分かれて構成されています。
(1)　【わかる（＝方法手順）編】：制御工学でできること・やりたいこと・解析設計手順と方法のマニュアル
(2)　【ナットク（＝理論証明）編】：高校数学で理解できる【わかる編】の理論的裏付け
(3)　【役立つ（＝応用例）編】：【わかる編】のマニュアルに沿った設計例（MATLABを利用）

　これら3編を通して，制御工学をしっかりと自分のものにしてほしいと思います。

　筆者は，企業の制御技術者として10年間，大学の制御工学の教員として10年以上の間，制御工学の研究と教育を続けています。この経験を生かして，わかりやすく，納得でき，そして企業の現場で役立つことを目指して本書を執筆しました。高校数学の知識で制御工学を理解できるように工夫し，懇切丁寧な説明を心がけました。また，式番号や図番号を参照するときは，その式や図が

載っているページ番号も並記しています。企業の現場で役立っている実例を示しながら，実際のモノのイメージが頭に浮かび，物理的な意味を把握できるようにしっかり制御工学を説明しています。

　実際の制御系設計では多くの場合，MATLAB（マトラブと読む）という制御系 CAD ソフトが使われています。本書でも MATLAB の使い方を紹介します。MATLAB に似たフリーソフトとして，SCILAB（サイラブと読む）があります。これに Mat@Scilab（マト・アト・サイラブと読む）というフリーソフトを組み合わせると，MATLAB の多くの関数を無料で実行できます。本書では，これも活用して実際にシミュレーションを行い，制御を実感できるようにしています。

　本書に関して貴重なご意見・ご指摘を頂きました柴田浩先生（大阪府立大学名誉教授），湊原哲也先生（津山工業高等専門学校准教授），五百井清先生（近畿大学教授）に深く感謝いたします。

　なお，本書の内容の一部は文部科学省私立大学戦略的研究基盤形成支援事業（平成 24 年～平成 26 年）の助成を受けました。出版にあたって多大なご協力をいただいたコロナ社の関係者の方々に厚く御礼申し上げます。

2012 年 6 月

小坂　学

目　　　次

── Part I【わかる編】──

1. 制御とはなにかを「わかる」

1.1 制 御 と は …………………………………………………… *1*
1.2 制御技術者の仕事 …………………………………………… *2*
1.3 自動車の運転と制御 ………………………………………… *3*
1.4 制 御 の 目 的 …………………………………………… *4*
1.5 制御系設計とは ……………………………………………… *9*
   1.5.1 制御仕様の決定 ………………………………………… *9*
   1.5.2 ブロック線図による制御対象と制御器のつながりの図的表現 … *10*
   1.5.3 制御対象の把握とモデル化 …………………………… *11*
   1.5.4 制 御 器 の 設 計 ………………………………… *12*
   1.5.5 制御仕様の実験による検証 …………………………… *12*

2. 制御システムの解析を「わかる」

2.1 システムとは ………………………………………………… *13*
   2.1.1 静 的 シ ス テ ム …………………………………… *14*
   2.1.2 動 的 シ ス テ ム …………………………………… *15*
2.2 システムをわかりやすい図で表現するブロック線図 ……… *16*
   2.2.1 ブロック線図とは ……………………………………… *16*

目次

- 2.2.2 ブロック線図を書くときのルール …………………………… 16
- 2.2.3 ブロック線図から伝達関数を求める手順 ………………… 18
- 2.2.4 2自由度制御系のフィードバック制御とフィードフォワード制御と制御性能 ……………………………………………………… 20
- 2.3 ラプラス変換によるシステム解析 …………………………………… 25
  - 2.3.1 ラプラス変換とは ……………………………………………… 26
  - 2.3.2 微分がかけ算に置き換わる …………………………………… 28
  - 2.3.3 微分方程式から伝達関数を求める …………………………… 29
  - 2.3.4 制御工学でよく扱う関数のラプラス変換 …………………… 31
  - 2.3.5 微分方程式を解く ……………………………………………… 35
  - 2.3.6 極による安定性・速応性・最終値の解析 …………………… 40
  - 2.3.7 制御対象に対する仮定 ………………………………………… 52
  - 2.3.8 周波数特性によるシステム解析 ……………………………… 56
  - 2.3.9 安定解析 ………………………………………………………… 67

3. 制御対象の把握を「わかる」

- 3.1 モデル化とは ……………………………………………………………… 82
- 3.2 代表的なシステムの性質 ………………………………………………… 83
  - 3.2.1 比例要素 ………………………………………………………… 85
  - 3.2.2 微分要素 ………………………………………………………… 85
  - 3.2.3 積分要素 ………………………………………………………… 86
  - 3.2.4 一次遅れ系 ……………………………………………………… 87
  - 3.2.5 二次遅れ系 ……………………………………………………… 94
  - 3.2.6 零点をもつ要素 ………………………………………………… 103
  - 3.2.7 むだ時間要素 …………………………………………………… 105

4. 制御器の設計を「わかる」

- 4.1 制御系の性能を表す制御仕様とは ……………………………… *112*
  - 4.1.1 ステップ応答でわかる制御仕様 ……………………… *112*
  - 4.1.2 ボード線図でわかる制御仕様 ………………………… *113*
- 4.2 制御仕様を満足させる制御器を設計するには ……………… *114*
  - 4.2.1 目標値応答特性を良くする2自由度制御 …………… *114*
  - 4.2.2 定常特性を良くする内部モデル原理 ………………… *116*
- 4.3 最も広く使われているPID制御とは …………………………… *117*
  - 4.3.1 P 制 御 ………………………………………… *118*
  - 4.3.2 PI制御と位相遅れ補償 ………………………………… *126*
  - 4.3.3 PD制御と位相進み補償 ………………………………… *129*
  - 4.3.4 PID制御と位相進み遅れ補償 ………………………… *133*
  - 4.3.5 PID制御の目標値応答特性の改善策 ………………… *134*
- 4.4 PID制御を設計するには …………………………………………… *137*
  - 4.4.1 試行錯誤による調整 …………………………………… *137*
  - 4.4.2 限 界 感 度 法 …………………………………………… *139*
  - 4.4.3 内部モデル制御(ラムダチューニング) …………… *141*
  - 4.4.4 極配置法(部分的モデルマッチング) ……………… *145*
  - 4.4.5 ル ー プ 整 形 …………………………………………… *149*

—— Part II 【ナットク編】——

5. 【わかる編】を理論的裏付けして「ナットク」する

- 5.1 高校の数学とその応用を「ナットク」する ………………… *154*

- 5.1.1 アークタンジェント $\left(\theta = \tan^{-1}\dfrac{b}{a}\right)$ の a と b の符号と θ の範囲 … 154
- 5.1.2 $\log_{10} x^a = a \log_{10} x$ の証明 … 155
- 5.1.3 $\log_{10} xy = \log_{10} x + \log_{10} y$ の証明 … 155
- 5.1.4 $\displaystyle\lim_{i \to \infty}\dfrac{x^i}{i!} = 0$ の証明 … 156
- 5.1.5 テイラー展開 … 156
- 5.1.6 オイラーの公式 $e^{j\theta} = \cos(\theta) + j\sin(\theta)$ の証明 … 160
- 5.2 2章の制御システムの解析を「ナットク」する … 161
  - 5.2.1 ブロック線図のフィードバック接続の公式の証明 … 161
  - 5.2.2 閉ループ系の伝達関数 G_{yr}, S, T がすべて同じ特性方程式をもつことの証明 … 165
  - 5.2.3 ラプラス変換の公式の証明 … 166
  - 5.2.4 さまざまな関数のラプラス変換の証明 … 169
  - 5.2.5 部分分数展開で便利な留数定理の証明 … 173
  - 5.2.6 極による安定判別が n 重解の極でも成り立つことの証明 … 174
  - 5.2.7 複素数の極が複素共役の対をなすことの証明 … 175
  - 5.2.8 定数×信号または定数×信号の時間微分の項だけをもつ微分方程式で表されるシステムが線形時不変系であることの証明 … 176
  - 5.2.9 $G(s)$ からゲイン K と位相 ϕ を求める公式の証明 … 177
  - 5.2.10 $G(-j\omega) = \overline{G(j\omega)}$ の証明 … 179
  - 5.2.11 ラウス・フルビッツの安定判別の証明 … 181
  - 5.2.12 ナイキストの安定判別の証明 … 184
- 5.3 3章の制御対象の把握を「ナットク」する … 189
  - 5.3.1 微分要素 s と積分要素 $\dfrac{1}{s}$ のボード線図の折れ線近似の作図 … 189
  - 5.3.2 一次遅れ系 … 190
  - 5.3.3 二次遅れ系 … 192
  - 5.3.4 零点の性質の証明 … 196
  - 5.3.5 むだ時間要素のボード線図の性質の証明 … 197

- 5.4　4章の制御器の設計を「ナットク」する ……………………… 197
  - 5.4.1　2自由度制御 ………………………………………………… 197
  - 5.4.2　内部モデル原理の証明 ……………………………………… 199
  - 5.4.3　PID　制　御 ………………………………………………… 200
  - 5.4.4　PID制御の設計 ……………………………………………… 203

── Part III 【役立つ編】 ──

6.　MATLABを活用した制御系設計を行って「役立つ」

- 6.1　MATLABとは …………………………………………………… 211
- 6.2　制御対象を把握しよう ………………………………………… 212
  - 6.2.1　物理法則でモデル化しよう ………………………………… 212
  - 6.2.2　ステップ応答で制御対象を把握しよう …………………… 214
  - 6.2.3　ボード線図で制御対象を把握しよう ……………………… 216
- 6.3　PID制御を設計しよう ………………………………………… 218
  - 6.3.1　積分項と微分項の役割を確かめよう ……………………… 218
  - 6.3.2　極配置法による伝達関数を利用したPID制御器を設計しよう … 219
  - 6.3.3　ループ整形によるボード線図を利用したPID制御器を
         設計しよう …………………………………………………… 222

引用・参考文献 ………………………………………………………… 225
索　　　引 ……………………………………………………………… 226

─ Part I【わかる編】─

1 制御とはなにかを「わかる」

この章では，自動車の運転を例として，制御とはなにかを理解しよう．

1.1 制 御 と は

制御とは，機械などを自動的にうまく操る技術 である．例えば
(1) 自動ドアの前に人が立つと 自動的に 開く．
(2) エレベータの行き先ボタンを押すと 自動的に 行き先フロアに移動する．
(3) 自動販売機のボタンを押すと 自動的に 商品を出す．
(4) エアコンを室温 25°C に設定すると 自動的に 室温を 25°C に調節する．
(5) 無人電車を時速 60 km に設定すると 自動的に 速度を時速 60 km に調節する．
(6) 追尾ミサイルを敵機に発射すると 自動的に 追いかけてぶつかる．
(7) ジェット機のオートパイロットは 自動的に ジェット機を操縦する．

このように，制御はあらゆる機械に使われている．これらのうち (1) ～ (3) は，スイッチを組み合わせて，それらをあらかじめ決めておいた順序で自動的にオン・オフさせるものであり，「シーケンス制御」という．本書では取り扱わないが，シーケンス制御については多くの参考書がある．(4) ～ (7) は，スイッチだけではうまく操ることができない．例えば，(4) のエアコンは，室温を 25°C に維持するために時々刻々と室温をチェックし，どれだけ冷やすか，あるいは暖めるかを調節し続けなければならない．(5) の無人電車は，急な坂道を上ると

きも，満員になって非常に重たくなっても，現在の速度を時速 60 km に保つように，時々刻々と自動的にアクセルやブレーキを調節し続けなければならない。このように時々刻々と温度や速度などを監視して時々刻々と調整し続ける制御を**フィードバック制御**（または**閉ループ制御**）と呼ぶ．本書では，このフィードバック制御を取り扱う．フィードバック制御はロボットなどの多くの機械に取り入れられており，例えば自動車の中だけでも，オートマ，パワステ，アクティブサス，カーエアコンなど多くのものに使われている．

1.2 制御技術者の仕事

自動車やロボットなどの機械を設計するためには，機械工学や電気電子工学といった多くの科目の知識が必要である．例えば子犬型愛玩ロボットを作って売ることを考えよう．まず，商品のおおまかな品質，価格，発売日（QCD: quality, cost, delivery）などを決める．これを商品のコンセプト立案という．子犬型愛玩ロボットの品質としては，子犬程度の大きさ，かわいい外見，飼い主の声に反応することなどがあるだろう．つぎに，もっと具体的に詳しく数値で表せる性能（仕様という）を決める．例えば，脚などの寸法，歩行の動作や声に反応する情報処理方法などだ．それらの仕様を設計するためには，機械工学や電気電子工学といった多くの科目の知識が必要である．仕様とそれらに関連する科目の例を**表 1.1** に示す．ロボットを作るために多くの科目の知識が必要になることがわかるだろう．これらの科目のうち，本書では制御工学について学ぶ．

表 1.1 子犬型愛玩ロボットの仕様と関連する科目

仕　様	関連科目
脚などの寸法	製図，設計，材料力学
脚などの材質	材料工学，材料力学
歩行の動作	制御工学，電気電子回路
声に反応する情報処理	C 言語プログラミング，論理回路

1.3　自動車の運転と制御

　自動車を時速 60 km 一定で運転することを考えよう。ドライバは君だ。運転中に君は時速 60 km になっているかをチェックするために，スピードメータを見るだろう。このように制御結果を監視することを**フィードバック**という。そして，時速 60 km より遅ければ，アクセルを踏み込んで加速するだろう。逆に時速 60 km を超えていれば，アクセルを緩めて減速するだろう。この調節を時々刻々とし続けると，時速 60 km 一定で運転することができる。この調節を人の代わりにマイコンなどにやらせると自動運転が行える。じつは，このようにする調節こそがフィードバック制御の原理なのだ。人間の代わりにコンピュータがこの調節を行うことで，無人で自動運転を行えるのだ。このあと本書を読み進むと，途中で難しくなり，なにをやっているのかわからなくなってしまうかもしれない。しかし，この原理を忘れないでいてほしい。今後の難しい話は，この原理をうまく活用するための理論である。

　工学にはさまざまな専門用語があり，それを表す記号として習慣的によく使われるものがある。例えば電圧として V，力として f をよく使う。自動車の運転を例として，制御工学の専門用語とそれを表す記号を紹介しよう。**図 1.1** に示すように，運転手は道路標識の制限速度と現在のスピードを見て，アクセルやブレーキを踏み，自動車のスピードを制御している[†]。

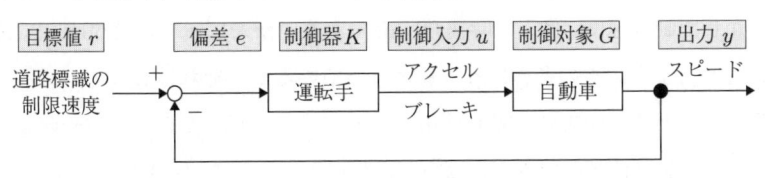

図 1.1　自動車の運転と制御工学の専門用語

　ここでは自動車を操っているが，この操られるモノを**制御対象**（または**プラント**）といい，その記号には G を使うのが通例である。G のほかに P も制御

[†]　実際には，交通ルールを守り，安全に運転しなければならない。

対象を表す文字としてよく使われる。自動車を運転する運転手，つまり制御対象を操るモノを**制御器**（または**コントローラ**，**調節器**）といい，その記号として K を使うことが多い。K の代わりに C を使うこともある。操りたいのはスピードである。この「操りたい量」を**制御量**（または**出力**，**出力応答**）y という。運転手は自動車を操るためにアクセルの開度を調節する。このように制御対象を操るために「調節する量」を**制御入力**（または**操作量**）u という。運転手は道路標識を見て目標速度を知る。このように「目標とする量」を**目標値**（または**目標入力**）r という。制御の目的は，スピードが目標速度に一致すること，つまり出力が目標値に一致することである。出力 y と目標値 r との差を**偏差** e $(= r - y)$ という。フィードバック制御器は，時々刻々と出力 y を監視して，制御入力 u を適切に調節している。

1.4 制御の目的

制御の目的は，理想的には出力 y を目標値 r に完全に一致させること，すなわち

$$y = r \tag{1.1}$$

とさせることだ。しかし現実には，これは不可能である。それはなぜか。もう一度，自動車の運転を考えてみよう。出力 y はスピード，目標値 r は道路標識に書かれた制限速度，例えば時速 60 km である。がんばって時速 60 km で運転できたとしよう。そのときは $y = r$ となっているが，それはおよそ，あるいは一瞬の話である。つまり，60.00 km のように小数点以下 2 桁まで誤差のない正確な時速で長時間運転できる人はいないだろう。さらに，**図 1.2** に示すように，向かい風が吹いたときや，上り坂になったときは，速度は低下してしまうだろう。これは減速させる力が加わるためで，このように外部から制御を乱したり邪魔したりする力を，**外乱**という。運転の場合は外部から加わる力が，エアコンで室温を設定温度に保つ場合は外部から作用する熱が外乱である。また，上

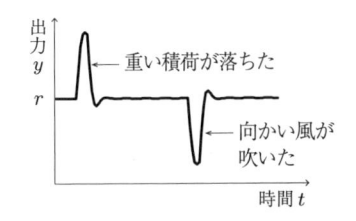

図 1.2 向かい風（外乱）が吹いたり積荷が落下（特性変動）したりしたときの出力 y

り坂を運転中に，かりに何百 kg もある重い積荷が車から落ちることを想像してほしい†。急激に車が軽くなったのに，アクセルを踏んだままにしていると，一気に加速してしまうだろう。このように重量などが変化することを，**負荷変動**という。また，自動車のエンジンは 10 年も経つとヘタって，新車のときほど加速しなくなるだろう。このように，年月が経過してゆっくりと特性が変化することを，**経年変化**という。負荷変動や経年変化などのように，制御対象の特性が変動することを**特性変動**という。自然界には外乱と特性変動が必ず存在するので，正確に $y=r$ とすることは不可能なのである。

もしも君が初めてレーシングカーを運転するとどうなるだろうか。恐る恐るアクセルを踏むと急加速し，驚いてブレーキを踏んで急減速してしまい，時速 60 km 一定で運転することは難しいだろう。ひどい場合は，**図 1.3** に示すように加速と減速を繰り返し，加減速の度合いがどんどんひどくなってしまうかもしれない。この状態を**不安定**という。不安定になると，もちろん $y=r$ とはならず，出力と目標値のズレはどんどんひどくなってしまう。

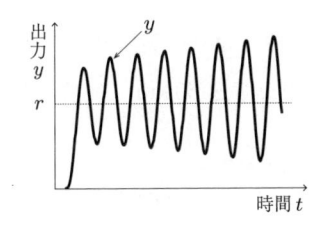

図 1.3 不安定になったときの出力 y

そこで制御工学では，制御の理想的な目的である，完全に $y=r$ とさせることをあきらめる。その代わりに，制御の理想を邪魔する特性変動，目標値の変

---

† 積荷が落ちないように，運転前にしっかりチェックしておかなければならない。

化と外乱に対して，どれだけ $y = r$ に近づけるかを表すつぎの三つの性能を，制御の目的として設定する。

- **安定性**：出力 y がどんどん大きくなってしまうことを**発散**するといい，この状態を**不安定**と呼ぶ。y は振動しながら大きくなることもある。不安定な制御対象の例として自転車がある。バランスをとらなければ自転車の傾き y はどんどん大きくなり，転倒してしまう。安定性とは不安定になりにくい性質・能力である。上手な人が運転すると安定性が増す。普通の自転車なら運転できても，パンクして**特性変動**した自転車では，不安定になって転倒してしまうことがある。パンクしても運転できる人は安定性が優れているといえる。
- **外乱除去特性**：外乱の影響を受けにくい性質・能力である。自転車の運転中に突風が吹くと，ふらついてしまうことがある。突風は外乱である。ふらつかないで運転できる人は外乱除去特性が優れているといえる。
- **目標値応答特性**：目標値に出力が追従できる性質・能力である。運動場に曲がりくねったラインを引き，その上をずれないように自転車を運転できれば，目標値応答特性が優れているといえる。

これらは，**制御性能**とも呼ばれ，次章のシステム解析でそれぞれ解析することができる。

図 **1.4** を見てほしい。横軸の t は時間で，単位は秒の英語である "second" の頭文字をとって〔s〕と表す。縦軸は自動車を時速 60 km 一定で運転しよう

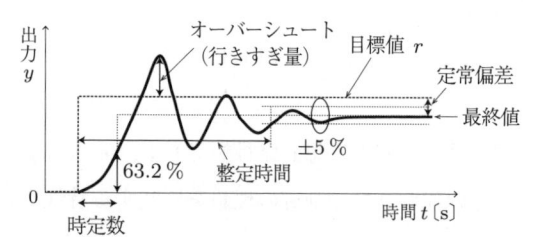

図 **1.4** ステップ応答と制御目的の指標

としたときの出力（スピード）を示している。図のように，目標値が0から一定の値に変化したときの出力を**ステップ応答**という。図では，運転を開始するとスピード y がだんだん大きくなり，時速60 km付近に到達すると加速を止めるためにアクセルを緩めるが，いきなり加速を止めることはできないため時速60 kmを超えて行きすぎている。やがて減速を始めるが，そのうち時速60 kmを下回ってしまう。この上がりすぎと下がりすぎを繰り返すうちにスピード y は一定になっている。十分時間が経って，スピードやアクセル開度などが一定になった状態を**定常状態**といい，定常状態に至るまでの，出力や入力などが変化する状態を**過渡状態**という。

　前述の外乱除去特性と目標値応答特性の制御性能については，つぎのように過渡状態と定常状態の二つに分けて考えることが多い。

- **速応性（過渡特性）**：目標値が変化したり，外乱が入って出力が変化している過渡状態のとき，出力が目標値に素早く追従できる性質・能力。この指標として後述のオーバーシュート，整定時間と帯域幅がある。
- **定常特性**：目標値と外乱と出力が一定になった定常状態のとき，目標値と出力のズレ（偏差）が小さくなる性質・能力。この指標として後述の定常偏差がある。

　図1.4のステップ応答を見れば，つぎの制御性能をおおまかに知ることができる。

- **定常偏差**：時間が経って出力が一定になった定常状態のときの目標値と出力とのズレ（偏差）。定常特性の指標であり，0に近いほど良い。定常状態における目標値応答特性，外乱除去特性を表す。また，定常状態における出力を，**出力の最終値**という。最終値を**定常値**ともいう。
- **整定時間**：出力の最終値の ±5％（または ±2％，±1％など）の幅の中に出力が入って，それ以降外に出なくなる時間であり，0に近いほど良い。速応性の指標の一つである。
- **時定数**：出力が最終値の63.2％（詳細はp.92を参照）に達するまでの

時間であり，0 に近いほど良い。速応性の指標の一つである。
- **オーバーシュート（行きすぎ量）**：出力 y が目標値 r を行きすぎた最大の量（数式で $\max(y-r)$ と書く）であり，0 に近いほど目標値応答特性が良い。y が r に達しなければオーバーシュートはゼロである。自動車の運転で時速 30 km のオーバーシュートがあると，制限速度を時速 30 km オーバーしたスピード違反になってしまうので，自動車の制御ではゼロが要求される。エアコンで室温を 25 °C に制御するときもオーバーシュートしないほうがよい。ストップウォッチの針を原点に戻すときは，オーバーシュートしてもかまわず，できるだけ速く戻るほうがよい。つまり，整定時間が短いほうがよい。ただし，y の最大値と最終値との差をオーバーシュートと呼ぶこともある（p.99 を参照）。

帯域幅（制御帯域） も重要な制御性能の一つであり，速応性を整定時間よりも正確に表せる。自転車でジグザグ（蛇行）運転することを想像してほしい。**図 1.5** に道路にジグザグに書かれたライン上を自転車で走ったときのタイヤの軌跡を示す。図 (a) のようにゆったりとした間隔のジグザグのライン上をゆっくりとジグザグ運転したときは，ライン上を走れるだろう。しかし，図 (b) のようにジグザグのラインの間隔が短いと，素早くハンドルを左右に曲げても車体が十分に曲がりきらず，ライン上を走れなくなる。そのときのタイヤの軌跡

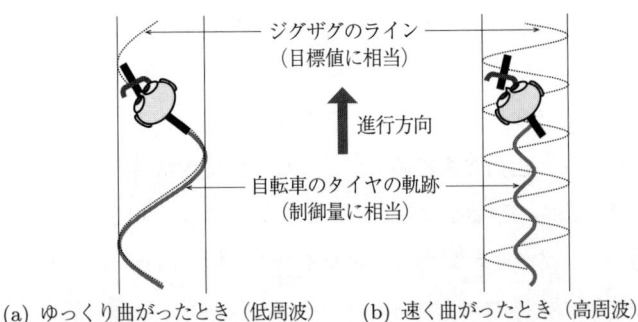

(a) ゆっくり曲がったとき（低周波）
→ ほぼ目標どおり

(b) 速く曲がったとき（高周波）
→ 左右の幅（振幅）が小さくなる

図 1.5 ジグザグ運転と帯域幅

は，幅が小さいジグザグになるだろう．図 1.5 より，タイヤの軌跡は正弦波のようになっていて，図 (a) に比べると図 (b) の軌跡は周波数が高く，振幅が小さいことがわかる．ラインが目標値，タイヤの軌跡が制御量であり，あとで詳しく説明するが，タイヤの軌跡の幅（振幅）が小さくなり始めるまでのハンドルの左右への動きの速さ（周波数）を，帯域幅（制御帯域）という．帯域幅が大きいほど速応性が良い．レーシングカーとバスでジグザグ運転することを想像してほしい．レーシングカーのほうがバスよりも，高い周波数のライン上をうまく走ることができるだろう．これはレーシングカーのほうが帯域幅が大きいことを意味しており，レーシングカーのほうが速応性が良いといえる．

　これらの制御性能は，2.3 節で説明するシステム解析でそれぞれ解析できる．

1.5　制御系設計とは

　自動車の運転では，制御対象は自動車，制御器は運転手であり，運転手を機械で置き換えると，無人の自動運転が行える．制御系設計とは，ある制御対象をうまく制御できる制御器を設計することであり，つぎの手順で行うことが多い．

1) 制御仕様の決定
2) ブロック線図による制御対象と制御器のつながりの図的表現
3) 制御対象の把握とモデル化
4) 制御器の設計
5) 制御仕様の実験による検証

自動車の無人運転制御系設計を例に，各手順を説明しよう．

1.5.1　制御仕様の決定

　制御仕様とは，定常偏差やオーバーシュートや整定時間などの制御性能を具体的に数値で表したものである．例えば，自動車の無人運転の制御仕様を考えよう．図 1.4 のステップ応答はスピードである．もしオーバーシュートが起こると，スピード違反になってしまうので，オーバーシュートの制御仕様はゼロ

だ。定常偏差は，一定速度で運転しているときの目標速度と実際の速度の差であり，時速1km以下であればよいだろう。安定性については絶対に不安定にならないように設計しなければならない。もし不安定になると，スピードが際限なく大きくなる発散が起こる。これはいわば暴走であり，このような自動車は大事故をもたらす欠陥商品だ。このほかにも，商品のカタログに載せるスペックとして，燃費（1L（リットル）のガソリンで走れる距離），最大積載量（積んで走れる最大の重量），許容外気温（運転可能な気温の範囲）などがある。これらのうち，最大積載量と許容外気温を運転条件といい，すべての運転条件の範囲内ですべての制御仕様を満足させるように設計しなければならない。つまり，積荷が最大で車重が重くても，空っぽで軽くても，凍てつく寒さの中でも，うだるような暑さの中でも，オーバーシュートがなく，定常偏差は時速1km以下で，燃費はスペックを満足しらなければならないのだ。さらに，安く作るほうが儲かるので，使用する部品のコストも重要である。

1.5.2 ブロック線図による制御対象と制御器のつながりの図的表現

制御対象や制御器などのモノ（要素）を四角いブロックで表し，モノ同士でやりとりする信号を矢印線で表した図をブロック線図という。その詳細は次章で説明するが，ブロック線図によって制御対象と制御器のつながりを視覚的にわかりやすく表現できる。

無人運転制御系のブロック線図を図1.6に示す。自動車や運転手などのモノを四角で囲み，それらに入ったり，それらから出たりする情報・信号を矢印線で表す。自動車から出る情報・信号はスピードである。自動車が発生するスピードはその右の○印で向かい風の影響を受け，●印で枝分かれして左に戻り，道

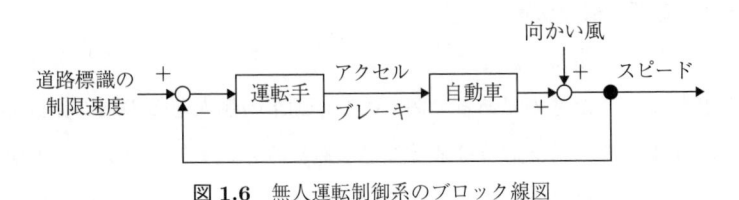

図1.6 無人運転制御系のブロック線図

路標識の制限速度と一緒に運転手に入っている。これは運転手がスピードメータを見てスピードを知ることを意味する。運転手は，制限速度とスピードを比べてアクセルを踏んだり，ブレーキを踏んだりして自動車のスピードを制御する。制御系を設計するときには，このように制御系を構成するモノと，モノの間で出入りする情報・信号を，明確に図に描いてしっかりと把握することが重要である。

1.5.3 制御対象の把握とモデル化

ブロック線図によって図的に表現したら，つぎは制御系がどのような性質（特性）をもつかを把握する。まず敵を知ることによって，どう攻略するかを考えるのである。制御系設計の場合は，敵は制御するモノ，つまり制御対象であり，それを攻略するのは制御対象を操るモノ，つまり制御器である。うまく攻略するためには，多くの場合，敵に対する理解が詳しければ詳しいほど良い。敵を見切ることができれば，攻略できるのである。

制御対象などの入力 u から出力 y までの性質を入出力間特性といい，数式で表すことが多い。入出力間特性が $y = Gu$ のように表せるとき，G を**伝達関数**という[†1]。このように入出力間特性を数式などで表現することを**モデル化**という。また，数式でモデル化したものを，**数式モデル**という。

自然界の現象は，微分を用いた式（**微分方程式**という）で表現できることが多い[†2]。例えば，ニュートンの運動方程式では，質点 m に働く力 f と変位 y の関係は，変位 y の時間微分 $\dot{y}$ が速度であり，もう一度微分した $\ddot{y}$ が加速度であることを用いて，$f = m\ddot{y}$ と微分方程式で表される（p.15 を参照）。f と y は時々刻々変化する信号だが，m は変化しないので定数であり，微分方程式 $f = m\ddot{y}$ の中で信号 $\ddot{y}$ の係数になっている。定数 m のような係数を制御工学では**パラメータ**と呼ぶ。m は質量なので，ハカリで量れば求まる。このように物理量を直接計測してパラメータを決定する方法を，**物理法則に基づく同定**という。ま

[†1] p.29 で説明するが，厳密には入出力信号のラプラス変換の比である。
[†2] p.95 のばね・マス・ダンパ系と RLC 回路を参照。

た，$f = m\ddot{y}$ を変形すると $m = \dfrac{f}{\ddot{y}}$ になるので，f と y を計測して代入すれば m を求めることもできる．このように入出力信号から数式に適合するパラメータを求めることを，パラメータ同定または**システム同定**という．

1.5.4 制御器の設計

制御対象を把握できたら，つぎは制御対象の特性に合う制御器を設計する．この設計こそが制御技術者の腕の見せどころだ．制御器の設計方法は数多くあるが，把握した制御対象に適したものをその中から選別し，組み合わせたり，新しい工夫をしたりして，優れた制御器の案出しを行う．そして，コンピュータ上で制御系の信号を模擬的に求めるシミュレーションによって，優れたものを選別して絞り込む．さらに，実機実験を実施して，最も優れた制御器を選び出す．シミュレーションと実機実験では，良い制御性能を引き出す制御器のパラメータを見つけ出す作業がある．この作業を**パラメータ調整**または**チューニング**という．ギリギリまで制御性能を高めようとすると，試行錯誤でチューニングを行うことが多く，それには熟練した技能が要求されることが多い．このように，制御方法の案出しとチューニングには，制御技術者の技能が要求されることが多いので，腕の見せどころなのである．

1.5.5 制御仕様の実験による検証

実機実験により，設計した制御器が，すべての運転条件内ですべての制御仕様を満足するかどうかを検証する．ここではチューニングが最も重要である．十分チューニングしても制御仕様を満足できなければ，前の手順に戻り，それでもダメならもっと前の手順にどんどん戻って制御系設計をやり直すことになる．

2 制御システムの解析を「わかる」

　自動車を運転するとき,「アクセルをどれだけ踏めばどれだけ加速するのか？」を前もって知らないと，急加速させてしまったり，怖くてゆっくりとしか加速できなかったりするだろう。自動車の運転の場合，自動車や運転手などをひっくるめて「制御システム」という。そして，その性質を調べることを「解析する」という。この章では，制御システムを解析するための基礎的な方法を理解する。

2.1　システムとは

　図 2.1 に制御システムの例を示す。運転手は道路標識を見て，自動車が道路標識に書かれた速度になるように運転している。スピードやアクセル開度などは，運転手が見たり，自動車を操ったりする**信号**である。運転手や自動車のように，信号を見たり出したり，操ったり操られたりするモノを**要素**といい，要素同士のつながりを**システム**と呼ぶ。システムの日本語訳は「体系」または「系」である。制御を行うシステムを制御システムまたは制御系と呼ぶ。その要素は制御器（運転手）や制御対象（自動車）であり，それらが制御入力（アクセル開度）や出力（スピード）などの信号によってつながっている。

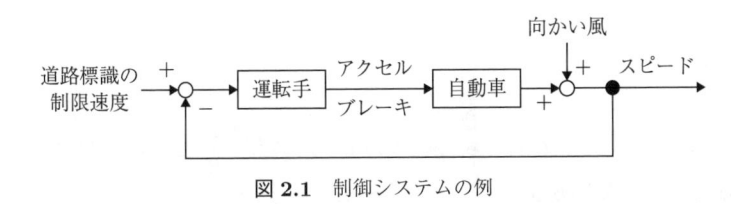

図 2.1　制御システムの例

2.1.1 静的システム

静的システムとは，現在の入力だけで現在の出力が決まるシステムである。例えば，ばね（スプリング）は，おもりを吊るすと伸びる。おもりが重いほど長く伸び，おもりを2倍にすると，2倍伸びる。つまり，おもりの重力 f と伸び x とは比例関係にあり，その比例係数を k とすると

$$f(t) = kx(t) \tag{2.1}$$

が成り立つ。ここで t は時間である。k をばね定数といい，この関係をフックの法則という。ばねを引っ張る重力 f と伸び x とは，おもりを吊るす前後で変化する。つまり，時間 t に依存して変わる。そのため，(t) を付ける。k は時間が経って t が変わっても変化しない定数なので，(t) を付けない。k が大きいほど硬いばねである。ばねに力を加えた結果，伸びたり縮んだりして変位が変化するので，力 $f(t)$ が入力，変位 $x(t)$ が出力である。上式を「出力 $=\cdots$」の形式に変形すると

$$x(t) = \frac{1}{k} f(t)$$

となり，現在の出力 $x(t)$ は，現在の入力 $f(t)$ に定数 $\frac{1}{k}$ をかけるだけで決まるので静的システムである。また，電気回路の抵抗は，電圧を $v(t)$，電流を $i(t)$，抵抗を R とすると，オームの法則から

$$v(t) = Ri(t) \tag{2.2}$$

が成り立つ。抵抗に電圧（圧力）を加えた結果，電流（流れ）が発生するので，電圧 $v(t)$ が入力，電流 $i(t)$ が出力である。上式を「出力 $=\cdots$」の形式に変形すると

$$i(t) = \frac{1}{R} v(t)$$

となり，現在の出力 $i(t)$ は，現在の入力 $v(t)$ に定数 $\frac{1}{R}$ をかけるだけで決まるので静的システムである。

2.1.2 動的システム

動的システム（ダイナミックシステム）とは，現在の入力だけではなく過去の入力にも依存して，現在の出力が決まるシステムである。例えば，自転車に乗ることを考えてみよう。道は平坦で風は穏やかだとする。少し力を入れてペダルを漕ぐと，少し速度が上がる（少し加速する）。大きく力を入れてペダルを漕ぐと，大きく速度が上がる（大きく加速する）。つまり，ペダルを漕ぐ力 f と加速度 a は比例するので

$$f = ma \tag{2.3}$$

が成り立つ。m は質量である。これをニュートンの運動方程式という。この式は力 f を自転車に加えると，その分だけ加速することを示している。f に時間 t を付けて $f(t)$ と表し，自転車の速度を $v(t)$ とすると，自転車の加速度 a は速度 $v(t)$ を時間で微分した $\dot{v}(t)$ なので，上式は

$$f(t) = m\dot{v}(t) \tag{2.4}$$

と書ける。この両辺を積分して変形すると

$$v(t) = \frac{1}{m} \int_{-\infty}^{t} f(t)\, dt \tag{2.5}$$

となる。上式は，力 $f(t)$ を積分して $\dfrac{1}{m}$ をかけると速度 $v(t)$ になることを示している。

図 **2.2** に示すように，力 $f(t)$ の積分とは，$f(t)$ のグラフの面積のことである。積分 $\int_{-\infty}^{t} f(t)\, dt$ は，∞ から t までの横軸と $f(t)$ で囲まれた部分の面積である。面積は，現在の $f(t)$ だけでなく過去の $f(t)$ にも関係するので，動的

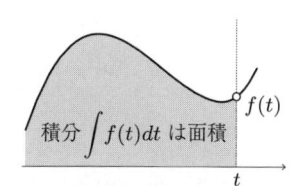

図 **2.2** 積分はグラフの面積

システムである.自転車の現在の速度は,現在のペダルを漕ぐ力だけでなく,過去にどれだけの力で漕いできたかによって決まるのだ.

2.2 システムをわかりやすい図で表現するブロック線図

2.2.1 ブロック線図とは

ブロック線図とは p.13 の図 2.1 のように,要素(信号を入出力するモノ.例えば自動車,ロボット,制御器,エンジン,モータ,センサなど)を四角いブロックで表し,要素に出入りする信号を矢印線で表した図である.

ブロック線図が優れている点は二つある.一つは,要素同士の信号によるつながり(システム)を,目で見て直感的にわかりやすく,かつ厳密に表現できる点である.もう一つは,各部分のブロック線図をつなげるだけで,全システムのブロック線図が得られる点である.

2.2.2 ブロック線図を書くときのルール

ある要素の入力信号を u,出力信号を y とする.入出力信号の比 $G = \dfrac{y}{u}$ をその要素の**伝達関数**という[†].

ブロック線図を書くルールは**図 2.3** (a) に示す三つだけしかない.伝達関数と信号の足し算・引き算で表されるシステムであれば,この三つのルールを覚

モノと信号の関係	ブロック線図	名 前
$y = Gu$	$u \rightarrow \boxed{G} \rightarrow y$	ブロック
$u = r - y$		加え合わせ点 (+記号は省略可)
信号の引き出し (すべて同じ信号)		引き出し点

(a) ブロック線図のルール (b) 各部分をつないで全システムを表現

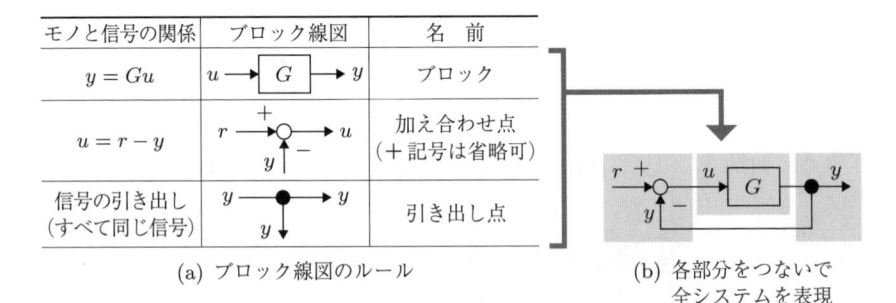

図 2.3 ブロック線図のルール

[†] p.29 で説明するが,厳密には入出力信号のラプラス変換の比である.

えるだけであらゆるシステムをブロック線図で表すことができる[†]。また，逆にブロック線図を式に戻すこともできる。さらに，これら三つのブロック線図の同じ信号線同士（y と y，u と u）をつなげると，図 2.3 (b) に示すように，システム全体のブロック線図が書ける。

図 2.3 (b) のブロック線図では，信号線上を通る信号が，○印の加え合わせ点から，ブロック G を通って●印の引き出し点に流れ，そこから下に流れてまた○印に戻っているので，信号がグルグル回る信号線の輪ができている。この信号線の輪を**フィードバックループ**（または**閉ループ**）と呼ぶ。例えば，**図 2.4** (c) の上図がそうである。図 2.4 (b) の上図は一見，信号線が輪になっているように見えるが，信号は矢印の向きである右向きに流れるだけで左に戻らないので，グルグル回ることはない。したがって，この図はフィードバックループではない。

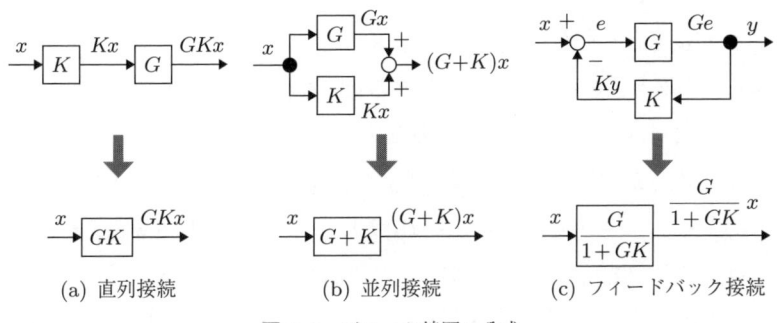

(a) 直列接続　　(b) 並列接続　　(c) フィードバック接続

図 **2.4**　ブロック線図の公式

図 2.3 (a) のルールを使って，図 2.4 に示すブロック線図の公式が得られる。図 2.4 (a) は，図 2.3 (a) のブロックのルールを K，G の順に用いて得られる。図 2.4 (b) は，図 2.3 (a) のブロックと加え合わせ点のルールから得られる。図 2.4 (c) は，ブロック線図から伝達関数を求める手順（次項で説明する）によって求められる（p.161 の例題 5.1 を参照）。

[†] このようなシステムを線形システムと呼ぶ。p.52 で詳しく説明するが，本書ではおもに線形システムを扱う。

2.2.3 ブロック線図から伝達関数を求める手順

ブロック線図から伝達関数を求める手順を，図 2.3 (b) を例に説明しよう．

> 1) ブロック線図で表されるシステムの入力と出力の信号線を探す．出力は信号線の終点（矢印の先）がどこにもつながっていない．入力は信号線の始点（矢印の反対側の端）がどこにもつながっていない（**図 2.5** に示すように，図 2.3 (b) の入力は r，出力は y である）．
>
> 2) 加え合わせ点（○印）の出力（加え合わせ点から出ている信号線）に名前がなければ名前を付ける．名前は例えば x_1, x_2, $\cdots$ など，なんでもよい（図 2.3 (b) にはすでに名前 u があるので命名不要）．
>
> 3) 信号（例えば x_1）がブロック要素（例えば G）に入るとき，そのブロックの出力は，図 2.3 (a) より，ブロックとその信号の積（例えば Gx_1）なので，それをブロックの出力の信号線上に記入する（図 2.5 のように，積 Gu を記入する）．
>
> 4) 「システムの出力 = $\cdots$」の式を立てる．さらに，すべての加え合わせ点について，「加え合わせ点の出力 = 入ってくる信号の足し算（マイナス符号が付いている場合は引き算）」の式を立てる（図 2.3 (b) のブロック G から出る信号線上には引き出し点がある．図 2.3 (a) より引き出し点を通る信号はすべて同じ信号である．その一つがシステムの出力 y なので，$y = Gu$ と式を立てる．加え合わせ点は一つだけで，その出力は u，入力は r と y であるが，y にはマイナスの符号が付いているので，$u = r - y$ と式を立てる）．

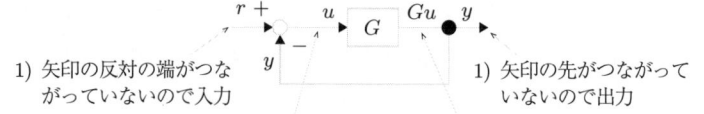

1) 矢印の反対の端がつながっていないので入力

2) 加え合わせ点の出力に名前を付ける（すでに名前 u が付いているので不要）

3) ブロックの出力に積 Gu を書く

1) 矢印の先がつながっていないので出力

図 2.5 ブロック線図から伝達関数を求める手順

5) システムの入力と出力以外の信号をすべて消去するように,「システムの出力 = …」の式に他の式を代入し続け,整理して「システムの出力 = △ × 入力」の式を作る。△ の中には各ブロックの中身だけが含まれていて,信号が含まれないように注意すること。入力や出力が二つ以上あるときは,「システムの出力1 = △ × 入力1 + □ × 入力2 + …」になる(図 2.3 (b) の場合,$y = Gu$ にはシステムの入力 r でも出力 y でもない信号 u が含まれるので,これを消去するために $u = r - y$ を代入すると,$y = G(r - y)$ を得る。この式には左辺にも右辺にも y があるので,右辺の y の項を左辺に移項して y でくくり,y について解くと,$y = \dfrac{G}{1+G} r$ を得る。これがシステム全体の入出力の関係式である)。

6) システムの入力から出力までの伝達関数は,$\dfrac{出力}{入力}$ を計算して求まる。ただし,入力が複数(入力1,入力2,…)あるときは,他の入力をゼロとして,伝達関数は $\dfrac{出力}{入力1}, \dfrac{出力}{入力2}, \dots$ となる。システムの出力がたくさんあるときは,$\dfrac{出力1}{入力}, \dfrac{出力2}{入力}, \dots$ となる。つまり,伝達関数はシステムの入力の数と出力の数の積の数だけある(図 2.3 (b) の伝達関数は $\dfrac{y}{r} = \dfrac{G}{1+G}$ である)。

ここで,つぎの点に注意してほしい。

(1) 内側のフィードバックループから順に求める。

(2) ブロック同士で約分しない(分子分母を G_n, G_d などの変数で表し,伝達関数を求めてから最後に戻すとよい)。この理由は,不安定な極零相殺によって安定と勘違いしてしまうことを避けるためである(詳細は p.44 を参照)。

注意 (1) については,**図 2.6** を見てほしい。信号 y が右から左に戻り,右に流れて,また戻るのを繰り返すフィードバックループが二重にある。つまり,フィードバックループの中にフィードバックループがある。この場合は,点線

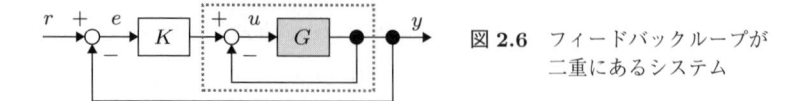

20   2. 制御システムの解析を「わかる」

図 2.6　フィードバックループが二重にあるシステム

で囲んだ内側のシステムについて手順 1)〜5) を行って内側のシステムの式を求め，そのあとで，全体のシステムについて，手順 1)〜6) により伝達関数を求める。こうしないと，式の代入を永遠に繰り返して解けなくなってしまうことがある。注意 (1) はそれを避けるための一つのテクニックなのだ。

どんなに複雑なブロック線図でも，この手順どおりにやれば必ず求まるので，是非マスターしてほしい。また，図 2.6 のブロック線図で表されるシステムの伝達関数を求める例題が p.161 にあるので挑戦してほしい。

2.2.4　2 自由度制御系のフィードバック制御とフィードフォワード制御と制御性能

あとで詳しく説明するが，一般にあらゆるフィードバック制御系はすべて図 2.7 のブロック線図で表すことができる。K はフィードバックループ上に配置されていて**フィードバック制御器**，F はフィードバックループ上になくて**フィードフォワード制御器**と呼ばれ，この二つの制御器をもつ図 2.7 の制御系を 2 自由度制御系という。r は目標値，d は外乱，n は**観測ノイズ**（観測雑音ともいう）である。観測ノイズとは，図 2.7 のように，制御器にフィードバックされる出力信号に対して外部から加わってしまう信号である。自動車の運転の場合は，速度に加わったノイズであり，スピードメータに表示している速度と実際の（本当の）速度 y との誤差（ズレ）になる。日本車のスピードメータは，実

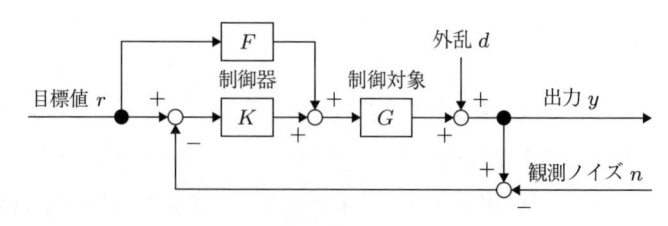

図 2.7　2 自由度制御系のブロック線図

際の速度よりも速い速度が表示されるといわれており，これも観測ノイズである。外乱 d は自動車の向かい風のように，制御系の外から入って制御の邪魔をする信号で，図 2.7 では出力部に入っているが，G の入力部や G の内部に入る外乱もある。自動車の運転の場合，目標値 r は道路標識の制限速度，外乱 d は向かい風，制御対象 G は自動車，制御器 K と F は運転手である。

ここでは，ばねを目標とする変位まで伸ばす制御システムを考えよう。ばね G は，力 u を入力して変位 y を出力するシステムである。ばねの変位を目標値 r にすることが目的である。制御しているのは君だ。目標値 r と偏差 e を見て，力 u をばねに加えている。君の特性を制御器 K と F で表すとする。ここでは K, F が定数の場合を考えよう。また，君が制御している横から，他人が勝手にばねに力を加えて，君の邪魔をしている。この邪魔によって変化してしまう変位 d が外乱である。図 2.7 のブロック線図で表されるシステムの入力は r, d, n の三つあり，それぞれの入力から出力 y までの伝達関数 G_{yr}, S, T は，**表 2.1** のようになる（p.163 の例題を参照）。本書では，伝達関数の名前を付けるとき，特に断りがない場合，入力が x，出力が y なら伝達関数 G_{yx} と書く。

表 2.1 フィードバック制御系の性能と伝達関数

名　前	閉ループ伝達関数 G_{yr}	感度関数 S	相補感度関数 T（または G_cl）
伝達関数	$\dfrac{GF+GK}{1+GK}$	$\dfrac{1}{1+GK}$	$\dfrac{GK}{1+GK}$
意　味	目標値 r から y までの伝達関数（出力の目標値に対する感度）	外乱 d から y までの伝達関数（出力の外乱に対する感度）	観測ノイズ n から y までの伝達関数（出力のノイズに対する感度）
関連する制御仕様	目標値応答特性	外乱除去特性	安定性（p.76 を参照）
理　想	$G_{yr}=1$	$S=0$	$T=0$
理想を達成するフィードバック制御器 K	$K=\infty$	$K=\infty$	$K=0$
理想を達成するフィードフォワード制御器 F	$F=\dfrac{1}{G}$	無関係	無関係

表 2.1 にまとめた，フィードバック制御系の性能と伝達関数を説明する．外乱 d から出力 y までの伝達関数 S を**感度関数**と呼び，出力 y が外乱 d に対してどれだけ感じやすいか，つまり影響の受けやすさを表す．S が大きいと外乱を感じやすく，小さいと感じにくい．つまり，S が小さければ小さいほど外乱の影響を受けにくいので，S は**外乱除去特性**（外乱を除去する特性）を表す関数であるといえる．S の理想値はゼロである．一方，観測ノイズ n から出力 y までの伝達関数 T を**相補感度関数**と呼び，出力 y が観測ノイズ n に対してどれだけ感じやすいかを表す．また，T を**閉ループ伝達関数** G_{cl} とも呼ぶ．下付き文字 cl は閉ループの英語 "closed loop" の頭文字であり，以後も閉ループに関係する記号を表すときに用いる．フィードバックループを**図 2.8** のようにどこかで切り，切れ端 x_1 からもう一方の切れ端 x_2 までの伝達関数（図 2.8 の場合は GK）を**開ループ伝達関数**または**一巡伝達関数**と呼ぶ．

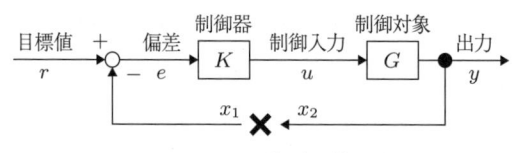

図 2.8 開ループ伝達関数の説明

3 章で説明するが，T は安定性に関係していて，小さければ小さいほど不安定になりにくい性質をもつ（詳細は p.76 を参照）．つまり，T は安定性を表す関数であり，その理想値はゼロである．ところが，表 2.1 より $S = \dfrac{1}{1+GK}$，$T = \dfrac{GK}{1+GK}$ なので

$$S + T = 1 \tag{2.6}$$

が成り立つ．そのため，S をゼロに近づけると，T が大きくなってしまうし，逆に T をゼロに近づけると，S が大きくなってしまう．このように片方を良くしようとすると，もう一方が悪くなってしまうことを，たがいにトレードオフの関係にあるという．つまり，外乱除去特性と安定性とがトレードオフの関係にあるために，外乱の影響が小さくなるように制御器を設計すると，不安定にな

りやすくなってしまう。だから制御は難しいのだ。そして難しいからこそ研究に研究を重ね，そのおかげで制御技術が発展して，今日の制御工学としての学問体系が確立したのである。つまり，制御工学は，式 (2.6) のトレードオフの制約のもとで，できるだけ制御性能が優れる制御器を設計するために発達してきたといえる。

さて，ここで制御の理想をもう一度考えてみよう。制御の理想は $y = r$，つまり出力が目標値に完全に一致する式 (1.1) であった。しかし，実際の出力 y は p.165 の式 (5.27) より，$y = \dfrac{GF + GK}{1 + GK}r + \dfrac{1}{1 + GK}d + \dfrac{GK}{1 + GK}n$ になってしまう。この式に表 2.1 の G_{yr}, S, T を代入すると次式を得る。

$$y = G_{yr}r + Sd + Tn \quad \leftarrow 実際の制御 \tag{2.7}$$

ここで，$F = 0$ のときに G_{yr}, S, T の分母はどれも同じになる (p.165 の 5.2.2 項を参照)。さて，理想の制御性能を得るためには，G_{yr}, S, T がどうなればよいのであろうか。実際の式 (2.7) が理想の式 (1.1) に一致すればよいのだから

$$G_{yr} = 1,\ S = 0,\ T = 0 \quad \leftarrow 理想の制御のときの G_{yr},\ S,\ T \tag{2.8}$$

となれば式 (2.7) が $y = r$ となって，出力が目標値に完全に一致することがわかる。では，そのためにはどうすればよいのであろうか。図 2.7 の制御系の要素の中で，K と F は制御器，G は制御対象であった。自動車の運転の場合，K と F は運転手（制御器）の特性，G は自動車（制御対象）の特性である。自動車自体の特性を変更するためには，エンジンやサスペンションなどを変更しなければならないから大変だ。一方で，制御器 K, F には，おもにマイコンが使われ，その特性はC言語などのソフトウェアで記述されるので簡単に変更できる。そのため，多くの場合，制御性能を高めるために制御器 K, F を調整する。それでは，K と F がどうであれば，理想の制御となる式 (2.8) を実現できるのであろうか。式 (2.8) より，$G_{yr} = 1$ になるように K または F を設計すればよいのだから，表 2.1 より

$$G_{yr} = \frac{GF + GK}{1 + GK} = 1 \tag{2.9}$$

を K または F に関して解いて求めればよい．まず F について解こう．上式の両辺に $1+GK$ をかけて $GF+GK = 1+GK$ となり，両辺から GK を引いて $GF = 1$ となる．両辺を G で割ると

$$F = \frac{1}{G} \quad \leftarrow 理想の G_{yr} を実現する F \tag{2.10}$$

となる．この F によって式 (2.9) の $G_{yr} = 1$ が達成される．つぎに K について解こう．式 (2.9) の両辺に $1+GK$ をかけて $GF+GK = 1+GK$ となり，両辺から GF を引いて右辺の GK を左辺に移行すると，$(G-G)K = 1-GF$ となる．よって $K = \frac{1-GF}{G-G} = \frac{1-GF}{0}$ となるが，分母がゼロであることは，分母に対して分子が限りなく大きいことを意味するので，その答えは ∞ になる．つまり

$$K = \infty \quad \leftarrow 理想の G_{yr} を実現する K \tag{2.11}$$

となる．よって，理想である $G_{yr} = 1$ を実現するには，$F = \frac{1}{G}$ または $K = \infty$ とすればよいことがわかった．つまり，フィードフォワード制御器 F を $F = \frac{1}{G}$ にセットすることによって，理想の目標値応答特性を実現できるのだ．だから，このように設計することが多い[†]．ただし，$\frac{1}{G}$ が不安定なときは $G_{yr} = 1$ とはならず，y が発散してしまう (p.41 を参照)．

つぎに，理想の S を実現する制御器 F と K を求めよう．実際の S は表 2.1 より $S = \frac{1}{1+GK}$ なのだが，F を含まないので，F で S を改善することはできない．つまり，フィードフォワード制御器 F は外乱に対して無力なのである．では，理想である $S = 0$ を達成する K を求めてみよう．$S = \frac{1}{1+GK}$ の両辺の逆数をとると，$\frac{1}{S} = 1+GK$ となる．これを K について解くと，$K = \frac{(1/S)-1}{G} = \frac{1-S}{SG}$ となる．これに理想の $S = 0$ を代入すると

[†] 2自由度制御器の設計の詳細は p.114 の 4.2.1 項を参照．

$$K = \frac{1-0}{0 \times G} = \frac{1}{0} = \infty \quad \leftarrow \text{理想の } S \text{ を実現する } K \tag{2.12}$$

となる．よって，理想である $S=0$ を実現するには，$K=\infty$ とすればよいことがわかった．

つぎに，理想の T を実現する制御器 F と K を求める．実際の T は表 2.1 より $T = \dfrac{GK}{1+GK}$ なのだが，これにも F は含まれないので，F で T を改善することはできない．つまり，フィードフォワード制御器 F は安定性 T とは無関係なのである．$T = \dfrac{GK}{1+GK}$ が式 (2.8) の $T=0$ となるような K を求めればよいから，$\dfrac{GK}{1+GK} = 0$ を K に関して解こう．両辺に $1+GK$ をかけると，$GK = 0 \times (1+GK) = 0$ となり，両辺を G で割ると

$$K = 0 \quad \leftarrow \text{理想の } T \text{ を実現する } K \tag{2.13}$$

となる．よって，理想の $T=0$ を実現するには，$K=0$ であればよいことがわかった．

以上より，外乱除去特性 S を良くするには K を大きくし，安定性 T を良くするには逆に K を小さくしなければならない．つまり，これは片方を良くするともう一方が悪くなってしまうトレードオフの関係にある．そのため，フィードバック制御器の設計は難しいのである．ただし，目標値応答特性については，フィードフォワード制御器 F を $F = \dfrac{1}{G}$ にセットすれば $\dfrac{1}{G}$ が安定なときに理想の性能が得られる．

2.3　ラプラス変換によるシステム解析

前節では，ブロック線図で制御系を表現することを学んだ．ブロック線図では，信号にブロックの要素をかけたり，加え合わせ点で信号同士を足す（または引く）ことができた．一方，実際の制御系の制御対象は，自然界の物理法則によって表されるものがほとんどで，多くの物理法則は「微分」を含む式（微

分方程式）で表される[†]。しかし，「かけ算」と「足し算」しか扱えないブロック線図で「微分」を扱うことはできない。ニュートンの運動方程式 $f = ma$ は力と加速度の関係を表すが，加速度 a よりも速度 v や変位（距離）x を制御することが多い。例えば，自動車では速度，ロボットアームでは変位を制御することが多い（p.15 を参照）。加速度 a は速度 v を時間で微分した $\dot{v}$ であり，速度 v は変位 x を時間で微分した $\dot{x}$ なので，ニュートンの運動方程式は「微分」を含む。自動車やロボットなどの機械系の運動を表す式（運動方程式という）は変位の微分を含むことが多く，電気系のモータでは回転速度が電流の微分に関係するので，機械系も電気系もどちらも，多くの場合微分方程式で表される。

では，「かけ算」と「足し算」しか扱えないブロック線図で，「微分」を扱うことは本当にできないのだろうか。じつはラプラス変換を利用すれば，「微分」を「かけ算」に変換できるので，微分方程式をブロック線図で扱えるのだ。それだけではなく，ラプラス変換によって，制御系の安定性や速応性，周波数特性を解析することができ，微分方程式を解くこともできるのである。これらの利点を箇条書きでまとめよう。これから，つぎの優れた点をもつラプラス変換について学ぶ。

(1) 「微分」が「かけ算」に置き換わる。
(2) 微分方程式を簡単に解ける。
(3) 制御系の安定性，速応性，最終値を解析できる。
(4) 周波数特性がわかり，それによって制御仕様を評価できる。

2.3.1 ラプラス変換とは

時間 t の関数 $x(t)$ に対して，つぎの計算を行う。

$$\int_0^\infty x(t) e^{-st} dt \tag{2.14}$$

上式の中の s は複素数の変数，t は時間，e は自然対数の底（$e \simeq 2.72$）である。$\simeq$ は「ほぼ等しい」という意味の数学記号で，ニアリーイコール（nearly

---

[†] p.95 のばね・マス・ダンパ系と RLC 回路を参照。

equal）と読む．ちなみに，$e = 2.718\,281\,828\cdots$ の数値はフナ 1 杯 2 杯 1 杯 2 杯と語呂合わせすると覚えやすい．この計算を行って得られる関数を $x(t)$ の**ラプラス変換**という．式 (2.14) は書くのが大変なので，代わりに $\mathcal{L}[x(t)]$ と書いたり，または信号名の x を大文字に変えて $X(s)$ と書いたりする．書き方の違いだけで，どちらも式 (2.14) を表し

$$X(s) = \mathcal{L}[x(t)] = \int_0^\infty x(t)\,e^{-st}dt \tag{2.15}$$

である．制御工学では $X(s)$ をよく使い，もともとの式 (2.14) を用いることはほとんどない．また，$X(s)$ から逆に $x(t)$ を求める計算を**逆ラプラス変換**と呼び

$$x(t) = \mathcal{L}^{-1}[X(s)] \tag{2.16}$$

コーヒーブレイク

フーリエ変換 $\mathcal{F}[x(t)] = \int_{-\infty}^{\infty} x(t)\,e^{-j\omega t}dt$ を知っている人にとっては，ラプラス変換とは $x(t)\,e^{-\sigma t}$ を $t = 0 \sim \infty$ の間でフーリエ変換したものと考えるとわかりやすいだろう（ω はオメガと読む）．ここで，j は虚数単位で $j = \sqrt{-1}$ である．おおまかに説明すると，フーリエ変換は $x(t)$ を三角関数 $\sin(\omega t)$ の和（例えば p.58 の式 (2.70)）で表すので，微分すると $\dfrac{d}{dt}\sin(\omega t) = \omega \cos(\omega t) = \omega \sin(\omega t + 90°)$ となる．つまり，微分が ω をかけることと，ωt に $+90°$ 足すことに置き換わる性質をもつ．これなら微分も簡単だ．しかし，フーリエ変換すると ∞ になってしまう信号が多い．その場合，∞ を逆フーリエ変換しても元の信号に戻らないので役に立たない．例えば $x(t) = \sin(t)$ や，$x(t) = 1$ でもフーリエ変換すると ∞ になってしまう．そこで，$\sigma > 0$ のとき，t が大きくなるほど急激に小さくなって 0 に近づく $e^{-\sigma t}$ を $x(t)$ にかける．その関数 $x(t)\,e^{-\sigma t}$ は，$t \to \infty$ で 0 になるので，フーリエ変換しても ∞ になりにくい．逆に $t \to -\infty$ では大きくなってしまうので，$t = -\infty \sim 0$ の間は $x(t) = 0$ に設定する．すると，$x(t)\,e^{-\sigma t}$ を $t = 0 \sim \infty$ の間でフーリエ変換することになり，こうすれば ∞ とならないことが多く，$x(t) = \sin(t)$ や，$x(t) = 1$ も ∞ にならないので役に立つのである．この計算がラプラス変換の式 (2.14) そのものなのだ．また，$t = -\infty \sim 0$ の間は制御開始前なので，制御工学ではほとんど問題にならない．

と書く。ここで理解すべきことは，$x(t)$ をラプラス変換すると $X(s)$ になり，$X(s)$ を逆ラプラス変換すると $x(t)$ に戻るということである。このことは，いますぐ覚えてほしい。

2.3.2 微分がかけ算に置き換わる

ラプラス変換について，つぎの**微分公式**が成り立つ（p.166 の 5.2.3 項 (1) を参照）。

$$\mathcal{L}[\dot{x}(t)] = \underline{sX(s)} - x(0) \quad \leftarrow 微分が s のかけ算になった \tag{2.17}$$

$$\mathcal{L}[\ddot{x}(t)] = \underline{s^2 X(s)} - sx(0) - \dot{x}(0) \tag{2.18}$$
$$\uparrow 2 階微分が s^2 のかけ算になった$$

$$\vdots$$

$$\mathcal{L}\left[x^{(i)}(t)\right] = \underline{s^i X(s)} - s^{i-1}x(0) - \cdots - sx^{(i-2)}(0) - x^{(i-1)}(0) \tag{2.19}$$
$$\uparrow i 階微分が s^i のかけ算になった$$

ここで i は正の整数であり，$\dot{x}(t)$，$\ddot{x}(t)$，$x^{(i)}(t)$ は，それぞれ $x(t)$ の 1, 2, i 階微分である。$x(0)$，$\dot{x}(0)$ などは，時間 $t = 0$ のときの $x(t)$，$\dot{x}(t)$ などの値であり，**初期値**と呼ばれる。ここで重要なことは，初期値を 0 として無視すれば，1 階微分が s をかけることに置き換わり，2 階微分が s^2 をかけることに置き換わり，i 階微分が s^i をかけることに置き換わるということである。次項で説明するが，初期値を無視することは，制御を行う上でほとんど問題ない。

また，ラプラス変換と逆ラプラス変換について，つぎの**線形性の公式**が成り立つ（p.167 の 5.2.3 項 (3) を参照）。

$$\mathcal{L}[ax(t) + by(t)] = a\mathcal{L}[x(t)] + b\mathcal{L}[y(t)]$$
$$= aX(s) + bY(s) \tag{2.20}$$
$$\mathcal{L}^{-1}[aX(s) + bY(s)] = a\mathcal{L}^{-1}[X(s)] + b\mathcal{L}^{-1}[Y(s)]$$
$$= ax(t) + by(t) \tag{2.21}$$

上式の a, b は定数である。この公式より，信号 $x(t), y(t)$ に定数 a, b をかけて足した信号 $ax(t) + by(t)$ をラプラス変換した関数と，先に信号 $x(t), y(t)$ をラプラス変換してから $X(s), Y(s)$ に定数 a, b をかけて足した関数とは等しいことがわかる。逆ラプラス変換も同様である。

2.3.3 微分方程式から伝達関数を求める

伝達関数 $G(s)$ とは，入力のラプラス変換 $U(s)$ と出力のラプラス変換 $Y(s)$ の比である。

$$G(s) = \frac{Y(s)}{U(s)} \quad \leftarrow 伝達関数の定義。初期値を無視 (0とする) \quad (2.22)$$

上式は，p.16 の図 2.3 (a) より，**図 2.9** のブロック線図で表すことができる。この伝達関数の式は，$u(0)$ や $y(0)$ などの初期値を含まない。言い換えると，伝達関数は初期値を考慮できないのである。だから，伝達関数を求めるときに，ラプラス変換の微分公式の初期値はすべてゼロとみなして無視する。自動車を時速 60 km の一定速度で運転（制御）するとき，停止した状態から運転を始めることもあれば，時速 30 km で運転中に制限速度が変わって加速することもある。このように，時速 60 km に向けた運転を開始した時点の速度が初期値（初速）である。さまざまな初期値からスピードを時速 60 km に制御するとき，**図 2.10** に示すように，初めの速度は異なるが，しばらくすればどれも同じになる

$U(s) \longrightarrow \boxed{G(s)} \longrightarrow Y(s)$

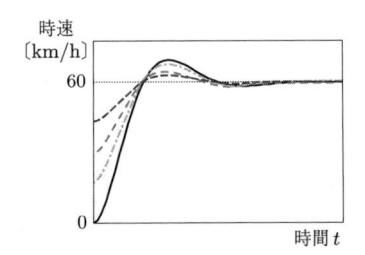

図 2.9 $G(s) = \dfrac{Y(s)}{U(s)}$ と等価なブロック線図

図 2.10 さまざまな初期値（初速）からスピードを時速 60 km に制御したときの応答

だろう。つまり，初期値をゼロとみなすことは，制御する上でそれほど影響しないことが多い。

つぎの1階微分方程式から伝達関数を求めよう。

$$\dot{y}(t) + a_0 y(t) = b_0 u(t) \tag{2.23}$$

ここで，a_0, b_0 は定数である。両辺をラプラス変換する。

$$\mathcal{L}[\dot{y}(t) + a_0 y(t)] = \mathcal{L}[b_0 u(t)]$$

$$\mathcal{L}[\dot{y}(t)] + a_0 \mathcal{L}[y(t)] = b_0 \mathcal{L}[u(t)] \quad \leftarrow 式 (2.20)の線形性の公式より$$

$$\mathcal{L}[\dot{y}(t)] + a_0 Y(s) = b_0 U(s) \quad \leftarrow 式 (2.15)より$$

$$sY(s) - y(0) + a_0 Y(s) = b_0 U(s) \quad \leftarrow 式 (2.17)の微分公式より$$

$$(s + a_0) Y(s) - y(0) = b_0 U(s) \quad \leftarrow Y(s)でくくった$$

$y(0)$ を右辺に移項し，両辺を $s + a_0$ で割って $Y(s)$ を得る。

$$Y(s) = \frac{b_0}{s + a_0} U(s) + \frac{y(0)}{s + a_0} \tag{2.24}$$

初期値 $y(0) = 0$ とおき，両辺を $U(s)$ で割って，伝達関数 $G(s)$ を得る。

$$G(s) = \frac{Y(s)}{U(s)} = \frac{b_0}{s + a_0} \tag{2.25}$$

同様にして，2階微分方程式

$$\ddot{y}(t) + a_1 \dot{y}(t) + a_0 y(t) = b_1 \dot{u}(t) + b_0 u(t) \tag{2.26}$$

の伝達関数 $G(s)$ は

$$G(s) = \frac{Y(s)}{U(s)} = \frac{b_1 s + b_0}{s^2 + a_1 s + a_0} \tag{2.27}$$

となる。つぎの i 階微分方程式

$$y^{(i)}(t) + a_{i-1} y^{(i-1)}(t) + a_{i-2} y^{(i-2)}(t) + \cdots$$
$$+ a_2 \ddot{y}(t) + a_1 \dot{y}(t) + a_0 y(t)$$

$$= b_i u^{(i)}(t) + b_{i-1} u^{(i-1)}(t) + b_{i-2} u^{(i-2)}(t) + \cdots$$
$$+ b_2 \ddot{u}(t) + b_1 \dot{u}(t) + b_0 u(t) \tag{2.28}$$

の伝達関数 $G(s) = \dfrac{Y(s)}{U(s)}$ は

$$G(s) = \frac{b_i s^i + b_{i-1} s^{i-1} + b_{i-2} s^{i-2} + \cdots + b_2 s^2 + b_1 s + b_0}{s^i + a_{i-1} s^{i-1} + a_{i-2} s^{i-2} + \cdots + a_2 s^2 + a_1 s + a_0} \tag{2.29}$$

となる（p.169 の 5.2.3 項 (5) を参照）。$G(s)$ の分子や分母の式は 1, s, s^2, $\cdots s^i$ などの s のべき乗の和でできている。このような式を s の**多項式**といい，$G(s)$ の分子分母の多項式をそれぞれ分子多項式，分母多項式という。多項式の s のべき乗のうち，最も大きい数を**次数**という。例えば式 (2.29) の分母多項式の最も大きいべき乗は s^i なので，次数は i である。

式 (2.28) の微分方程式で記述されたシステムを $G(s)$ によって表現することを，**伝達関数表現**という。この伝達関数表現によるシステムの解析と制御系設計は，企業や研究機関で実際にとても役立っている。本書では，この伝達関数表現を説明する。また，伝達関数表現による制御理論は 1940 年代までにほぼ完成され，古典制御理論と呼ばれる。

2.3.4 制御工学でよく扱う関数のラプラス変換

（1）ラプラス変換表 制御工学でよく扱う，時間の関数（信号）とそのラプラス変換を，**表 2.2** のラプラス変換表にまとめる。

あらゆる関数 $x(t)$ は，$t < 0$ のときにゼロに設定されていることに注意してほしい。その理由は，ラプラス変換の定義式（p.26 の式 (2.14)）の積分区間が $t = 0 \sim \infty$ であり，$t < 0$ のときの値が $X(s)$ に反映されないため，関数 $x(t)$ と $\mathcal{L}^{-1}[X(s)]$ が一致しなくなってしまうからである。これを避けるために，$x(t)$ を $t < 0$ でゼロに設定しておくのである。これからラプラス変換表の各関数を説明しよう。

表 2.2 ラプラス変換表

t 領域 $x(t) = \mathcal{L}^{-1}[X(s)]$	波 形	s 領域 $X(s) = \mathcal{L}[x(t)]$
インパルス関数 （デルタ関数ともいう） $\delta(t) = \begin{cases} \infty, & t = 0 \\ 0, & t \neq 0 \end{cases}$ 例）カミナリ，静電気，打撃		1
ステップ関数 （インディシャル関数ともいう） $u(t) = \begin{cases} 0, & t < 0 \\ 1, & t \geq 0 \end{cases}$ 例）電灯，一定の荷重		$\dfrac{1}{s}$
指数関数 e^{-at} 例）お湯が冷めるときの温度		$\dfrac{1}{s+a}$
時間のべき乗 × 指数関数 $\dfrac{1}{(n-1)!} t^{n-1} e^{-at}$		$\dfrac{1}{(s+a)^n}$
時間関数（ランプ関数） t		$\dfrac{1}{s^2}$
正弦関数（サイン関数） $\sin(\omega t)$		$\dfrac{\omega}{s^2 + \omega^2}$
余弦関数（コサイン関数） $\cos(\omega t)$		$\dfrac{s}{s^2 + \omega^2}$

（2）インパルス関数 インパルス関数（デルタ関数ともいう）とは，一瞬だけ大きな値（∞）になるが，それ以外はずっとゼロの信号である。インパルス関数で近似できるものとしては，例えばカミナリや静電気がある。これらはパチッと一瞬だけ大電流が流れるが，それ以外はまったく電流は流れない。また，かなづちなどでなにかを叩くとき，打撃の一瞬だけ大きな力が発生するが，それ以外に力は発生しないというのも同様である。爆発もそうである。

インパルス関数を表す記号として $\delta(t)$ がよく使われ，つぎの性質をもつ。

$$\delta(t) = \begin{cases} \infty, & t = 0 \\ 0, & t \neq 0 \end{cases} \tag{2.30}$$

このラプラス変換は，つぎのようになる（p.169 の 5.2.4 項 (1) を参照）。

$$\mathcal{L}[\delta(t)] = 1 \tag{2.31}$$

システムにインパルス関数を入力したときの出力を縦軸にとり，時間を横軸にとったグラフを**インパルス応答**という。

（3）ステップ関数 ステップ関数とは，電灯のように，スイッチを入れるとその後ずっとオンの状態を続けるような信号である。例えば，水道の蛇口を開けると水が流れ続ける。また，荷物を載せると一定の荷重（重み）がかかり続ける。

ステップ関数を表す記号として $u(t)$ がよく使われ，次式で定義される。

$$u(t) = \begin{cases} 0, & t < 0 \\ 1, & t \geq 0 \end{cases} \tag{2.32}$$

制御工学では，制御を時間 $t = 0$ から実施したとすれば，そのあとの現象にだけ興味があるので，制御する前の $t < 0$ の時間はどうでもよい。そのため，ステップ関数 $u(t)$ を，定数 1 とみなすことが多い。そこで本書では，これ以降ステップ関数を 1 とみなす。定数 a の信号はステップ関数に a をかけた信号 $au(t)$ である。インパルス関数を時間積分するとステップ関数になる（p.170 の 5.2.4 項 (2) を参照）。ステップ関数のラプラス変換は，つぎのようになる（p.171 の 5.2.4 項 (4) を参照）。

$$\mathcal{L}\left[u\left(t\right)\right] = \frac{1}{s} \tag{2.33}$$

システムにステップ関数を入力したときの出力を縦軸にとり，時間を横軸にとったグラフを**ステップ応答**という（例えば，p.6 の図 1.4）。ステップ応答を見れば，システムのさまざまな性質がわかる。

（4）指数関数 指数関数 e^{-at} は，微分方程式の解になることが多く，お湯が冷めるときの温度や，風呂の栓を抜いたときの水量の変化など，自然界の多くの現象を近似することができる。ここで a は定数である。e^{-at} と $\dfrac{t^{n-1}}{(n-1)!}e^{-at}$ のラプラス変換は，つぎのようになる（p.171, 172 の 5.2.4 項 (5), (6) を参照）。

$$\mathcal{L}\left[e^{-at}\right] = \frac{1}{s+a} \tag{2.34}$$

$$\mathcal{L}\left[\frac{t^{n-1}}{(n-1)!}e^{-at}\right] = \frac{1}{(s+a)^n} \tag{2.35}$$

ここで！は階乗であり，例えば，$5! = 5 \times 4 \times 3 \times 2 \times 1$ である。

（5）ランプ関数 ランプ関数 t は時間 t そのものである。単位は秒で，その英語の "second" の頭文字をとって〔s〕と表す。p.32 のグラフのように，ランプ関数 $y(t) = t$ は傾きが 1 の直線であり，ランプ関数に定数 a をかけた $y(t) = at$ は傾き a の直線になる。ステップ関数の 1 を時間積分すると，ランプ関数 t になる（p.171 の 5.2.4 項 (3) を参照）。ランプ関数 t のラプラス変換は，つぎのようになる（p.173 の 5.2.4 項 (7) を参照）。

$$\mathcal{L}\left[t\right] = \frac{1}{s^2} \tag{2.36}$$

システムにランプ関数を入力したときの出力を，**ランプ応答**という。

（6）三角関数 三角関数のうち，正弦関数（サイン関数ともいう）$\sin(\omega t)$ と，余弦関数（コサイン関数ともいう）$\cos(\omega t)$ のラプラス変換は，それぞれつぎのようになる（p.173 の 5.2.4 項 (8) を参照）。

$$\mathcal{L}\left[\sin(\omega t)\right] = \frac{\omega}{s^2+\omega^2}, \quad \mathcal{L}\left[\cos(\omega t)\right] = \frac{s}{s^2+\omega^2} \tag{2.37}$$

ここで，ω〔rad/s〕は角周波数である。角度の単位のラジアン〔rad〕は，1 回

2.3 ラプラス変換によるシステム解析　35

転で 2π〔rad〕である（円周率 π はパイと読む）。システムに正弦関数や余弦関数を入力したときの出力を，**周波数応答**という。

2.3.5 微分方程式を解く

出力変数 $y(t)$ を時間 t で微分した $\dot{y}(t)$ や，もう一度微分した $\ddot{y}(t)$ などと，入力関数 $u(t)$ とその微分 $\dot{u}(t)$，$\ddot{u}(t)$ などで表した方程式を**微分方程式**という。例えば p.15 の式 (2.4) の自転車の力と速度の関係は，微分方程式で表されている。微分方程式を満足する $y(t)$ を微分方程式の解といい，解を求めることを微分方程式を解くという。また，解を求めるとき，入力関数 $u(t)$ を式 (2.32) のステップ関数などに設定することが多い。

図 **2.11** に示すシステムを考えよう。このシステムの入力は $u(t)$，出力は $y(t)$ であり，その関係は微分方程式で表されるものとする。

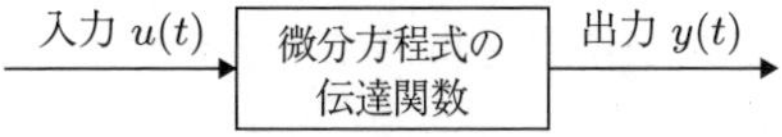

入力 $u(t)$ → 微分方程式の伝達関数 → 出力 $y(t)$

図 **2.11** 微分方程式で表されるシステム

微分方程式の一例として

$$\ddot{y}(t) + 3\dot{y}(t) + 2y(t) = 10\dot{u}(t) + 4u(t) \tag{2.38}$$

を考える。$u(t)$ が式 (2.32) のステップ関数のとき，式 (2.38) の微分方程式の解は

$$\begin{aligned}y(t) = {}& 2 + 6e^{-t} - 8e^{-2t} \\ & + (\dot{y}(0) + 2y(0) - 10u(0))\left(e^{-t} - e^{-2t}\right) + y(0)e^{-2t}\end{aligned} \tag{2.39}$$

であり（解き方は p.38 で説明する），式 (2.39) を式 (2.38) に代入すると，右辺と左辺が一致して，方程式を満たすことが確認できる。ここで，初期値 $y(0)$，$\dot{y}(0)$，$u(0)$ は，それぞれ $t=0$ のときの $y(t)$，$\dot{y}(t)$，$u(t)$ の値であり，定数である。

(1) 微分方程式を解く手順

微分方程式を解く手順は，つぎのとおりである。

1) 微分方程式をラプラス変換して，「出力 $Y(s) = \cdots$」の形で表す。
2) 右辺を部分分数に展開する。部分分数展開とは，例えば式 (2.40) のように，分母が s の 1 次式の分数の和に展開することである。ただし，$Y(s)$ の分母多項式が n 重解をもつときは，式 (2.41) のように分母は $1 \sim n$ 次式の分数に展開する。どちらの式も右辺を通分すると左辺に一致することを確かめてほしい。

$$\frac{4}{s(s+2)} = \frac{2}{s} + \frac{-2}{s+2} \tag{2.40}$$

$$\frac{2s+1}{(s+2)^2} = \frac{2}{s+2} + \frac{-3}{(s+2)^2} \tag{2.41}$$

3) p.32 のラプラス変換表を用いて，逆ラプラス変換して，$y(t) = \mathcal{L}^{-1}[Y(s)]$ を求める。

例題 2.1 $u(t)$ がステップ関数の場合に，p.30 の式 (2.23) の微分方程式 $\dot{y}(t) + a_0 y(t) = b_0 u(t)$ を解け。

【解答】 まず，手順 1) のとおり，両辺をラプラス変換して「出力 $Y(s) = \cdots$」の形に変形する。p.30 の計算より得られる式 (2.24) に，$u(t)$ がステップ関数なので $U(s) = \dfrac{1}{s}$ を代入して，次式を得る。

$$Y(s) = \frac{b_0}{s(s+a_0)} + \frac{y(0)}{s+a_0} \tag{2.42}$$

つぎに手順 2) を行う。上式の $\dfrac{b_0}{s(s+a_0)}$ は p.32 のラプラス変換表に載っていないので，逆ラプラス変換できない。そこで，ラプラス変換表に載っている形に変形するために，上式を部分分数に展開する。

$$Y(s) = \frac{b_0}{a_0}\left(\frac{1}{s}\right) - \frac{b_0}{a_0}\left(\frac{1}{s+a_0}\right) + \frac{y(0)}{s+a_0} \tag{2.43}$$

部分分数に展開する手順については本項 (2) で説明するので，ここでは式 (2.43) を通分すると，式 (2.42) に一致することを確かめてほしい．

つぎに手順 3) を行い，$y(t) = \mathcal{L}^{-1}[Y(s)]$ を求める．式 (2.43) を逆ラプラス変換すると，線形性の定理より次式を得る．

$$\begin{aligned} y(t) &= \frac{b_0}{a_0} \mathcal{L}^{-1}\left[\frac{1}{s}\right] - \frac{b_0}{a_0} \mathcal{L}^{-1}\left[\frac{1}{s+a_0}\right] + y(0) \mathcal{L}^{-1}\left[\frac{1}{s+a_0}\right] \\ &= \frac{b_0}{a_0} u(t) - \frac{b_0}{a_0} e^{-a_0 t} + y(0) e^{-a_0 t} \quad \leftarrow \text{p.32 のラプラス変換表より} \\ \therefore y(t) &= \frac{b_0}{a_0}\left(u(t) - e^{-a_0 t}\right) + y(0) e^{-a_0 t} \quad \leftarrow \text{整理した} \end{aligned} \qquad (2.44)$$

上式の「$\therefore$」は「ゆえに」を意味する数学記号である．$u(t)$ はステップ関数であるが，p.33 で説明したように，本書ではステップ関数を 1 とみなすので，上式に $u(t) = 1$ を代入して微分方程式の解を得る．

$$y(t) = \frac{b_0}{a_0}\left(1 - e^{-a_0 t}\right) + y(0) e^{-a_0 t} \qquad (2.45)$$

$\diamond$

（2） 部分分数展開のやり方　　p.36 の微分方程式を解く手順 1) を行い，出力 $Y(s)$ の分子と分母の多項式を因数分解すると，次式のように表せる．

$$Y(s) = k \frac{(s+\beta_1)(s+\beta_2)\cdots}{(s+\alpha_1)(s+\alpha_2)\cdots} \qquad (2.46)$$

分母の α_1, α_2 がすべてたがいに異なる値をもつとき（つまり $Y(s)$ の分母多項式 = 0 の解が重解をもたないとき），$Y(s)$ を

$$Y(s) = \frac{k_1}{s+\alpha_1} + \frac{k_2}{s+\alpha_2} + \cdots + \frac{k_i}{s+\alpha_i} + \cdots \qquad (2.47)$$

とおく．上式を通分したときの分子は，元の式 (2.46) の分子と同じなので

$$\text{式 (2.47) を通分した分数の分子} = k(s+\beta_1)(s+\beta_2)\cdots \qquad (2.48)$$

が成り立つ．上式は $s = 1, 2, 3$ など s がなんであっても成立する式（恒等式という）なので，左辺と右辺の $s, s^2, \cdots$ の各係数が等しくなり，それぞれについて等式が成り立つ．そこで，それらについて連立方程式を立てて $k_1, k_2, \cdots$ を求める．

重解をもつとき，例えば $a_1 = a_2$ のときは，式 (2.47) の a_1 と a_2 の部分分数の $\dfrac{k_1}{s+a_1} + \dfrac{k_2}{s+a_2}$ を $\dfrac{k_1}{s+a_1} + \dfrac{k_2}{(s+a_1)^2}$ で置き換える。$a_1 = a_2 = a_3 = \cdots$ のように重解の数が増えると，$\dfrac{k_3}{s+a_3}, \dfrac{k_4}{s+a_4}, \cdots$ をそれぞれ $\dfrac{k_3}{(s+a_1)^3}, \dfrac{k_4}{(s+a_1)^4}, \cdots$ に置き換える。

もっと簡単に解くには，a_i が重解ではない場合に，つぎの留数定理を使うとよい（p.173 の 5.2.5 項を参照）。

$$k_i = \lim_{s \to -a_i} (s+a_i)Y(s) \tag{2.49}$$

極限の数学記号 $\lim$ は $(s+a_i)Y(s)$ に $s = a_i$ を代入したときの値を意味するので，この式を言い換えると，つぎのようになる。

$$k_i = 「Y(s) に (s+a_i) をかけて s = -a_i を代入したときの値」 \tag{2.50}$$

例題 2.2 $u(t)$ がステップ関数の場合に，つぎの式 (2.38) の微分方程式を解け。

$$\ddot{y}(t) + 3\dot{y}(t) + 2y(t) = 10\dot{u}(t) + 4u(t)$$

【解答】 まず，手順 1) のとおり，両辺をラプラス変換して「出力 $Y(s) = \cdots$」の形に変形する。

$$\mathcal{L}[\ddot{y}(t) + 3\dot{y}(t) + 2y(t)] = \mathcal{L}[10\dot{u}(t) + 4u(t)]$$

$$\mathcal{L}[\ddot{y}(t)] + 3\mathcal{L}[\dot{y}(t)] + 2\mathcal{L}[y(t)] = 10\mathcal{L}[\dot{u}(t)] + 4\mathcal{L}[u(t)] \leftarrow 線形性の定理より$$

$$(s^2 Y(s) - sy(0) - \dot{y}(0)) + 3(sY(s) - y(0)) + 2Y(s)$$
$$= 10(sU(s) - u(0)) + 4U(s) \quad \leftarrow 微分公式と Y(s) = \mathcal{L}[y(t)] より$$

$$(s^2 + 3s + 2)Y(s)$$
$$= (10s + 4)U(s) + (sy(0) + \dot{y}(0) + 3y(0) - 10u(0)) \quad \leftarrow 整理した$$

両辺を $(s^2 + 3s + 2)$ で割る。

$$Y(s) = \frac{10s+4}{s^2+3s+2}U(s) + \frac{sy(0) + \dot{y}(0) + 3y(0) - 10u(0)}{s^2+3s+2} \tag{2.51}$$

$u(t)$ がステップ関数なので $U(s) = \dfrac{1}{s}$ を代入し，$\left(s^2 + 3s + 2\right) = (s+1)(s+2)$ を代入する．

$$Y(s) = \frac{10s+4}{s(s+1)(s+2)} + \frac{sy(0) + \dot{y}(0) + 3y(0) - 10u(0)}{(s+1)(s+2)}$$

$$\therefore Y(s) = \frac{y(0)s^2 + (10 + \dot{y}(0) + 3y(0) - 10u(0))s + 4}{s(s+1)(s+2)} \tag{2.52}$$

つぎに手順 2) に従い，$Y(s)$ をつぎのように部分分数に展開する．

$$Y(s) = \frac{k_1}{s} + \frac{k_2}{s+1} + \frac{k_3}{s+2} \tag{2.53}$$

式 (2.50) の公式で k_1 を求める．k_1 は式 (2.52) に s をかけて，$s = 0$ を代入したときの値なので

$$k_1 = \frac{y(0) \times 0^2 + (10 + \dot{y}(0) + 3y(0) - 10u(0)) \times 0 + 4}{(0+1)(0+2)} = \frac{4}{1 \times 2}$$

$$\therefore k_1 = 2$$

となる．式 (2.50) の公式で k_2 を求める．k_2 は式 (2.52) に $(s+1)$ をかけて，$s = -1$ を代入したときの値なので

$$k_2 = \frac{y(0) \times (-1)^2 + (10 + \dot{y}(0) + 3y(0) - 10u(0)) \times (-1) + 4}{-1 \times (-1+2)}$$

$$= \frac{-6 - \dot{y}(0) - 2y(0) + 10u(0)}{-1 \times 1}$$

$$\therefore k_2 = 6 + \dot{y}(0) + 2y(0) - 10u(0)$$

となる．式 (2.50) の公式で k_3 を求める．k_3 は式 (2.52) に $(s+2)$ をかけて，$s = -2$ を代入したときの値なので

$$k_3 = \left(y(0) \times (-2)^2 + (10 + \dot{y}(0) + 3y(0) - 10u(0)) \times (-2) + 4\right)$$
$$\quad / (-2 \times (-2+1))$$
$$= \frac{-16 - 2\dot{y}(0) - 2y(0) + 20u(0)}{2}$$
$$\therefore k_3 = -8 - \dot{y}(0) - y(0) + 10u(0)$$

となる．

つぎに，手順 3) を行い，$y(t) = \mathcal{L}^{-1}[Y(s)]$ を求める．式 (2.53) を逆ラプラス変換すると，線形性の定理より次式を得る．

$$y(t) = k_1 \mathcal{L}^{-1}\left[\frac{1}{s}\right] + k_2 \mathcal{L}^{-1}\left[\frac{1}{s+1}\right] + k_3 \mathcal{L}^{-1}\left[\frac{1}{s+2}\right]$$

$$\therefore y(t) = k_1 \cdot 1 + k_2 e^{-t} + k_3 e^{-2t} \quad \leftarrow \text{p.32 のラプラス変換表より}$$

上式に求めた k_1, k_2, k_3 を代入して，式 (2.39) の解を得る．

$$y(t) = 2 + 6e^{-t} - 8e^{-2t}$$
$$+ \underline{(\dot{y}(0) + 2y(0) - 10u(0))\left(e^{-t} - e^{-2t}\right) + y(0)e^{-2t}} \quad (2.54)$$

$\diamond$

上式の下線部の項を初期値応答という．伝達関数は式 (2.22) で定義され，初期値をゼロとして無視していることを前に述べた．これは初期値応答をゼロとみなしていることになる．下線部の項は時間が経過すると（t が正に大きくなると），p.32 のラプラス変換表の指数関数のグラフのように，e^{-t}, e^{-2t} ともにゼロに近づくため，初期値応答はゼロに近づく．そのため，初期値は制御開始時にだけ影響し，そのあとは無視できるのである．右辺の下線部以外の項は入力 $u(t)$ によるもので，強制応答という．ちなみに，線形微分方程式の一般解は

一般解 ＝ 特解 ＋ 斉次方程式（微分方程式の $u(t) = 0$ とした式）の解

の形になるが，強制応答が特解，初期値応答が斉次方程式の解である．

2.3.6 極による安定性・速応性・最終値の解析

（１）**極　と　は**　伝達関数やラプラス変換の分母多項式 ＝ 0 の s の解が極である．分母多項式 ＝ 0 の式を**特性方程式**という．式 (2.22) で定義した伝達関数は，分子分母をそれぞれ因数分解して，一般につぎのように表せる．

$$G(s) = \frac{k(s - z_1)(s - z_2)(s - z_3)(s - z_4)\cdots}{(s - p_1)(s - p_2)(s - p_3)(s - p_4)\cdots} \quad (2.55)$$

$G(s)$ の分母多項式に $s = p_1$, $s = p_2$, $\cdots$ を代入するとゼロになる．つまり，p_1, p_2, $\cdots$ は分母多項式 ＝ 0 の s の解なので，すべて極である．また，$G(s)$ の分子多項式 ＝ 0 の s の解 z_1, z_2, $\cdots$ を**零点**（「れいてん」とも読む）という．極と零点は実数になるとは限らず，複素数にもなりうる．しかし，まずは簡単のため，極が実数の場合を考えよう．

式 (2.55) に $U(s)$ を入力したときの出力を $Y(s)$ とすると,式 (2.22) より

$$Y(s) = G(s)U(s) = k\frac{(s-z_1)(s-z_2)(s-z_3)\cdots}{(s-p_1)(s-p_2)(s-p_3)\cdots}U(s) \quad (2.56)$$

となる。$U(s)$ は p.32 のラプラス変換表より,インパルス関数のときは $U(s) = 1$,ステップ関数のときは $U(s) = \dfrac{1}{s}$,指数関数のときは $U(s) = \dfrac{1}{s+a}$ となる。式 (2.56) は,$p_1, p_2, \cdots$ がすべて異なるとき(重解をもたないとき),部分分数に展開すると次式のようになる。

$$Y(s) = \frac{k_1}{s-p_1} + \frac{k_2}{s-p_2} + \cdots + \frac{k_i}{s-p_i} + \cdots \quad (2.57)$$

式 (2.57) を逆ラプラス変換すると,式 (2.16) より

$$\begin{aligned} y(t) &= \mathcal{L}^{-1}\left[\frac{k_1}{s-p_1} + \frac{k_2}{s-p_2} + \cdots + \frac{k_i}{s-p_i} + \cdots\right] \\ &= k_1 e^{p_1 t} + k_2 e^{p_2 t} + \cdots + k_i e^{p_i t} + \cdots \quad \leftarrow \text{ラプラス変換表より} \end{aligned} \quad (2.58)$$

となる。よって,出力 $y(t)$ は指数関数 $e^{p_1 t}, e^{p_2 t}, \cdots, e^{p_i t}, \cdots$ に定数をかけて足したもの(線形和という)で表される。つまり,出力 $y(t)$ は指数関数 $e^{p_i t}$ の応答を調べればその性質がわかる。自然対数の底 e は,$e \simeq 2.72$ である。時間 t は,時間が経過するとともに,$t = 1, 2, 3, \cdots$〔s〕となってどんどん大きくなる。では,$e^{p_i t}$ は時間が経過すると,どのようになるのであろうか。その動きは p_i の符号によって激変することを,これから示す。

(2) 極と安定性 図 **2.12** に示すように,指数関数 $e^{p_i t}$ は p_i の符号(正,ゼロ,負)によって動きがまったく異なる。まず $p_i > 0$ の場合を見てほしい。このとき,時間が経過すると t が大きくなるので,$p_i t$ もプラス方向に大きく

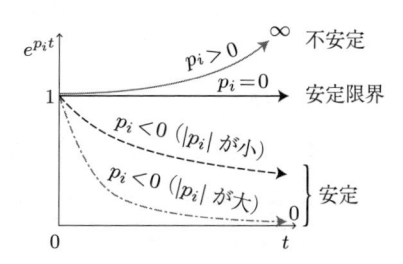

図 **2.12** $e^{p_i t}$ の応答

なる。$e \simeq 2.72$ は 1 よりも大きいので，$e^{p_i t}$ の指数部 $p_i t$ が大きくなると，$e^{p_i t}$ はどんどん大きくなる。例えば，$p_i t$ が 0, 1, 10 と大きくなると，$e^{p_i t}$ は $e^0 = 1, e^1 \simeq 2.72, e^{10} \simeq 2.72^{10} \simeq 22\,026$ のように激しく大きくなるのだ。このように，時間が経過すると（t が大きくなり続けると），$e^{p_i t}$ は無限大に近づいていく。これを信号が**発散**するといい，この状態を**不安定**という。式 (2.58) より，極 $p_1, p_2, \cdots$ のうち，一つでもプラスであれば，その項が発散するので，$y(t)$ は不安定になることがわかる。不安定の例として

(1) バイクが転倒するときの傾斜角（地面に接触するまでの間，傾きが大きくなり続ける）

(2) 飛行機が落ちるときの落下速度（地面に墜落するまで落下速度が速くなり続ける）

(3) 核爆発（核分裂し終わるまで放出エネルギーが増加し続ける）

(4) 自動車の暴走（ブレーキを踏んでも加速し続けて事故を起こしてしまう）

などがある。「不安定」という言葉には，落ち着かないでフラフラするというイメージがあるかもしれないが，制御工学の「不安定」はより激しく増大し続ける（発散する）のである。

つぎに，$p_i = 0$ の場合を考えよう。このとき，$p_i t = 0$ なので，$e^{p_i t} = e^0 = e^{1-1} = e^1 \times e^{-1} = e \times \dfrac{1}{e} = 1$ である（0 乗すると 1 になる）。つまり，時間がいくら経過しても（t が大きくなっても），$e^{p_i t} = 1$ のまま一定値を保つのである。この状態を**安定限界**という。安定限界の例をいくつか挙げよう。

(1) 一定速度で地球のまわりを回る人工衛星（もし速度が落ちて遠心力が小さくなると，不安定になって落下する）

(2) 一定速度で回って立っているコマ（しばらくして減速すると不安定になって倒れる）

(3) 栓が閉まって水位が一定に保たれた風呂

最後に，$p_i < 0$ の場合を考えよう。このとき，$p_i t$ は t が大きくなると，マイナス方向に大きくなる。$e \simeq 2.72$ は 1 よりも大きいので，$e^{p_i t}$ の指数部が

マイナス方向に大きくなると，$e^{p_i t}$ はどんどんゼロに近づく（0 に漸近するという）。例えば，$p_i t$ が 0，-1，-10 とマイナス方向に大きくなると，$e^{p_i t}$ は $e^0 = 1$，$e^{-1} \simeq \dfrac{1}{2.72} \simeq 0.37$，$e^{-10} \simeq \dfrac{1}{2.72^{10}} \simeq 0.000\,045$ と急激にゼロに近づくのだ。このように，時間が経過すると（t が大きくなり続けると），$e^{p_i t}$ はどんどんゼロに近づいていく。この状態を**安定**という。安定限界は安定な状態の限界であり，安定に含まれる。安定な状態の例をいくつか挙げよう。

(1) 平地でペダルを漕ぐのをやめて，自然に減速していく自転車のスピード
(2) 栓を開けっ放しの風呂桶の水位
(3) 木の補給がなく，だんだん燃え尽きて下がっていく，たき火の温度

以上をまとめると，図 2.12 に示すように，極が負（$p_i < 0$）のとき，$e^{p_i t}$ はゼロに近づき，極がゼロ（$p_i = 0$）のとき，$e^{p_i t}$ は 1 を保ち，極が正（$p_i > 0$）のとき，$e^{p_i t}$ は大きくなり続けて発散する。また，式 (2.58) より $y(t)$ は $e^{p_i t}$ の和であることを考慮すると，極 p_i を見れば，つぎのようにして安定性を判別することができる。

極による安定判別：すべての極 p_i の実部 $\mathrm{Re}\,[p_i]$ のうち，最大の値 $\max[\mathrm{Re}\,[p_1]$，$\mathrm{Re}\,[p_2]$，$\mathrm{Re}\,[p_3]$，$\cdots]$ が

(1) 負のとき，安定（このとき，すべての極の実部が負である）。安定ならば，入力の最終値がゼロ（$u(\infty) = 0$）のとき，$y(\infty)$ もゼロになる。
(2) ゼロのとき，安定限界（実部が負の極は混ざっていてもよい）。$u(\infty) = 0$ のとき，安定限界の極がゼロの一つだけなら $y(\infty)$ は一定値となる（極が複素数のとき，$y(t)$ は一定の振幅で振動し続ける（後述））。
(3) 正のとき，不安定（実部が負やゼロの極は混ざっていてもよい）。$u(\infty) = 0$ でも，$y(t)$ は大きくなり続けて発散する（極が複素数のとき，$y(t)$ は振動が大きくなり続ける（後述））。

複素数は実数に加えて，虚数（2 乗すると負の実数になる）を含む数である。虚数単位 j は $j^2 = \left(\sqrt{-1}\right)^2 = -1$ になる数である。高校では虚数単位を表す記

号として i を使っていたが，大学の工学分野では電流や慣性モーメント，断面2次モーメントなどを表す記号として i を使うことが多いので，混乱しないように虚数単位の記号として j を使う。Re は複素数の中の実数部分（実部という）を表す数学記号で，例えば $\mathrm{Re}\,[-2+5j]=-2$，虚数部分（虚部という）には Im を使い，$\mathrm{Im}\,[-2+5j]=5$ である。max は最大値を表す数学記号で，例えば $\max\,[-2,0,4,2]=4$ である。実部が正の極を**不安定極**と呼ぶ。実部が正の零点を**不安定零点**と呼ぶ。不安定極をもつとその系は不安定である。一方，不安定零点は安定性とは無関係である。ただし，不安定零点をもつ制御対象を制御すると，不安定になりやすい（p.105 を参照）。また，図 **2.13** のように $G(s)$ が不安定極 p をもち，$K(s)$ が同じ値の不安定零点 p をもつとき，$G(s)$ の分母の $(s-p)$ と $K(s)$ の分子の $(s-p)$ が割り切れる。

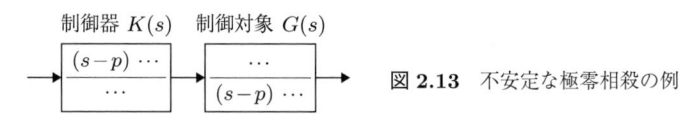

図 **2.13**　不安定な極零相殺の例

これを**不安定な極零相殺**というが，割り切れたあとの $G(s)K(s)$ が不安定極をもっていないので安定と思うかもしれない。しかし，$G(s)$ 自身は不安定極をもっており，初期値応答（p.40）が発散して不安定になるので注意が必要だ。不安定な極零相殺によって不安定極が見えなくなってしまうのは，伝達関数の弱点の一つである。

以上の議論は，すべての極が重解をもたないときについてであった。ある極 p_i が重解の場合は，式 (2.57) の該当する項 $\dfrac{k_i}{s-p_i}$ をつぎのように置き換え，重解の数だけ項を増やす（p.38 を参照）。

$$\begin{aligned}
2\,\text{重解}&: \frac{k_i}{s-p_i} \to \frac{k_{i1}}{s-p_i} + \frac{k_{i2}}{(s-p_i)^2} \\
3\,\text{重解}&: \frac{k_i}{s-p_i} \to \frac{k_{i1}}{s-p_i} + \frac{k_{i2}}{(s-p_i)^2} + \frac{k_{i3}}{(s-p_i)^3} \\
&\vdots \\
n\,\text{重解}&: \frac{k_i}{s-p_i} \to \frac{k_{i1}}{s-p_i} + \frac{k_{i2}}{(s-p_i)^2} + \cdots + \frac{k_{in}}{(s-p_i)^n}
\end{aligned} \quad (2.59)$$

2.3 ラプラス変換によるシステム解析

さらに，式 (2.59) を式 (2.35) より逆ラプラス変換して置き換える。

$$2\text{重解}: k_i e^{p_i t} \to k_{i1} e^{p_i t} + k_{i2} t e^{p_i t}$$
$$3\text{重解}: k_i e^{p_i t} \to k_{i1} e^{p_i t} + k_{i2} t e^{p_i t} + k_{i3} \frac{t^2}{2} e^{p_i t}$$
$$\vdots$$
$$n\text{重解}: k_i e^{p_i t} \to k_{i1} e^{p_i t} + k_{i2} t e^{p_i t} + \cdots + k_{i3} \frac{t^{n-1}}{(n-1)!} e^{p_i t} \quad (2.60)$$

p.32 のラプラス変換表の $t^{n-1} e^{p_i t}$ のグラフより，十分時間が経ったときの応答は，p.41 の $e^{p_i t}$ の応答と同様なので（p.174 の 5.2.6 項の証明を参照），重解をもっていても極 p_i の符号と安定性とは同じ関係にあるのだ。

また，以上の議論はすべての極が実数の場合であった。ある極 p_i が複素数 $p_i = \sigma_i + j\omega_i$ の場合は，$e^{p_i t} = e^{(\sigma_i + j\omega_i)t} = e^{\sigma_i t} e^{j\omega_i t}$ となる。σ_i と ω_i は実数，j は虚数単位 $\sqrt{-1}$ である。複素数 $p_i = \sigma_i + j\omega_i$ の σ_i は p_i の実部 ($\sigma_i = \text{Re}\,[p_i]$)，$\omega_i$ は p_i の虚部（$\omega_i = \text{Im}\,[p_i]$）である。ここで，p.160 のオイラーの公式

$$e^{j\theta} = \cos(\theta) + j\sin(\theta) \quad (2.61)$$

を $\theta = \omega_i t$ として，$e^{p_i t} = e^{\sigma_i t} e^{j\omega_i t}$ に代入すると

$$e^{p_i t} = e^{\sigma_i t} \underline{(\cos(\omega_i t) + j\sin(\omega_i t))} \quad (2.62)$$

となる。極 p_i の虚部 ω_i は，下線部だけに関係していることがわかる。下線部は一定振幅で振動する cos と sin なので減衰も発散もしない。つまり，ω_i は安定性に関係しない。安定性に関係するのは右辺残りの $e^{\sigma_i t}$ である。σ_i は極の実部なので，前述の安定性の議論がそのまま成り立つ。$e^{p_i t}$ は**図 2.14** に示すように，振幅 $e^{\sigma_i t}$，周波数 ω_i で振動する。

複素数の実部を横軸にとり，虚部を縦軸にとった平面を**複素平面**（または *s* **平面**）という。極を複素平面上に表したものを**図 2.15** に示す。縦軸よりも右を右半平面という。$\text{Re}\,[p_i] > 0$ の領域なので，不安定領域とも呼ばれる。極による安定判別（p.43）より，この領域に一つでも極があると不安定である。右半平面に極がなく，虚軸上に極をもつとき，$\text{Re}\,[p_i] = 0$ の極なので，安定限界

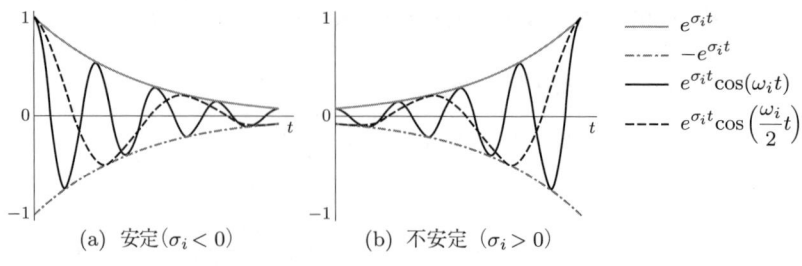

図 2.14　$e^{p_i t}$ の実部の応答

(a) 安定（$\sigma_i < 0$）　(b) 不安定（$\sigma_i > 0$）

凡例：$e^{\sigma_i t}$、$-e^{\sigma_i t}$、$e^{\sigma_i t}\cos(\omega_i t)$、$e^{\sigma_i t}\cos\left(\dfrac{\omega_i}{2}t\right)$

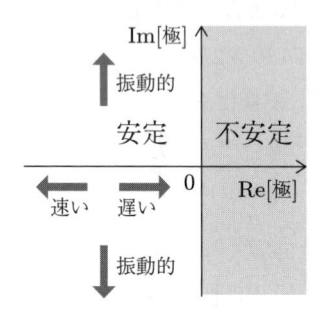

図 2.15　s 平面上の極と安定性・速応性・振動の関係

である．縦軸よりも左の平面を左半平面という．$\mathrm{Re}\,[p_i] < 0$ の領域なので，安定領域とも呼ばれる．この領域にすべての極が存在するとき，安定である．

例 2.1　（極による安定判別 1）　極 $p = 3 + 4j$ は，実部 $\mathrm{Re}\,[p] = 3$，虚部 $\mathrm{Im}\,[p] = 4$ である．極の実部がプラスなので不安定である．この極を s 平面上に × 印で書くと，図 2.16 (a) の横軸が 3，縦軸が 4 の座標（$3 + 4j$）

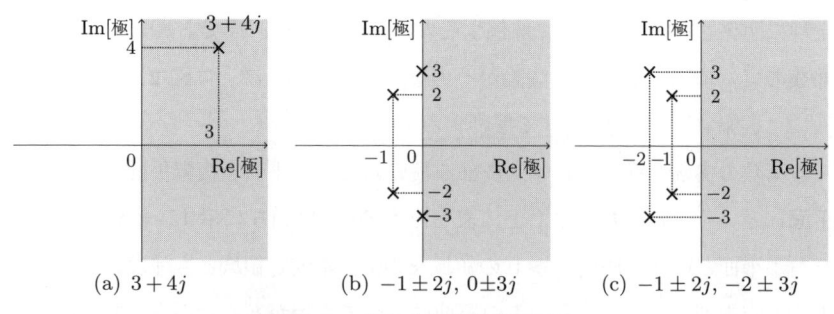

(a) $3 + 4j$　(b) $-1 \pm 2j,\ 0 \pm 3j$　(c) $-1 \pm 2j,\ -2 \pm 3j$

図 2.16　極による安定判別の例

になる。この座標 $(3+4j)$ は右半平面上にあることがわかる。左半平面にいくら多くの極が存在しても，右半平面に一つでも極が存在すれば不安定になることに注意してほしい。

例 2.2 （極による安定判別 2） 極が $p_1 = -1 + 2j$, $p_2 = -1 - 2j$, $p_3 = 3j$, $p_4 = -3j$ のとき，極の実部は，$\mathrm{Re}\,[p_1] = \mathrm{Re}\,[-1+2j] = -1$, $\mathrm{Re}\,[p_2] = \mathrm{Re}\,[-1-2j] = -1$, $\mathrm{Re}\,[p_3] = \mathrm{Re}\,[0+3j] = 0$, $\mathrm{Re}\,[p_4] = \mathrm{Re}\,[0-3j] = 0$ となり，極の実部の最大値がゼロなので，安定限界である。これらの極を s 平面上に × 印で書くと図 2.16 (b) のようになり，右半平面上に極がなく，左半平面上および虚軸上に極があることがわかる。

例 2.3 （極による安定判別 3） 極が $p_1 = -1+2j$, $p_2 = -1-2j$, $p_3 = -2+3j$, $p_4 = -2-3j$ のとき，極の実部は，$\mathrm{Re}\,[p_1] = \mathrm{Re}\,[-1+2j] = -1$, $\mathrm{Re}\,[p_2] = \mathrm{Re}\,[-1-2j] = -1$, $\mathrm{Re}\,[p_3] = \mathrm{Re}\,[-2+3j] = -2$, $\mathrm{Re}\,[p_4] = \mathrm{Re}\,[-2-3j] = -2$ となり，極の実部の最大値が負（つまり，すべての極の実部が負）なので，安定である。これらの極を s 平面上に × 印で書くと図 2.16 (c) のようになり，すべて左半平面上に極があることがわかる。

（3） 極と速応性 図 2.12 に示したように，極 p_i の実部 $\mathrm{Re}\,[p_i]$ が負のとき $e^{p_i t}$ はゼロに近づく。図 2.12，図 2.14 と式 (2.62) より，$e^{p_i t}$ はつぎの性質をもつ。

(1) 極 p_i の実部の絶対値 $|\mathrm{Re}\,[p_i]| = |\sigma_i|$ が大きいほど速くゼロに近づく。
(2) 極 p_i の虚部の絶対値 $|\mathrm{Im}\,[p_i]| = |\omega_i|$ が大きいほど速く振動する。

そして，出力 $y(t)$ は式 (2.58) のように $e^{p_i t}$ の項の和なので，最も遅い項の影響が最も大きい。なぜなら，速い項は図 2.12 の応答のようにすぐにゼロになっ

てしまうからである。最も遅い項，つまり実部の大きさ $|\sigma_i|$ が最も小さい極を**代表根**といい，代表根の $|\sigma_i|$ が大きいほど出力が速い，つまり速応性が良いことが多い（速応性は代表根以外の項の影響も受けるので，例外も少しある）。逆に代表根の $|\sigma_i|$ が小さいと出力は遅くなり，なかなか減衰しない。また，ある極が複素数 $\sigma_i + j\omega_i$ のとき，その虚部 ω_i の符号が逆の $\sigma_i - j\omega_i$（共役複素数という）も極となる（p.175 の 5.2.7 項の証明を参照）。

以上より，図 2.15 の s 平面上の極の配置と応答には，つぎの関係がある。

> (1) 虚軸（縦軸）から遠いほど，速く応答する。その応答は左半平面の場合はゼロに近づき，右半平面の場合は発散していく。虚軸上では一定の振幅で振動し，原点では一定値になる。

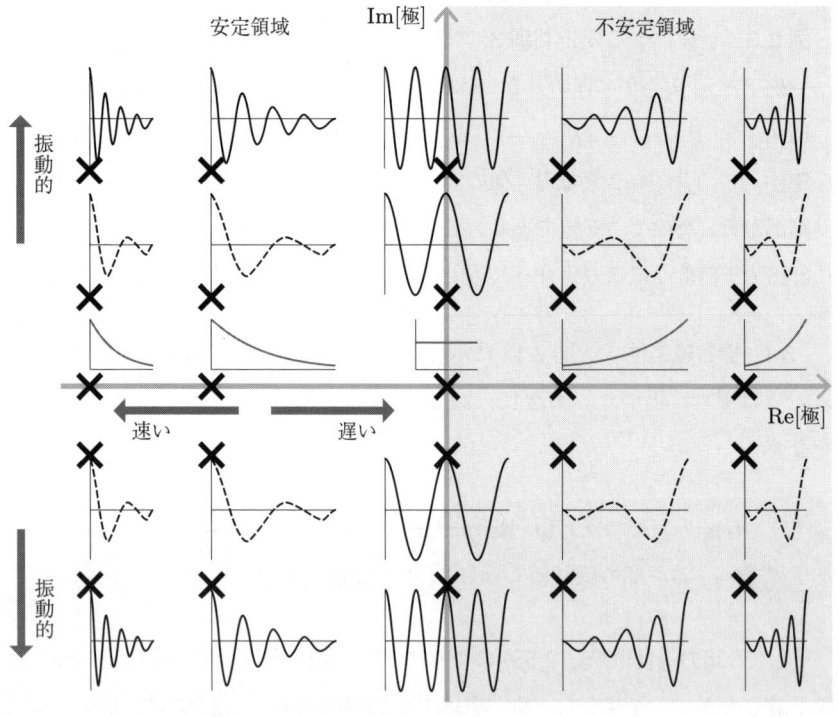

図 2.17 s 平面上の極 p_i の位置と $e^{p_i t}$ の応答

(2) 実軸（横軸）から遠いほど，速く振動する．横軸を中心に上半平面と下半平面に対称な極（共役複素数）が配置される．実軸上では振動しない．

極 p_i が s 平面上のさまざまな位置にあるときの $e^{p_i t}$ のインパルス応答を図 **2.17** に示す．

例題 2.3 つぎの (1) ～ (5) の極をもつシステムがある．安定で最も速応性が優れるシステムと，安定で最も振動的なシステムを選べ．

(1) 極が $-5, -10, -100 \pm 100j$
(2) 極が $-1, -10, -100 \pm 100j$
(3) 極が $-1 \pm 10j, -10, -100 \pm 100j$
(4) 極が $-1 \pm j, -10, -100 \pm 100j$
(5) 極が $-1 \pm j, 10, -100 \pm 100j$

【解答】 極の実部の最大値が正のシステムは不安定である．(5) は 10 の極をもち，不安定なので答えから除外する．システムの挙動に最も影響する代表根を求める．代表根は実部が最もゼロに近い極なので，(1) ～ (4) の代表根は

(1) は -5，(2) は -1，(3) は $-1 \pm 10j$，(4) は $-1 \pm j$

である．極の実部がゼロから遠いほど速いので，(1) のシステムが最も速応性に優れる．極の虚部が最もゼロから遠いほど振動的なので，(3) のシステムが最も振動的である．図 **2.18** に各システムのステップ応答を示す．速応性は一定値に近づくまでの速さであり，(3) は速く振動しているがほぼ一定になるまでに時間がかかっているので速応性は悪い．

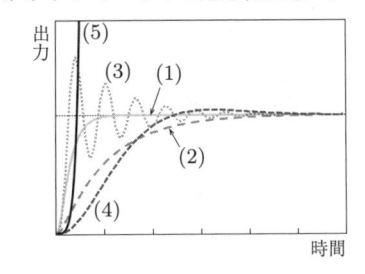

図 2.18 例題 2.3 の極をもつさまざまなシステムのステップ応答

◇

(**4**) **最終値の定理**　p.6 の図 1.4 に示したように，十分時間が経過して，信号が一定になったときの値を最終値（または定常値）と呼ぶ。不安定なとき，信号は発散して増大し続け，一定にならないので，最終値は存在しない。信号 $y(t)$ の最終値は，時間 t が ∞ の極限における $y(t)$ の値であり，数学記号で $\lim_{t \to \infty} y(t)$ と書く。$sY(s)$ が安定なとき，つぎの最終値の定理が成立する（p.168 の 5.2.3 項 (4) を参照）。

$$\lim_{t \to \infty} y(t) = \lim_{s \to 0} sY(s) \tag{2.63}$$

これより，$y(t)$ のラプラス変換 $Y(s)$ に s をかけて $s=0$ を代入すれば，$y(t)$ の最終値が求まることがわかる。

例題 2.4　$Y(s) = G(s)U(s)$ で表されるシステムの伝達関数 $G(s) = \dfrac{10s+4}{s^2+3s+2}$ に，インパルス関数，ステップ関数，ランプ関数，正弦関数を入力したときの出力の最終値をそれぞれ求めよ。

【解答】　$G(s)$ が不安定だと出力が発散して最終値が存在しないので，まず $G(s)$ が安定かどうかを確かめる。$G(s)$ の極は $G(s)$ の分母多項式 $=0$ の s の解なので，分母多項式 $= s^2+3s+2=0$ を解く。$s^2+3s+2=(s+1)(s+2)$ であり，$s=-1$ または $s=-2$ を代入するとゼロになるので，-1 と -2 が極である。極の実部は $-1, -2$ ですべて負なので，$G(s)$ は安定である。$sY(s)$ が安定なときに最終値の定理が成り立つので，$sY(s) = sG(s)U(s)$ が安定ならば最終値が存在する。

　$u(t)$ がインパルス関数（p.32）のとき，式 (2.31) より $U(s)=1$ なので

$$sY(s) = sG(s)U(s) = s\frac{10s+4}{s^2+3s+2} \cdot 1 = s\frac{10s+4}{s^2+3s+2}$$

となる。$sY(s)$ の分母多項式は s^2+3s+2 で安定なので，最終値の定理が成り立つ。出力の最終値は，式 (2.63) より

$$\begin{aligned}\lim_{t \to \infty} y(t) &= \lim_{s \to 0} s\frac{10s+4}{s^2+3s+2} \\ &= 0 \cdot \frac{10 \cdot 0 + 4}{0^2 + 3 \cdot 0 + 2} \quad \leftarrow s=0 \text{ を代入} \\ &= 0\end{aligned}$$

となる。よって $y(t)$ の最終値は 0 である。

つぎに，$u(t)$ がステップ関数のとき，式 (2.33) より $U(s) = \dfrac{1}{s}$ なので

$$sY(s) = sG(s)U(s) = s\frac{10s+4}{s^2+3s+2}\left(\frac{1}{s}\right)$$

$$= \frac{10s+4}{s^2+3s+2} \quad \leftarrow s\left(\frac{1}{s}\right) = 1 \text{ より}$$

となる。$sY(s)$ の分母多項式は s^2+3s+2 で安定なので，最終値の定理が成り立つ。出力の最終値は，式 (2.63) より

$$\lim_{t\to\infty} y(t) = \lim_{s\to 0} \frac{10s+4}{s^2+3s+2}$$

$$= \frac{10\cdot 0 + 4}{0^2 + 3\cdot 0 + 2} \quad \leftarrow s=0 \text{ を代入}$$

$$= 2$$

となる。よって $y(t)$ の最終値は 2 である。このシステムの微分方程式の解は，p.40 の例題ですでに解いたとおり，式 (2.54) の $y(t) = 2 + 6e^{-t} - 8e^{-2t} + (\dot{y}(0) + 2y(0) - 10u(0))\left(e^{-t} - e^{-2t}\right) + y(0)e^{-2t}$ である。この $y(t)$ に $t \to \infty$ を代入すると最終値が得られて，$y(\infty) = 2$ となり，答えが一致することが確認できる。ここで注目してほしいのは，初期値 $\dot{y}(0)$，$y(0)$，$u(0)$ がゼロでなくても $y(\infty) = 2$ となることだ。つまり，初期値は最終値に影響しないのだ。微分方程式を解いても最終値が求まるが，最終値の定理のほうがはるかに簡単に計算できるので，是非使いこなしてほしい。ただし，$sY(s)$ が安定でないときは最終値の定理が成立しないため，定理に代入してもニセモノの答えが出てしまうことに注意しなければならない。不安定なときは $y(t)$ が増大し続け，いつまで経っても一定値とならないので，最終値は存在しない。

つぎに，$u(t)$ がランプ関数のとき，式 (2.36) より $U(s) = \dfrac{1}{s^2}$ なので

$$sY(s) = sG(s)U(s) = s\frac{10s+4}{s^2+3s+2}\left(\frac{1}{s^2}\right)$$

$$= \frac{10s+4}{(s^2+3s+2)s} \quad \leftarrow s\left(\frac{1}{s^2}\right) = \frac{1}{s} \text{ より}$$

となる。$sY(s)$ の分母多項式は $(s^2+3s+2)s$ で，$s=0$ の極をもつので安定限界になり，最終値は存在しない。ランプ関数の場合，$y(t)$ は大きくなり続ける。

つぎに，$u(t)$ が正弦関数 $\sin(\omega t)$ のとき，式 (2.37) より $U(s) = \dfrac{\omega}{s^2+\omega^2}$ なので

$$sY(s) = sG(s)U(s) = s\frac{10s+4}{s^2+3s+2}\cdot\frac{\omega}{s^2+\omega^2} = \frac{10s^2\omega + 4\omega s}{(s^2+3s+2)(s^2+\omega^2)}$$

となる。$sY(s)$ の分母多項式は $(s^2+3s+2)(s^2+\omega^2)$ で，$s=0\pm j\omega$ の極をもつので安定限界となり，最終値は存在しない。正弦関数の場合，$y(t)$ は振動し続けて一定にならない。最終値の定理で計算すると $\lim_{t\to\infty} y(t) = 0$ になるが，これはニセモノである。 ◇

図 2.19 に，この例題 2.4 で用いたさまざまな入力に対する出力応答を示す。例題で求めたとおりの結果になっていることを確認してほしい。

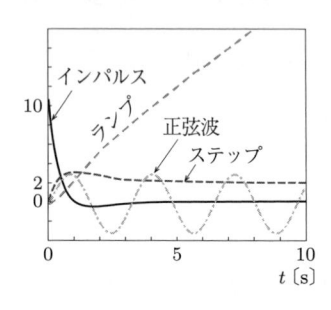

図 2.19 さまざまな入力に対する出力応答

2.3.7 制御対象に対する仮定

制御工学では多くの場合，制御対象をつぎの微分方程式で表現できることを仮定している。

$$\begin{aligned}
& y^{(i)}(t) + a_{i-1} y^{(i-1)}(t) + a_{i-2} y^{(i-2)}(t) + \cdots \\
& \quad + a_2 \ddot{y}(t) + a_1 \dot{y}(t) + a_0 y(t) \\
& = b_i u^{(i)}(t) + b_{i-1} u^{(i-1)}(t) + b_{i-2} u^{(i-2)}(t) + \cdots \\
& \quad + b_1 \dot{u}(t) + b_0 u(t)
\end{aligned} \tag{2.64}$$

ここで，$u(t)$ は制御対象への入力，$y(t)$ は出力，a_i, b_i $(i=0,1,2,\cdots)$ は実数の定数である。上式が 定数×信号と，定数×信号の時間微分の和 で表されていることが重要である。

あるシステムに $u_1(t)$ を入力したときの出力を $y_1(t)$ とし，$u_2(t)$ を入力したときの出力を $y_2(t)$ とする。同じシステムに $c_1 u_1(t) + c_2 u_2(t)$ を入力したときの出力が $c_1 y_1(t) + c_2 y_2(t)$ になるとき，そのシステムは線形であるとい

う．さらに c_1 と c_2 が定数のとき，線形時不変（または LTI システム[†]）という．式 (2.64) の制御対象は，線形時不変系である（p.176 の 5.2.8 項を参照）．

（1）仮定を設ける理由　式 (2.64) は p.31 の式 (2.28) と同じなので，ラプラス変換して初期値をすべてゼロとすると，式 (2.29) より次式を得る．

$$Y(s) = G(s)U(s)$$
$$G(s) = \frac{b_i s^i + b_{i-1} s^{i-1} + b_{i-2} s^{i-2} + \cdots + b_2 s^2 + b_1 s + b_0}{s^i + a_{i-1} s^{i-1} + a_{i-2} s^{i-2} + \cdots + a_2 s^2 + a_1 s + a_0} \quad (2.65)$$

これより，線形時不変の仮定を満たす式 (2.64) のシステムから，伝達関数 $G(s)$ が得られることがわかった．そして $G(s)$ がわかれば

(1) $G(s)$ の極（分母多項式=0 の s の解）から安定性や速応性がわかる．

(2) 後述の周波数特性がわかり，これよりシステムの特性の詳細がわかる．

このようにシステムの特性がわかるので，その特性が望ましいものになるような制御器の設計に活用することができる．

（2）実際のシステムと線形時不変性の仮定のズレ　実際のシステムは，完全な線形時不変ではなく，大なり小なりズレをもつ．しかし，仮定を満たさないズレの特性を無視することにより，システムを簡単に表し，解析し，制御器を設計することができるのである．そして，安定性などの制御性能に余裕をもたせて制御器を設計することにより，無視したズレの特性があっても制御性能を満足できることが多いのだ．

（a）時不変性のズレ　式 (2.64) の定数 a_i, b_i が変化してしまうシステムを時変システムという．a_i, b_i は機械システムでは質量，長さ，摩擦やばね定数であることが多い（p.87 などを参照）．自動車の場合，一人だけの乗車と満員の乗車とでは質量が変わるので，a_i, b_i が変化してしまう．また，長い年月が経つとエンジンや駆動系の摩擦が増えて加速が遅くなったり，サスペンションがヘタって乗り心地が悪くなったりするだろう．このような変化を経年変化と呼び，やはり a_i, b_i が変化してしまう．a_i, b_i が変化することを特性変動といい，時不変性の仮定を崩してしまう．

[†] LTI は linear time-invariant の頭文字．

（b） 線形性のズレ　線形でないシステムを非線形システムという。式 (2.64) が $\sin(u(t))$ など三角関数の項をもつとき，そのシステムは線形でなくなる。例えば，小学生のとき，列になって前へならえをし，腕を前に伸ばし続けていると，肩が疲れただろう。その理由は，肩関節に腕の重みがかかり，肩関節が回ってしまうのに対抗して力んでいるためだ。そして，なおれの合図で腕を降ろすと肩が楽になる。それは，肩関節を回そうとしていた，腕の重みによる力（トルクという）がなくなるためだ。このように，肩関節にかかる力は関節の角度に依存して変わり，前へならえで $90°$，なおれで $0°$ とすると，$\sin(0) = 0$, $\sin(90) = 1$ なので，力は $\sin$ 関数で表される。

図 2.20 (a) に示すように，非線形システムには，式 (2.65) の線形な $G(s)$ のブロックの後ろ（または前）に配置されるものもある。$f(x)$ のブロックがそれで，もしも線形ならば図 (b) の $y = x$ のような関係である。図 (c) 〜 (e), (g) の非線形要素について説明する。

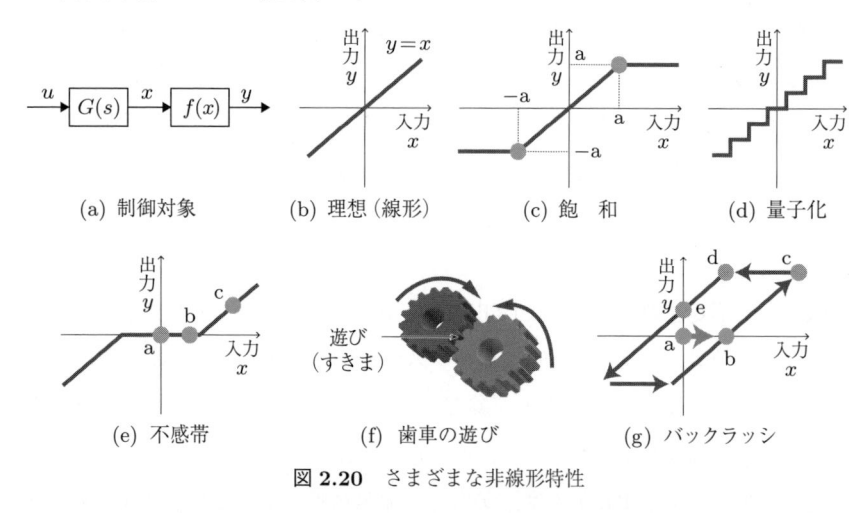

図 2.20　さまざまな非線形特性

- **飽　和**：制御入力などの制御系内の信号を無限に大きくすることはできず，いつか制限を受けてしまう。これを飽和と呼ぶ。例えば自動車の場合，制御入力には運転手が操作するアクセルの開度があるが，開度は $0°$ から約 $60°$ の範囲でしか動かすことができない。つまり制限がある。この制限が

飽和だ。また，モータに電源電圧よりも大きい電圧をかけることはできない。これも飽和である。一般にどの信号も無限大まで出せないので，飽和は必ず存在する。図 2.20 (c) にその特性を示している。入力 x が $-a \sim a$ の間は $y = x$ だが，$a < x$ では $y = a$，$x < -a$ では $y = -a$ のようになる。つまり，出力の大きさは一定値 a までで頭打ちになる。

- **量子化**：自動車のスピードをスピードメータで計測すると，読み取れる桁数には制限があるだろう。真の速度が $\frac{100}{3}$ km/h のとき，$100 \div 3 = 33.33\cdots$ と割り切れず，小数点以下が無限に続く。これを読み取るとき，何桁目かで打ち切らないとキリがない。こうして仕方なく読み取りを打ち切ったときの誤差（ズレ）を量子化誤差という。図 2.20 (d) に示すように階段状になってしまう。

- **不感帯**：入力を動かしても出力が動かない特性を不感帯という。例えば，水道の蛇口をギュッと閉めてから（図 2.20 (e) の点 a），ほんの少しだけ開いても水は出ない（点 b）。十分開くと水が出始める（点 c）。この特性は不感帯である。また，本を机の上に置き，少し力を入れて横に押しても静止摩擦のために動かないが，少しずつ力を大きくすると，ある時点で動き始める。これも不感帯の特性である。

- **バックラッシとヒステリシス**：歯車タイプのギアには，一般に「遊び」がある（図 2.20 (f) を参照）。遊びとは，かみ合うギア同士のすきまのことであり，遊びがなければ摩擦が非常に大きくなって歯車が回らなくなってしまう。その遊びのすきまがある間は，入力の歯車を回しても出力の歯車に接していないので，力は伝わらない（図 2.20 (g) の点 a や点 c）。しばらく回してギアがたがいに接すると，入力の力が出力側のギアに伝わる（点 b や点 d）。このような特性をバックラッシという。鉄に強い磁力を加えたとき，磁力を加えるのを止めたあとも，鉄は磁力を持ち続けて，それ自身が磁石になる。この磁石は，図 (g) の点 a→b→c→d→e を移動して，点 e では入力の磁力がゼロになっているが，出力の磁力を保持しているのだ。これもバックラッシ特性であるが，磁石の場合はヒステリシスと呼ぶ。

2.3.8 周波数特性によるシステム解析

（ 1 ） ゲインと位相　　図 **2.21** に示すように，システム $G(s)$ に正弦波

$$u(t) = A\sin(\omega t) \tag{2.66}$$

を入力して，十分時間が経過したときに，出力 $y(t)$ も正弦波の

$$y(t) = B\sin(\omega t + \phi) \tag{2.67}$$

になっているとき，その振幅比 K

$$K = \frac{B}{A} \tag{2.68}$$

を**ゲイン**，位相角の差 ϕ を**位相差**（または位相）という（ϕ はファイと読む）。ここで，A, B は振幅，ω〔rad/s〕は角周波数（ω はオメガと読む），t〔s〕は時間である[†1]。〔s〕は秒の単位，〔rad/s〕はラジアン÷秒の単位，〔rad〕は角度の単位ラジアンで，1 回転で 2π〔rad〕である。

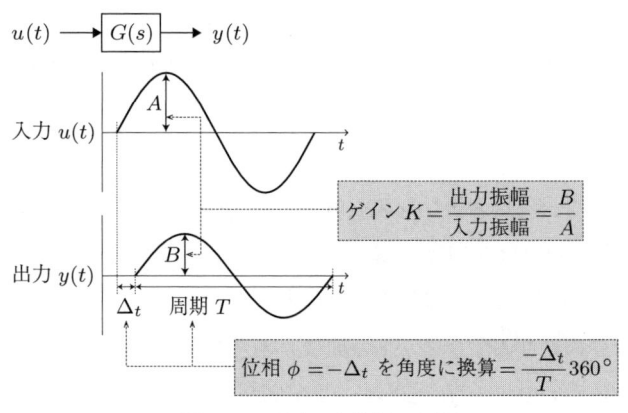

図 2.21　ゲインと位相の定義

位相 ϕ〔°〕[†2]は，図 2.21 のように，入力と出力の時間のズレ Δ_t〔s〕を角度に換算したもので，時間の比と角度の比が等しいことを表した式

[†1]　$G(s)$ が不安定なとき，初期値応答が発散するため，そのままでは出力 $y(t)$ の正弦波の振幅 B は計測できない。この場合，フィードバック制御によって初期値応答を減衰させれば計測することができる。

[†2]　単位〔°〕は〔deg〕とも表記する（deg は「度」の英語 "degree" の先頭 3 文字）。

$$\phi : 360° = -\Delta_t : T \text{ より, } \frac{\phi}{360°} = \frac{-\Delta_t}{T} \tag{2.69}$$

から求まる（Δ はデルタと読む）。ここで，T〔s〕は正弦波の周期（1 回転するのにかかる時間）である。図 2.21 の波形から Δ_t を求めるには，$u(t)$，$y(t)$ がそれぞれゼロからプラスになって横軸を下から上に横切る（「立ち上がる」と呼ぶ）時間の差 Δ_t を読み取ればよい。式 (2.69) の Δ_t にマイナスが付いているのは，図 2.21 の入力が立ち上がったあとで出力が立ち上がるときに，マイナスを付けるように定義しているからである。逆に，出力が立ち上がってから入力が立ち上がるとき，マイナスを付けない。

さまざまな周波数 ω における，ゲイン K および位相 ϕ を**周波数特性**という。

（2） 周波数特性からわかること　　システムに正弦波を入力して時間が十分に経ったときの出力を**周波数応答**という。周波数特性はつぎの性質をもつ。

(1) システムが線形時不変で安定なとき[†]，時間が十分に経つと出力も正弦波になって，入力と出力の周波数 ω は一致する。

(2) どのような信号（任意波形という）でも，さまざまな ω の正弦波の和で表せる。

性質 (1) を証明するために，入力が正弦波 $u(t) = A\sin(\omega t)$ ならば，時間が十分に経つと出力も周波数 ω が同じ正弦波 $y(t) = B\sin(\omega t + \phi)$ になることを示そう。線形時不変システムは式 (2.64) で表されるので，右辺は入力 $u(t)$ やその時間微分に定数をかけたものの和になる。正弦波 $A\sin(\omega t)$ に定数 b_i をかけても正弦波のままである。正弦波 $A\sin(\omega t)$ を時間微分しても $A\omega \cos(\omega t) = A\omega \sin\left(\omega t + \frac{\pi}{2}\right)$ になるだけで，位相が $\frac{\pi}{2}$ ずれるが，周波数は ω のままである。つまり，sin に定数をかけても微分しても，ω が不変の sin のままである。そして，出力 $y(t)$ も周波数 ω の正弦波であれば，左辺も右辺と同様に ω が不変の正弦波のままになる。p.43 の極による安定判別より，安定だと $e^{p_i t}$ はゼロになるから初期値応答はゼロになり，$y(t)$ は $u(t)$ の $\sin(\omega t)$ によ

[†] 安定限界（例えば極 $= \pm j\omega_a$）だと，周波数 ω_a の初期値応答が減衰しないで振動し続けてしまう。

る強制応答だけになる。そのため，$y(t)$ も周波数 ω の正弦波になるのである。

性質 (2) について，自然界に発生しうるほとんどすべての信号 $f(t)$ は次式のように表せることが知られている[†]。

$$f(t) = p_0 + p_1 \sin(\omega t - \phi_1) + p_2 \sin(2(\omega t - \phi_2))$$
$$+ p_3 \sin(3(\omega t - \phi_3)) + p_4 \sin(4(\omega t - \phi_4)) + \cdots \quad (2.70)$$

つまり，$f(t)$ は定数 p_0 と，周波数 ω, 2ω, 3ω, 4ω, $\cdots$ の正弦波の和で表せるのである。これらの正弦波を周波数成分といい，周波数 ω, 2ω, 3ω, 4ω, $\cdots$ の周波数成分をそれぞれ基本波，2次調波，3次調波，4次調波…という。**図2.22** に，漢字の「山」に見える信号の波形と，式 (2.70) によって分解した周波数成分をさまざまな次数まで足し合わせた波形を示す。図より，高次の周波数成分まで足すほど元の「山」の波形に近づき，50次まででほぼ一致することがわかる。

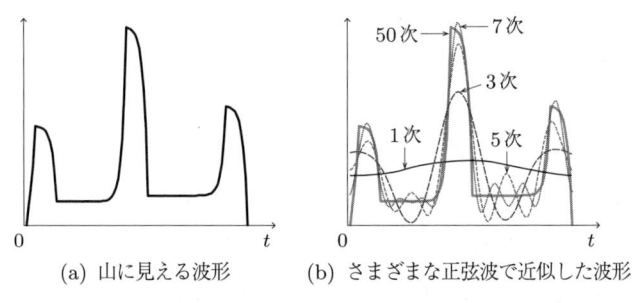

(a) 山に見える波形 　　(b) さまざまな正弦波で近似した波形

図 2.22 任意信号の正弦波への分解

性質 (1) より，ある周波数 ω の正弦波 $u(t) = A\sin(\omega t)$ を入力したときの出力も，周波数が同じ ω の正弦波 $y(t) = B\sin(\omega t + \phi)$ になる。あらかじめゲイン $K = \dfrac{B}{A}$ がわかっていれば B を計算できるので，$u(t)$, K, ϕ から出力 $y(t)$ を作り出すことができる。$y(t)$ を作り出せるということは，周波数 ω におけるシステムの情報を完全に把握した（見切った）ことになる。

性質 (2) より，どのような信号でも正弦波の和に分解することができる。任

[†] 詳細はフーリエ級数について書かれた書籍を参照してほしい。

意波形の入力 $u(t)$ を正弦波の和に分解したとしよう。そして，分解したそれぞれの正弦波を線形なシステムに入力すると，上述のとおり，それぞれの出力を作り出すことができる。システムが線形（p.52 を参照）なので，それらの出力をすべて足せば，$u(t)$ を入力したときの出力 $y(t)$ が得られる。ということは，さまざまな周波数 ω におけるゲイン K と位相 ϕ がわかっていれば，どのような信号を入力しても，その出力を作り出すことができるのだ。これはそのシステムを完全に把握した（見切った）ことになる。

横軸に周波数 ω，縦軸にゲイン K と位相 ϕ をとったグラフの例を図 **2.23** (a) に示す。このグラフは**ボード線図**と呼ばれ，システムの特性を完全に表している。

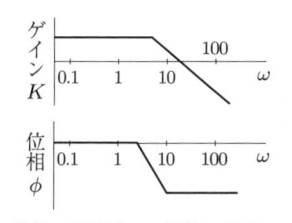

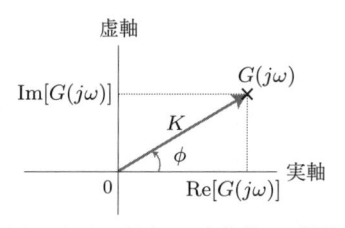

(a) 横軸に周波数 ω，縦軸にゲイン K と位相 ϕ をとったボード線図

(b) $G(j\omega)$ のゲイン K と位相 ϕ の関係

図 **2.23** ボード線図と $G(j\omega)$

（3） 伝達関数からゲインと位相を求める　　伝達関数からゲインと位相を求める手順はつぎのとおりである[†]。

安定な伝達関数 $G(s)$ から周波数 ω におけるゲイン K と位相 ϕ を求めるには，$G(s)$ に $s = j\omega$ を代入して $G(j\omega)$ を求め

$$\text{実部 } a = \text{Re}\,[G(j\omega)],\quad \text{虚部 } b = \text{Im}\,[G(j\omega)] \tag{2.71}$$

を求め

[†] 証明は p.177 の 5.2.9 項を参照。式 (2.73) の位相 ϕ の範囲と a, b の符号の関係については，p.154 の 5.1.1 項を参照。

$$\text{ゲイン } K = |G(j\omega)| = \sqrt{a^2 + b^2} \tag{2.72}$$

$$\text{位相}\phi = \angle G(j\omega) = \tan^{-1}\frac{b}{a} \tag{2.73}$$

を計算する。

ここで，$j = \sqrt{-1}$ は虚数単位，$\text{Re}[x]$ は x の実部，$\text{Im}[x]$ は x の虚部である。例えば，$\text{Re}[2-3j] = 2$，$\text{Im}[2-3j] = -3$ である。伝達関数 $G(s)$ に $s = j\omega$ を代入した $G(j\omega)$ を**周波数伝達関数**という。

複素数の実部を横軸に，虚部を縦軸にとった複素平面上での $G(j\omega)$ のゲイン K と位相 ϕ の関係を図 2.23 (b) に示す。$G(j\omega)$ は横軸が実部，縦軸が虚部のベクトルであり，図 2.23 (b) と式 (2.72), (2.73) より，その大きさ $|G(j\omega)| = K$，偏角 $\angle G(j\omega) = \phi$ である[†]。

図 2.23 (b) より，$\cos$ は $\dfrac{\text{底辺}}{\text{斜辺}}$，$\sin$ は $\dfrac{\text{高さ}}{\text{斜辺}}$，斜辺は $K = |G(j\omega)|$，底辺は $\text{Re}[G(j\omega)]$，高さは $\text{Im}[G(j\omega)]$ なので，つぎの関係がある。

$$\begin{aligned}
G(j\omega) &= \text{Re}[G(j\omega)] + j\,\text{Im}[G(j\omega)] \\
&= |G(j\omega)|(\cos\angle G(j\omega) + j\sin\angle G(j\omega)) \\
&= K(\cos\phi + j\sin\phi) \quad \leftarrow \text{式 (2.72), (2.73) より}
\end{aligned}$$

$$\therefore G(j\omega) = Ke^{j\phi} \quad \leftarrow \text{p.45 の式 (2.61) (オイラーの公式) より} \tag{2.74}$$

（4） ボード線図　横軸に周波数 ω〔rad/s〕を，縦軸にゲイン K〔dB〕をとったグラフをゲイン線図という。また，縦軸に位相 ϕ〔°〕をとったグラフを位相線図という。両者を合わせてボード線図という。単位〔rad/s〕はラジアン毎秒，単位〔dB〕（デシベルと読む）は $20\log_{10} K$ の値である。図 2.23 (a) などのボード線図では，横軸に $\log_{10}\omega$ をとっている（対数軸という）ので，**表 2.3** のように横軸の値が 1 増えるごとに，ω の値は 10 倍になる。この 10 倍の幅のことをディケイド（decade，単位は dec）という。

[†] ベクトルの大きさは原点（始点）から平面上の点（終点）までの距離，偏角は原点より右の横軸を原点を中心に反時計回りに回して点に達するまでの角度である。

表 2.3 対数軸の周波数 ω の目盛と間隔

横軸の目盛 $\log_{10}\omega$	-1	0	1	2	3
周波数 ω 〔rad/s〕	10^{-1} $=0.1$	10^0 $=1$	10^1 $=10$	10^2 $=100$	10^3 $=1\,000$

ボード線図を見れば，システムの安定性，定常偏差，速応性などの制御仕様や特徴が直感的・視覚的にわかるので，制御仕様を満足させる制御器の設計に広く活用されている。

ゲインと位相にはつぎの性質がある。

(1) $G(j\omega) = G_1(j\omega)G_2(j\omega)$ のゲインは，$G_1(j\omega)$ のゲインと $G_2(j\omega)$ のゲインの積になり，デシベル単位にすると和になる。位相も度やラジアン単位のときに $G_1(j\omega)$ と $G_2(j\omega)$ それぞれの位相の和になる。

(2) $\dfrac{1}{G(j\omega)}$ のゲインはデシベル単位にすると，$G(j\omega)$ のゲインに -1 をかけたもの（グラフの上下反転したもの）になる。位相も度やラジアン単位のときに -1 をかけたものになる。

(3) ほぼ直線の組み合わせで書ける（直線と直線が交わる部分の周波数を**折点周波数**と呼ぶ）。

【証明】 性質 (1)：$G_1(j\omega)$ のゲインを K_1，位相を ϕ_1 とし，$G_2(j\omega)$ のゲインを K_2，位相を ϕ_2 とする。式 (2.74) より，$G(j\omega) = G_1(j\omega)G_2(j\omega) = K_1 e^{j\phi_1} \cdot K_2 e^{j\phi_2} = K_1 K_2 e^{j\phi_1} e^{j\phi_2}$ を得る。$e^a e^b = e^{a+b}$ の関係より

$$G(j\omega) = K_1 K_2 e^{j(\phi_1+\phi_2)}$$

となる。$G(j\omega)$ のゲインを K，位相を ϕ とすると，上式と式 (2.74) より

$$K = K_1 K_2,\ \phi = \phi_1 + \phi_2$$

を得る。これより，ゲインは積，位相は和になることが証明された。K については，その単位がデシベル〔dB〕なので，ゲイン線図にプロットするのは $20\log_{10} K$ の値である。

$$\begin{aligned}20\log_{10} K &= 20\log_{10}(K_1 K_2) \\ &= 20(\log_{10} K_1 + \log_{10} K_2) \quad \leftarrow \text{p.156 の式 (5.1) より}\end{aligned}$$

$$= 20\log_{10} K_1 + 20\log_{10} K_2$$

よって，ゲイン K についても証明された。

性質 (2)：式 (2.74) より，$\dfrac{1}{G(j\omega)} = \dfrac{1}{Ke^{j\phi}} = \dfrac{1}{K}e^{-j\phi}$ である。よって，位相 ϕ は $-\phi$ になったので証明された。ゲインは $\dfrac{1}{K}$ となったが，デシベル〔dB〕にすると

$$20\log_{10}\dfrac{1}{K} = 20\log_{10} K^{-1} = -20\log_{10} K \quad \leftarrow \text{p.156 の式 (5.1) より}$$

となるので証明された。

性質 (3)：以下で説明する，ボード線図を描く方法 (2) の手順 1)～4) で示される。 ♠

ボード線図を描くには，つぎの三つの方法がある。

(1) 伝達関数 $G(s)$ を用い，さまざまな ω を式 (2.71)～(2.73) に代入し，ゲインと位相を計算して描く。

(2) 伝達関数 $G(s)$ から，直線の組み合わせで近似して描く（**折れ線近似**という）。この方法の手順を逆に行えば，ボード線図から $G(s)$ を求めることができる。

(3) さまざまな周波数の正弦波を制御対象に入力する周波数応答実験を行い，p.56 の図 2.21 のやり方で，ゲインと位相を読み取って描く。

方法 (3) の周波数応答実験でボード線図を描き，方法 (2) の逆の手順でボード線図から $G(s)$ を求めることを周波数応答法という。実験して得た入出力から $G(s)$ を求めることをシステム同定といい，周波数応答法はシステム同定の一つである。

方法 (2) で伝達関数 $G(s)$ から直線の組み合わせでボード線図の折れ線近似を手書きする手順：

1) $G(s)$ の分子と分母の多項式を因数分解する。ただし，$z_1, z_2, \cdots$ と $p_1, p_2, \cdots$ は複素数になることがある。

$$G(s) = \dfrac{Y(s)}{U(s)} = \dfrac{b_m s^m + b_{m-1} s^{m-1} + \cdots + b_1 s + b_0}{s^n + a_{n-1} s^{n-1} + \cdots + a_2 s^2 + a_1 s + a_0}$$

$$= k\frac{(z_1s+1)(z_2s+1)(z_3s+1)\cdots}{(p_1s+1)(p_2s+1)(p_3s+1)\cdots} \tag{2.75}$$

2) $k,\ \dfrac{1}{p_1s+1},\ \dfrac{1}{p_2s+1},\ \cdots,\ \dfrac{1}{z_1s+1},\ \dfrac{1}{z_2s+1},\ \cdots$ のボード線図を描く（このあと説明する）。k は定数 $\dfrac{b_0}{a_0}$ で，$\dfrac{1}{Ts+1}$ の形をしたシステムを一次遅れ系という。

3) $\dfrac{1}{z_1s+1},\ \dfrac{1}{z_2s+1},\ \cdots$ のボード線図を上下反転する（ゲインと位相に -1 をかける）。こうすると，性質 (2) より $z_1s+1,\ z_2s+1,\ \cdots$ のボード線図になる。

4) 性質 (1) より，すべてのボード線図を足せば，$G(s)$ のボード線図となる。

（a）手順 2) の定数 k のボード線図の描き方　　$k\left(=\dfrac{b_0}{a_0}\right)$ は実数なので，式 (2.71) より

実部 $a = \mathrm{Re}\,[k+j\cdot 0] = k$，虚部 $b = \mathrm{Im}\,[k+j\cdot 0] = 0$

である。式 (2.72), (2.73) より

$$\text{ゲイン}\ K = \sqrt{a^2+b^2} = \sqrt{k^2+0^2} = k$$
$$\text{位相}\ \phi = \tan^{-1}\frac{0}{k}$$

を得る。ゲインはデシベル単位に直し，位相は p.155 の図 5.1 (b) より底辺 k で高さゼロの直角三角形の偏角なので

$$\text{ゲイン}\ K = 20\log_{10} k\ [\mathrm{dB}] \tag{2.76}$$
$$\text{位相}\ \phi = 0\ [°] \tag{2.77}$$

を得る[†]。これらは横軸の周波数 ω がいくらであっても変化せず一定値のままなので，定数 k のボード線図は**図 2.24** (a) のようになる。

[†] 定数 k をプラスに設定することが多く，$k>0$ のときに $\phi=0$ だが，$k<0$ のときは p.155 の図 5.1 (b) より底辺がマイナスなので，$\phi=-180°$（または $180°$）になる。

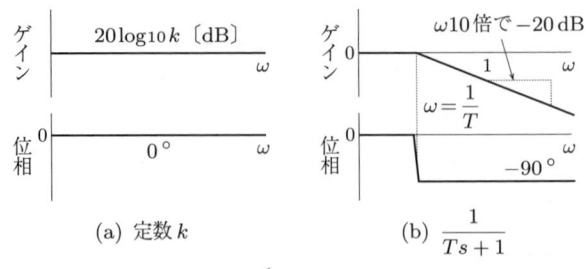

図 2.24 定数 k と $\dfrac{1}{Ts+1}$ のボード線図の折れ線近似

（b）**手順 2) の一次遅れ系 $\dfrac{1}{Ts+1}$ のボード線図の描き方**　$\dfrac{1}{Ts+1}$ に $s=j\omega$ を代入する[†1]。

$$\frac{1}{jT\omega+1} \tag{2.78}$$

$|T\omega| \ll 1$ と $1 \ll |T\omega|$ に場合分けしてボード線図を描く。数学記号 $\ll$ は，左辺が右辺よりも非常に小さいという意味の不等号の記号である。

i) $|T\omega| \ll 1$ のとき　図 2.25 (a) より $1+jT\omega \simeq 1$ なので，式 (2.78) は $\dfrac{1}{jT\omega+1} \simeq 1$ となる。式 (2.76) よりゲインは $20\log_{10}1 = 0$ 〔dB〕となる[†2]。また，式 (2.77) より位相 $\phi = 0°$ を得る。$|T\omega| \ll 1$ を変形すると $\omega \ll \dfrac{1}{|T|}$ で

(a) $|T\omega| \ll 1$ のとき　　(b) $1 \ll |T\omega|$ のとき

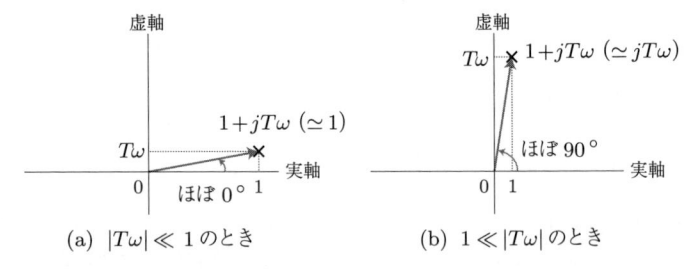

図 2.25　$|T\omega| \ll 1$ のときと $1 \ll |T\omega|$ のときの $1+jT\omega$ の近似

[†1]　T が複素数のときはその絶対値で T を近似する。
[†2]　$\log_a y = x$ は $y = a^x$ なので，$y=1$ のとき $1 = a^x$ になり，$1 = \dfrac{a}{a} = a^1 \times a^{-1} = a^{1-1} = a^0$ となって，$x = 0$ になるため。

ある．以上より，$\omega \ll \dfrac{1}{|T|}$ のとき，ゲイン 0 dB，位相 $0°$ である．よって，図 2.24 (b) の $\dfrac{1}{Ts+1}$ のボード線図の左側が描ける．

ii) $1 \ll |T\omega|$ のとき 図 2.25 (b) より $1+jT\omega \simeq jT\omega$ なので，式 (2.78) は $\dfrac{1}{jT\omega+1} \simeq \dfrac{1}{jT\omega} = \dfrac{j}{j^2 T\omega} = -\dfrac{j}{T\omega}$ となる．$-\dfrac{j}{T\omega}\left(=0+j\cdot\left(-\dfrac{1}{T\omega}\right)\right)$ は，式 (2.71) より，実部 $a=0$，虚部 $b=-\dfrac{1}{T\omega}$ である．式 (2.72), (2.73) より，

ゲイン $K=\sqrt{a^2+b^2}=\sqrt{0^2+\left(-\dfrac{1}{T\omega}\right)^2}=\dfrac{1}{|T\omega|}$，位相 $\phi=\tan^{-1}\dfrac{-\dfrac{1}{T\omega}}{0}$

を得る．位相 ϕ は，p.155 の図 5.1 (b) より，底辺がゼロで高さが $-\dfrac{1}{T\omega}$ の直角三角形の偏角なので，$T>0$ で $\phi=-90°$（$T<0$ で $\phi=90°$）である．ゲインはデシベル単位に直すと

$$\text{ゲイン} = 20\log_{10}\dfrac{1}{|T\omega|} = 20\log_{10}|T\omega|^{-1} = -20\log_{10}|T\omega|$$
$$= -20\log_{10}\omega - 20\log_{10}|T| \text{〔dB〕} \quad \leftarrow \text{p.156 の式 (5.1) より}$$

となる．ボード線図の横軸（x 軸）は $\log_{10}\omega$ なので，「ゲイン $=-20x+$ 定数」の 1 次関数となる．これは傾き -20 の直線である．

また，$|T\omega|=1$ すなわち $\omega=\dfrac{1}{|T|}$ のとき $\dfrac{1}{jT\omega}=\dfrac{1}{j}=\dfrac{j}{j^2}=-j$ となり，ゲイン $=\sqrt{0^2+(-1)^2}=1$，つまり $20\log_{10}1=0$〔dB〕になる．以上より

$\dfrac{1}{Ts}$ のゲイン線図は，傾き -20 dB/dec で $\omega=\dfrac{1}{|T|}$ のときに 0 dB となり，位相線図は，$T>0$ ならば $-90°$ 一定（$T<0$ ならば $90°$ 一定）となる．

よって，図 2.24 (b) の $\dfrac{1}{Ts+1}$ のボード線図の右側が描ける．
i), ii) より

$\dfrac{1}{Ts+1}$ のゲイン線図は $\omega=\dfrac{1}{|T|}$ を境に左側は 0 dB 一定，右側は傾き

$-20\,\mathrm{dB/dec}$ の直線となり,位相線図は $\omega = \dfrac{1}{|T|}$ を境に左側は $0°$ 一定,右側は $T>0$ で $-90°$ 一定($T<0$ で $90°$ 一定)に近づく。

例題 2.5 $G(s) = \dfrac{100s + 1\,000}{s^2 + 101s + 100}$ のボード線図を折れ線近似で描け。

【解答】 手順 1) より,$G(s)$ の分子分母を因数分解する。

$$G(s) = \frac{100(s+10)}{(s+1)(s+100)} = \frac{10(0.1s+1)}{(s+1)(0.01s+1)}$$

手順 2) より,図 **2.26** (a) に示すように,a $=10$,b $=\dfrac{1}{0.1s+1}$,c $=\dfrac{1}{s+1}$,d $=\dfrac{1}{0.01s+1}$ のボード線図を描く。b, c, d はそれぞれ $\omega = \dfrac{1}{0.1} = 10 = 10^1$,$\omega = \dfrac{1}{1} = 1 = 10^0$,$\omega = \dfrac{1}{0.01} = 100 = 10^2$ を境に変化する。

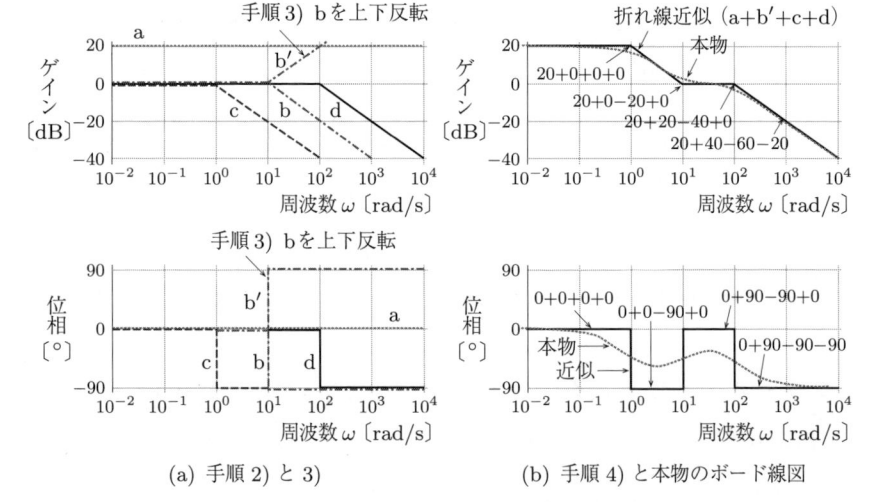

(a) 手順 2) と 3)　　(b) 手順 4) と本物のボード線図

図 2.26 例題のボード線図とその折れ線近似

手順 3) より,図 2.26 (a) のように,b$=\dfrac{1}{0.1s+1}$ のボード線図を上下反転して b′ を得る。手順 4) より,図 2.26 (b) のように,すべてのボード線図 a, b′, c, d の縦軸の値を足し合わせて,$G(s)$ のボード線図の折れ線近似を得る。例えば $\omega = 10^2$ におけるゲインは,図 (a) より a が $20\,\mathrm{dB}$,b′ が $20\,\mathrm{dB}$,c が $-40\,\mathrm{dB}$,d が $0\,\mathrm{dB}$

なので，これらを足して $20+20-40+0=0$〔dB〕である。$\omega=10^1 \sim 10^2$ の間の位相は，図 (a) よりaが0°，b′が90°，cが−90°，dが0°なので，これらを足して $0°+90°-90°+0°=0°$ である。

また，図 (b) には本物のボード線図を重ね書きしている。本物は特に位相の変化が緩やかであることがわかる。 ◇

（5） ナイキスト線図　周波数特性を表現するために最もよく使われるのはボード線図だが，ナイキスト線図が使われることもある。これは，横軸が実部，縦軸が虚部の複素平面上に，角周波数 ω を0から ∞ まで変化させたときに周波数伝達関数 $G(j\omega)$ の座標が動いた跡（軌跡）を描いたもので，ベクトル線図，ナイキスト軌跡，ベクトル軌跡とも呼ばれる。

2.3.9 安 定 解 析

ここでは伝達関数の安定性を判別する方法を解説する。

（1） ラウス・フルビッツの安定判別　伝達関数 $=\dfrac{s の多項式}{s の多項式}$ と表せるとき，p.43 に示したように，分母多項式 $=0$ の s の解である極 $p_1, p_2, p_3, \cdots$ を求めれば，p.43 の極による安定判別より，安定かどうかを判別することができる。この安定判別を行うには MATLAB が便利で，例えば $\dfrac{10}{s^3+s^2+2s+1}$ の極は

```
>> s=tf('s'); G=10/(s^3+s^2+2*s+1); pole(G)
```

とタイプしてエンターキーを押せば，簡単に得られる（詳細は p.215 を参照）。しかし，手計算で極を求める場合，伝達関数の分母多項式の次数が2次以下なら解けても，3次以上になると，解の公式を覚えている人はほとんどいないだろう。そして，5次よりも高次では解の公式すら存在しないため，手計算で極を求めるのはきわめて困難だ。

そんなときは，**表 2.4** に示すラウス・フルビッツの安定判別法が役に立つ[†]。この方法は手計算でも簡単に伝達関数の安定性を判別できる。表 2.4 には分母多項式が4次以下の場合を紹介しているが，5次以上での計算はややこしいの

[†] ラウス・フルビッツの安定判別法の証明は p.181 の 5.2.11 項を参照。

表 2.4 ラウス・フルビッツの安定判別法

分母多項式	安定条件（すべて "かつ"）
$s + a_0$	$a_0 > 0$
$s^2 + a_1 s + a_0$	$a_0 > 0$, $a_1 > 0$
$s^3 + a_2 s^2 + a_1 s + a_0$	$a_0 > 0$, $a_1 > 0$, $a_2 > 0$, $a_2 a_1 - a_0 > 0$
$s^4 + a_3 s^3 + a_2 s^2 + a_1 s + a_0$	$a_0 > 0$, $a_1 > 0$, $a_2 > 0$, $a_3 > 0$, $a_1(a_3 a_2 - a_1) - a_3^2 a_0 > 0$

で，MATLAB で極を求めたほうが早いだろう．表 2.4 より，分母が 1, 2 次のときは，すべての係数 a_0, a_1 がプラスならば安定である．分母が 3 次のときは，すべての係数がプラスであることに加えて，$a_2 a_1 - a_0 > 0$ ならば安定である．分母が 4 次のときは，すべての係数がプラスであることに加えて，$a_1(a_3 a_2 - a_1) - a_3^2 a_0 > 0$ なら安定である．じつは，分母が何次であっても，すべての係数がプラスであることが安定になるための条件に含まれているので，もしも伝達関数の分母多項式にプラス以外の係数が含まれていると，安定ではない．

例題 2.6 L が正の定数（$L > 0$）のとき，つぎの伝達関数を安定判別せよ．

(1) $\dfrac{1 - \dfrac{L}{2}s}{1 + \dfrac{L}{2}s}$ (2) $\dfrac{1 - \dfrac{L}{2}s + \dfrac{L^2}{12}s^2}{1 + \dfrac{L}{2}s + \dfrac{L^2}{12}s^2}$

(3) $\dfrac{Ls + 2}{5s^3 + 2s^2 - 3s + 4}$ (4) $\dfrac{-s + 1}{2s^4 + 4s^3 + 6s^2 + 8s + 2L}$

【解答】 表 2.4 より，安定判別を行う．

(1) 分子分母を $\dfrac{L}{2}$ で割ると，分母多項式 $= s + \dfrac{2}{L}$ になるので，$a_0 = \dfrac{2}{L}$ である．$L > 0$ より $a_0 > 0$ なので安定である．

(2) 分子分母を $\dfrac{L^2}{12}$ で割ると，分母多項式 $= s^2 + \dfrac{6}{L}s + \dfrac{12}{L^2}$ になるので，$a_1 = \dfrac{6}{L}$, $a_0 = \dfrac{12}{L^2}$ である．$L > 0$ より $a_1 > 0$, $a_0 > 0$ なので安定である．

(3) 分母多項式にマイナスの係数が含まれているので不安定である．

(4) 分子分母を 2 で割ると，分母多項式 $= s^4 + 2s^3 + 3s^2 + 4s + L$ になるので，$a_3 = 2$, $a_2 = 3$, $a_1 = 4$, $a_0 = L$ である．$a_3 > 0$, $a_2 > 0$, $a_1 > 0$, $L > 0$ より $a_0 > 0$ である．さらに，$a_1(a_3 a_2 - a_1) - a_3^2 a_0 = 4(2 \cdot 3 - 4) - 2^2 L = 8 - 4L = 4(2 - L) > 0$ となるためには，$L < 2$ でなければならない．した

がって，$0 < L < 2$ のときに安定，$L = 2$ のときに安定限界，$2 < L$ のときに不安定である。MATLAB で

```
>> L=1, s=tf('s'), pole(1/(2*s^4+4*s^3+6*s^2+8*s+2*L))
```

とタイプすれば $L = 1$ のときの極が求まり，その実部がすべて負となって，安定であることが確認できる。

$\diamondsuit$

（2） 発振条件と不安定　一般にフィードバック制御系のブロック線図は p.20 の図 2.7 のように表せることをすでに述べた。フィードフォワード制御器 $F(s)$ は安定性とは無関係なので，無視して $F(s) = 0$ とし，外乱 d も観測ノイズ n もない**図 2.27** のフィードバック制御系を考える。開ループ伝達関数 $G(s)K(s)$ がどのような性質をもつときに，フィードバック制御系が不安定になってしまうのだろうか。

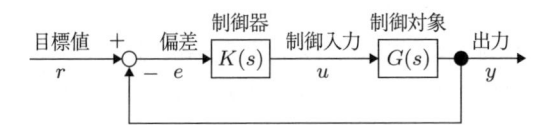

図 2.27　フィードバック制御系のブロック線図

初めに，最もシンプルなケースとして，**図 2.28** (a) に示すような $G(s)K(s)$ が定数 k の場合を考えよう。$G(s)K(s) = k$ の例として発振回路がある。発振回路とは図 2.28 (b) に示す等間隔の2値の信号（パルスという）を発生し続

(a) $G(s)K(s) = k$ のフィードバック制御系

(b) 発振回路が出力する等間隔のパルス波形

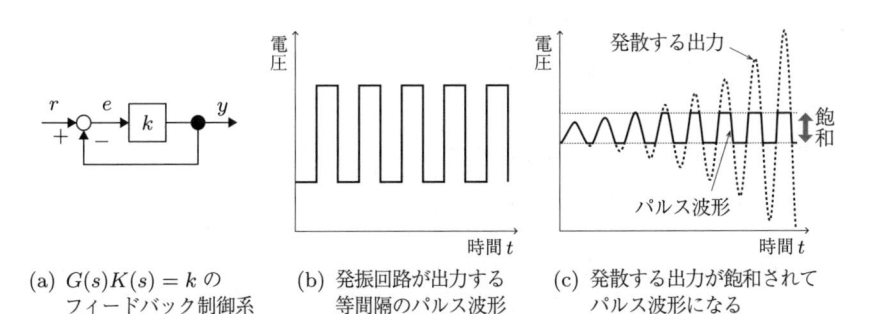

(c) 発散する出力が飽和されてパルス波形になる

図 2.28　発振回路のパルス波形と不安定な振動

ける回路で，クオーツ時計やマイコンにとって，なくてはならない重要な回路である。クオーツ時計は，発振回路の等間隔のパルス（1秒に約3万）を数えて時間を計る[†]。また，コンピュータやスマートフォンの頭脳に相当するマイコンは，とても短い一定時間（動作クロックという）ごとに一つずつ処理をしており，その時間を決めるのに，発振回路の等間隔のパルスを利用している。じつは，この発振回路の出力波形は，回路内のフィードバック制御系が不安定になり，図 2.28 (c) のように出力が振動してその振幅が ∞ まで大きくなろうとしている。しかし，電源が発生できる電圧の限界よりも大きくなれないために，飽和して（p.54 を参照），パルス状の波形になっている。

$G(s)K(s) = k$ の発振回路の安定性を調べよう。図 2.28 (a) より $y = ke$ である。e がステップ関数ならば，$t = 0$ で y は瞬時に 0 から k になるが，自然現象ではそのようなことはあり得ない。例えば，ばねを考えてみよう。フックの法則より，ばねの変位とばねを引く力は比例するので，力を入れた瞬間にばねの変位が瞬間移動することになるが，それはあり得ない。なぜなら，アインシュタインの相対性理論によると，光速よりも速く移動することはできないからである。したがって，ばねは図 2.29 に示すように微小な時間にじわじわと伸びることになる。

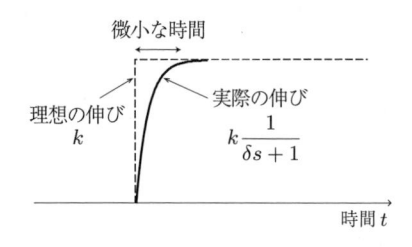

図 2.29　ばねのフックの法則による伸びと実際の伸び

そこで，じわじわ大きくなるように $\dfrac{1}{\delta s + 1}$（この伝達関数を一次遅れ系という。p.91 を参照）を導入して

$$G(s)K(s) = \frac{k}{\delta s + 1}, \quad \delta\text{は微小で正} \tag{2.79}$$

[†] 3万パルス数えると1秒，6万パルスで2秒のように，パルスを数え続けて時間を計る。

に近似してみよう。この一次遅れ系は $\delta > 0$ なので,極が負になって安定である。δ を極限までゼロに近づけると,$G(s)K(s) = k$ になる。式 (2.79) を p.21 の表 2.1 の相補感度関数である閉ループ伝達関数 $G_{\mathrm{cl}}(s)$ に代入して,分子分母に $(\delta s + 1)$ をかける。

$$G_{\mathrm{cl}}(s) = \frac{G(s)K(s)}{1 + G(s)K(s)} = \frac{\dfrac{k}{\delta s + 1}}{1 + \dfrac{k}{\delta s + 1}} = \frac{k}{\delta s + 1 + k} \qquad (2.80)$$

上式より,分母多項式 $= 0$ を解いて,極は $-\dfrac{1+k}{\delta}$ となる。極の実部がプラスなら不安定なので,不安定になるための条件は

$$-\frac{1+k}{\delta} > 0$$
$$\frac{1+k}{\delta} < 0 \quad \leftarrow (-1) \text{を両辺にかけて不等号の向きが逆に}$$
$$1 + k < 0 \quad \leftarrow \delta \times \text{両辺。} \delta > 0 \text{ より不等号の向き同じ}$$
$$\therefore k < -1$$

である。よって,不安定となって発振する条件は $k < -1$ である。これを発振条件と呼ぶ。この $k < -1$ の条件を,ゲインと位相で考えてみよう。-1 は,実部 -1,虚部 0 なので,式 (2.72), (2.73) よりゲイン $= \sqrt{(-1)^2 + 0^2} = 1$,位相 $= \tan^{-1}\dfrac{0}{-1} = -180°$ である。よって $k < -1$ の**発振条件**はつぎのように表せる。

> ゲイン > 1 かつ 位相 $= -180°$ のとき,不安定となり発振する

どんな信号でも,p.58 の図 2.22 に示したように,さまざまな周波数の正弦波の和によって作り出せる。つまり,どんな信号でも,さまざまな周波数の正弦波に分解できるのである。ということは,ある周波数 ω において上の発振条件を満たしたとき,その ω の正弦波の振幅は大きくなり続けてしまう。つまり発振条件が満たされると,どんな信号が入力されても出力は周波数 ω で振動しながら発散してしまうのである。発振条件の厳密な証明は p.76 のナイキストの

安定判別で述べるが，この条件は式 (2.79) の場合だけでなく，$G(s)K(s)$ が安定ならば成立することが多い。

（3） ボード線図と安定余裕　　ここでは，制御対象 $G(s)$ の周波数特性がわかっているときに，$G(s)K(s)$ のボード線図を見て，発振条件を満たすかどうかを判別する方法を説明する。発振条件をチェックすれば，図 2.27 のフィードバック制御系が不安定かどうかがわかる。発振条件に基づいているので，$G(s)$ と制御器 $K(s)$ は定数 k と同じように不安定でない場合を考える[†]。

発振条件より，位相 $= -180°$ のとき，ゲイン > 1 ならば不安定になる。このゲイン 1 をデシベルに直すと $20 \log_{10} 1 = 20 \times 0 = 0$ 〔dB〕となる。したがって，発振条件を開ループ伝達関数 $G(s)K(s)$ のボード線図上で判別する方法はつぎのようになる。

> 図 **2.30** の開ループ伝達関数 $G(s)K(s)$ のボード線図において，位相が $-180°$ を下回るときの周波数 ω_u（位相交差周波数という）におけるゲインが
>
> (1) 0 dB よりも小さいときは安定
> (2) 0 dB のときは安定限界

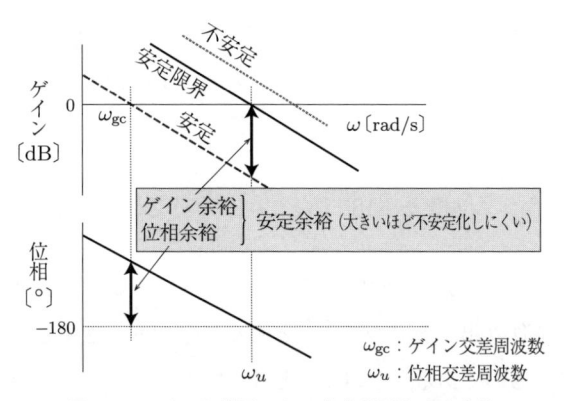

図 2.30　ボード線図による安定判別と安定余裕

[†] 発振条件は，むだ時間要素 e^{-Ls}（p.106 を参照）を含んでいても，安定性を判別できる。一方，極を見る方法や，ラウス・フルビッツの安定判別ではできない。なぜなら，むだ時間要素 e^{-Ls} を含むと，伝達関数の分子分母が多項式にならないからである。

(3) 0 dB よりも大きいときは不安定

にフィードバック制御系がなる。

　図 2.30 の安定なときのゲイン（3 本の中で一番下の破線）は，位相が $-180°$ のときに 0 dB よりも小さいが，ゲインの特性が変動して上に上がり，0 dB を超えると，その時点で発振条件が満たされて不安定になる。つまり図中の位相交差周波数 ω_u における安定なゲインの破線と 0 dB との間の幅は，安定性の余裕度を示す指標となる。これを**ゲイン余裕**と呼ぶ。同様に，安定なゲインの破線は，周波数 ω を下げていくと（左に見ていくと），ゲインがじわじわ大きくなり，周波数 ω_{gc}（ゲイン交差周波数という）で 0 dB に到達している。この周波数 ω_{gc} で，位相特性が変動して下に下がり，$-180°$ を下回ると，その時点で発振条件が満たされて不安定になる。つまり，図中の周波数 ω_{gc} における位相と $-180°$ の間の幅も，安定性の余裕度を示す指標となる。これを**位相余裕**と呼ぶ。ゲイン余裕と位相余裕は，どちらも大きくするほど安定性の余裕度が大きくなる。これら二つの余裕をまとめて，**安定余裕**と呼ぶ。

　また，ゲインが 0 dB を横切るゲイン交差周波数 ω_{gc} を**制御帯域**（またはクロスオーバー周波数）とも呼ぶ。制御帯域の周波数 ω_{gc} ではゲイン $|G(j\omega_{gc})K(j\omega_{gc})| = 1$ なので，p.21 の表 2.1 より，感度関数 $S(s) = \dfrac{1}{1+G(s)K(s)}$ の ω_{gc} におけるゲインは $\dfrac{1}{2}$ 以上になる。開ループ伝達関数 $G(s)K(s)$ のゲインが低周波で大きくなるように，$K(s)$ を設計することが多い。このとき，制御帯域以下の低い周波数では，どんどん $S(s)$ が小さくなって外乱除去特性が良くなり，逆に制御帯域以上の高い周波数ではどんどん悪くなる。つまり，制御帯域まではうまく制御できることが多いため，制御帯域は速応性の重要な指標なのだ。

例題 2.7　図 2.31 に示す $G(s)K(s)$ のボード線図 a～d のうち，$G_{yr}(s)$ が安定になるのはどれか。

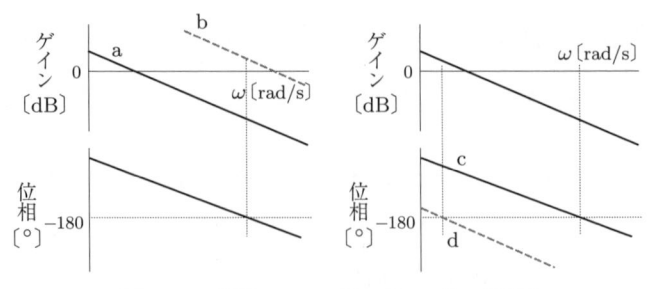

図 2.31 例題 2.7 の $G(s)K(s)$ のボード線図

【解答】 発振条件より,位相が $-180°$ を下回るのときのゲインが 0 dB よりも大きいと不安定なので,安定なのは a と c である。 ◇

(4) ロバスト安定条件 開ループ伝達関数 $G(s)K(s)$ が安定なとき,すべての周波数 ω で開ループ伝達関数のゲインが $|G(j\omega)K(j\omega)| < 1$ ならば,位相がどの ω で $-180°$ を下回ってもゲインはつねに 1 よりも小さいために,発振条件 (p.71) を満たさず,閉ループ系は安定になる。これをスモールゲイン定理という。

一般に制御対象 $G(s)$ は変動してしまう。例えば自動車が制御対象の場合,満員乗車だと車重が増えて加速がにぶる。また,10 年も乗ると,エンジンや動力伝達系,ブレーキにガタがきてヘタってしまい,加速やブレーキの効きが悪くなってしまう。このように変動する制御対象 $G(s)$ を,変動してしまう部分の不確かさ $\Delta(s)$ と,ずっと変動しない部分の公称値(ノミナルモデル)$G_n(s)$ とに分けてつぎのように表す。

$$G(s) = (1 + \Delta(s))G_n(s) \tag{2.81}$$

変動がないときは,$\Delta(s) = 0$ であり,$G(s) = G_n(s)$ となる。式 (2.81) を用いてフィードバック制御系のブロック線図を表すと,**図 2.32** (a) のようになる。$b = \Delta(s)a$ と表し,b から a までの伝達関数を求めよう。図 (a) より次式となる。

$$a = G_n(s)K(s)[r - \{d + (b+a)\}]$$

2.3 ラプラス変換によるシステム解析

(a) フィードバック制御系のブロック線図

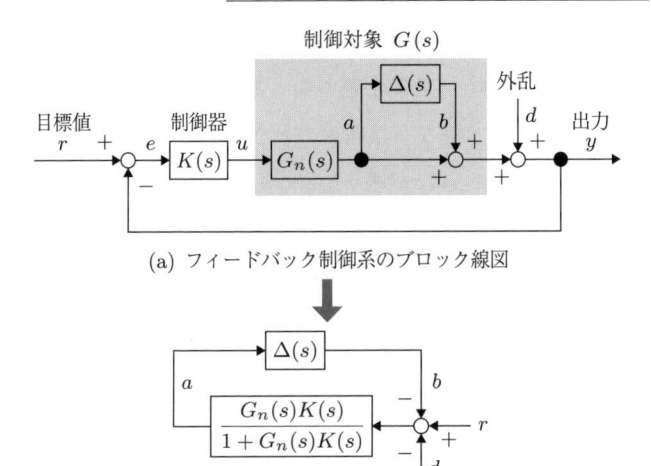

(b) 等価なブロック線図

図 **2.32** 不確かさと相補感度関数の関係

$$= G_n(s) K(s) (r - d - b - a)$$
$$(1 + G_n(s) K(s)) a = G_n(s) K(s) (r - d - b)$$
$$\uparrow 両辺 + G_n(s) K(s) a$$
$$\therefore a = \frac{G_n(s) K}{1 + G_n(s) K(s)} (r - d - b)$$

上式と $b = \Delta(s) a$ をブロック線図で表すと図 (b) を得る．この図より，その開ループ伝達関数（一巡伝達関数）は，$\Delta(s) \dfrac{G_n(s) K(s)}{1 + G_n(s) K(s)}$ となる（p.22 を参照）．したがって，スモールゲイン定理より，すべての周波数 ω で

$$\left| \Delta(j\omega) \frac{G_n(j\omega) K(j\omega)}{1 + G_n(j\omega) K(j\omega)} \right| < 1$$

が成り立つときに閉ループ系は安定になる．これは，すべての周波数 ω における，ゲインの最大値を表す ∞ ノルム（無限大ノルム）を用いると

$$\left\| \Delta(s) \frac{G_n(s) K(s)}{1 + G_n(s) K(s)} \right\|_\infty < 1$$

と書ける．p.21 の表 2.1 の相補感度関数 $T(s)$ を上式に代入すると

$$\| \Delta(s) T(s) \|_\infty < 1 \tag{2.82}$$

となる。上式をロバスト安定条件という。制御対象である自動車が古くなり，エンジンがヘタって変動し，加速が遅くなったとしよう。その変動分が $\Delta(s)$ である。ゆっくりとした加速ならば新車のときと同じようにできるが，速く加速しようとしても新車のときほど速く動かないだろう。つまり，その自動車の変動，つまり不確かさ $\Delta(s)$ は，速く動かす高周波のほうが大きくなる。このように，自然現象が制御対象のとき，$\Delta(s)$ は高周波で大きくなることが多い。ということは，式 (2.82) より以下がいえる。

> 相補感度関数 $T(s)$ が高周波で十分小さければ，$G(s)$ の特性が変動しても不安定化しにくい。

∞ ノルムの不等式を満足させる制御器 $K(s)$ は，本書では説明しないが，H^∞ 制御によって設計することができる。

(5) **ナイキストの安定判別** 閉ループ伝達関数 $G(s)K(s)$ の周波数特性がわかっているときに有効なナイキストの安定判別を説明する。この方法は $G(s)K(s)$ がむだ時間要素 e^{-Ls} (p.106 を参照) を含んでいても，また，不安定でも適用可能である。

不安定な $G(s)$ の周波数特性を計測するためには，工夫が必要だ。なぜなら，不安定な $G(s)$ に正弦波を入力すると，出力の振動の振幅がどんどん大きくなって発散するからである。発散を避けるためには，フィードバック制御によって閉ループ系を安定化してから，目標値として正弦波を入力すればよい。すると，しばらくすれば $G(s)$ の入力も出力も振幅が一定の正弦波となり，その振幅比と位相差を読み取って周波数特性を計測することができる†。

ナイキストの安定判別では，p.69 の図 2.27 に示したフィードバック制御系の開ループ伝達関数 $G(s)K(s)$ のナイキスト線図 (p.67 を参照) を見て，フィードバック制御系の安定性を判別する。

---

† $G(s)$ の s の係数を決定するシステム同定に用いる入出力データも，フィードバック制御で安定化してから制御入力に同定用信号を足し合わせたものを用いることが多い。

まず，$G(s)K(s)$ が不安定な極をもたないときの，簡略化されたナイキストの安定判別の手順を示す．

> 周波数 ω を 0 から ∞ まで変化させたときの $G(j\omega)K(j\omega)$ のナイキスト線図が，**図 2.33** (a) のように，下から点 $-1+0j$ を飛び越えて原点に向かわなければ，フィードバック制御系は安定である．

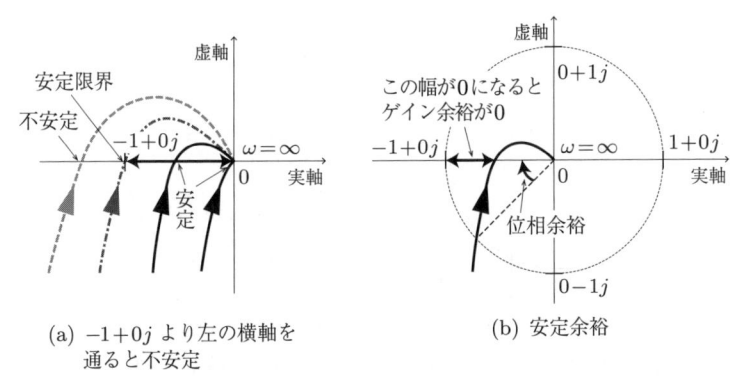

(a) $-1+0j$ より左の横軸を通ると不安定

(b) 安定余裕

図 2.33 簡略化されたナイキストの安定判別の例

図 2.33 (b) に示すように，ナイキスト線図から安定余裕（p.72 を参照）を，つぎのようにして読み取ることができる．p.59 の図 2.23 (b) に示したように，ゲインは原点から軌跡上の点までの距離，位相は右の実軸から軌跡上の点までの角度である．p.72 の安定余裕の定義より，軌跡が原点を中心とする単位円上を通るときにゲインが 1 となり，そのときの位相角と $-180°$ との差が位相余裕である．また，軌跡が負の実軸を通るときに位相角が $-180°$ となり，そのときのゲインをデシベルにして -1 をかけたものがゲイン余裕であり，図 2.33 (b) の両矢印線の幅が 0 になると，ゲイン余裕が 0 になる．

つぎに，$G(s)K(s)$ が不安定な極をもつときにも使える，一般のナイキストの安定判別を説明する．この安定判別では，点 $-1+0j$ からナイキスト軌跡を見たとき，軌跡が点 $-1+0j$ のまわりを回転する回数が重要になる．**図 2.34** に，点 $-1+0j$ の上に立って，軌跡を見ている顔を示す．図 (a) の $\omega = 0$ の

(a) $\omega=0$ のとき視線真右（$0°$）

(b) ω が大きくなって視線真下（$90°$）

(c) さらに ω が大きくなって視線左上（約 $240°$）

(d) $\omega=\infty$ で視線真右に戻って時計回りに1回転（$360°$）

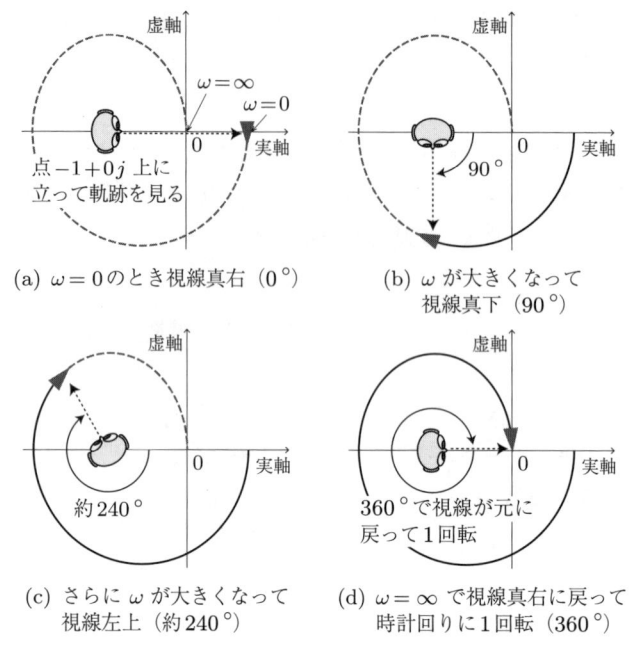

図 2.34　点 $-1+0j$ に立つ人がナイキスト軌跡を見続けて回る例

とき，その視線は右の真横を向いていたが，図 (b)〜(d) で ω が 0 から大きくなって軌跡が左下に動くのに伴い，視線が移動している。その視線の向きを変える首の角度を考える。図 2.34 (a)〜(d) では，ω が大きくなると，軌跡は破線上を動いて，$\omega=\infty$ で原点に到達する。このとき視線は真下 → 左の真横 → 真上 → 右の真横に動く。つまり首は時計回りに 1 回転している。この首が回る回数こそが，点 $-1+0j$ のまわりを軌跡が回転する回数なのだ。

図 2.35 に示すナイキスト軌跡ではどうだろうか。図 (a) の $\omega=0$ で視線は右の真横にある。それから図 (b) で右斜め下を向き，右の真横 → 図 (c) で右斜め上を向いている。その後，軌跡が破線のように動くと，視線は図 (d) で右の真横方向に戻る。このとき，図 (a)〜(d) で首は左右に揺れるだけで，1 回転しないで元の右の真横に戻っている。つまり，この場合は 0 回転である。また，もしも最終的に左の真横を向いたとすると，0.5 回転したことになる。

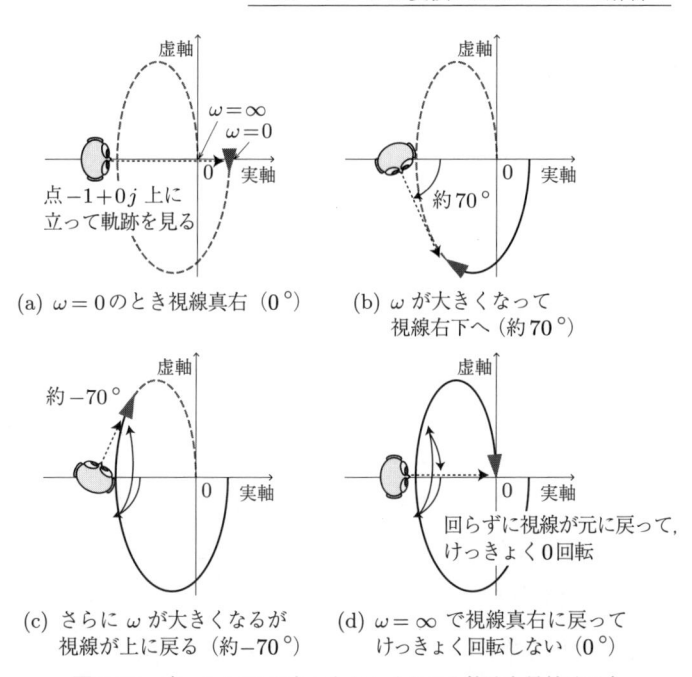

(a) $\omega=0$ のとき視線真右 (0°)

(b) ω が大きくなって視線右下へ (約70°)

(c) さらに ω が大きくなるが視線が上に戻る (約-70°)

(d) $\omega=\infty$ で視線真右に戻ってけっきょく回転しない (0°)

図 2.35 点 $-1+0j$ に立つ人がナイキスト軌跡を見続けても回らない例

以上を踏まえ,ナイキストの安定判別の手順を以下に示す[†]。

1) $G(s)K(s)$ の不安定な極の数 n_{op} を数える。

2) 周波数 ω を 0 から ∞ まで変化させたときの $G(j\omega)K(j\omega)$ のナイキスト軌跡を点 $-1+0j$ から見たとき,時計回りに回る回数をカウントする。そのとき半回転のときは 0.5 回転 (図 **2.36** (a) を参考に),反時計回りの回転はマイナスでカウントする。軌跡が点 $-1+0j$ を通るときはフィードバック制御系は安定限界の極をもつが,このときは時計回りにカウントする。ただし,$G(s)K(s)$ の分母多項式が s をもつときは $\omega=0$ で軌跡が無限遠方を時計回りに 90° 回ったものとし,分母多項式

[†] ナイキストの安定判別の証明は p.184 を参照。手順 1) について,$G(s)K(s)$ がむだ時間要素 e^{-Ls} (p.106 を参照) を含む場合,e^{-Ls} のステップ応答は発散しないので安定であることから,その不安定極数はゼロである。

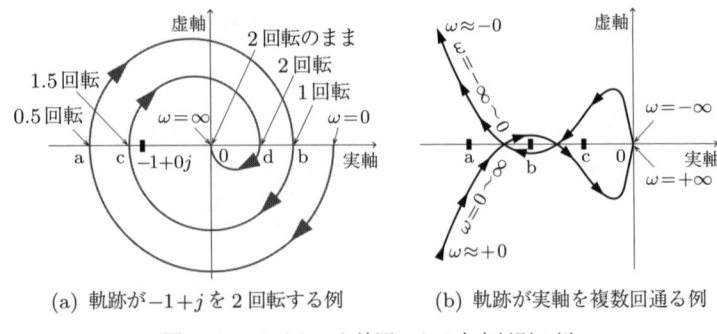

(a) 軌跡が $-1+j$ を 2 回転する例 (b) 軌跡が実軸を複数回通る例

図 2.36 ナイキスト線図による安定判別の例

が $s^2 + \omega_1^2$ をもつときは $\omega = \omega_1$ で軌跡が無限遠方を時計回りに $180°$ 回ったものとしてカウントする．カウントした数を 2 倍して n とおく．

3) 閉ループ伝達関数の不安定な極の数 n_{cl} はつぎのようになり，$n_{\mathrm{cl}} = 0$ のときに安定である．

$$n_{\mathrm{cl}} = n + n_{\mathrm{op}} \tag{2.83}$$

下付き文字 cl と op は，それぞれ閉ループと開ループの英語 "closed loop" と "open loop" の頭文字である．

例題 2.8 図 2.36 (a) のナイキスト線図について，$G(s)K(s)$ の不安定極の数 n_{op} が 0, 1, 2, 3, 4 のときに安定判別せよ．

【解答】 ω が 0 から ∞ まで変化したときに，図 2.36 (a) の軌跡が点 $-1+0j$ を何回転しているか見てみよう．まず $\omega = 0$ のとき，実軸のプラス側に軌跡があり，そこから下に向かって時計回りに回って点 a で 0.5 回転している．そして上に向いて半回転して点 b に達し，1 回転する．つぎに点 c に達して 1.5 回転，点 d で 2 回転である．その後，原点に向かうのでその間は回転しない．つまり，合計で 2 回転なので 2 倍して $n = 4$ である．式 (2.83) から，閉ループ系の不安定な極の数 $n_{\mathrm{cl}} = n + n_{\mathrm{op}}$ より，$n_{\mathrm{cl}} = 0$ ならば閉ループ系が安定になる．$n = 4$ なので，$n_{\mathrm{op}} = -4$ であれば安定だが，$n_{\mathrm{op}} = 0, 1, 2, 3, 4$ の場合はすべて不安定である．n_{op} がマイナスとなることはないので，n がプラスのときは必ず閉ループ系は不安定になる． ♢

例題 2.9 図 2.36 (b) は $G(s)K(s) = \dfrac{K(s+5)(s+10)}{s(s+1)(s+2)(s+20)}$ のナイキスト線図である。$K\,(>0)$ は定数である。点 $-1+0j$ が点 a, b, c それぞれの場合に安定判別せよ。ちなみに MATLAB で

```
>> s=tf('s'), K=20,
>> nyquist(K*(s+5)*(s+10)/(s*(s+1)*(s+2)*(s+20))),
```

とタイプすれば，図 2.36 (b) の点 b の場合のナイキスト線図 ($K=20$) が現れる。$K=10$ は点 a，$K=40$ は点 c の場合である。

【解答】 軌跡は $\omega=0$ 付近で真下から上に上がっているが，$G(s)K(s)$ が s を分母多項式にもつので，実軸のプラス側から始まり，無限遠方を時計回りに $-90°$ まで瞬間的に移動したものとする。その後，上に上がって実軸を上にクロスしたあとで，下にクロスして原点に向かっている。$G(s)K(s)$ は不安定な極をもたないので，簡単化されたナイキストの安定判別で判別する。点 $\mathrm{a}=-1+0j$ のとき，軌跡は $-1+0j$ を下から飛び越えないので，安定である。点 $\mathrm{b}=-1+0j$ のとき，軌跡は $-1+0j$ を下から飛び越えてから原点に向かうので不安定である。点 $\mathrm{c}=-1+0j$ のとき，軌跡は $-1+0j$ を下から飛び越えないので，安定である。 ◇

3 制御対象の把握を「わかる」

ここでは，制御対象として代表的なシステムの性質と，それらのシステムを把握するための方法を学ぶ．

3.1 モデル化とは

制御対象の伝達関数などを求めることを**モデル化**または**モデリング**といい，伝達関数などのように数式で表したものを，**数式モデル**という．伝達関数の s の係数を**パラメータ**と呼ぶ．

例えば，ニュートンの運動方程式 $f = ma$ は，入力 f, 出力 a の数学モデルであり，m はハカリで量れば求まる（p.15 を参照）．このように，物理量を直接計測してパラメータを決定することを，**物理法則に基づく同定**という．また，入力データ f と出力データ a を計測して，$m = \dfrac{f}{a}$ の関係から m を求めることもできる．このように，入出力データから数式に適合するパラメータを求めることをパラメータ同定または**システム同定**という．ここでは，制御対象の分母多項式の次数が 2 次以下の場合に，そのステップ応答や，周波数応答によるボード線図を見てパラメータを求める方法を学ぶ[†]．

[†] 本書では述べないが，より高次の制御対象の場合は，豊富な周波数成分をもつ擬似白色信号の応答を利用可能な最小 2 乗法などのシステム同定法が有効である．

3.2　代表的なシステムの性質

伝達関数 $G(s)$ は，p.11 で説明したように，入力 $U(s)$ と出力 $Y(s)$ の比 $G(s) = \dfrac{Y(s)}{U(s)}$ であり，$Y(s) = G(s)U(s)$ と表せる．本書で扱う制御対象は，p.53 の式 (2.65) で表せるものであった．これを因数分解すると

$$G(s) = K \frac{(s+\beta_1)(s+\beta_2)\cdots(s^2+b_{11}s+b_{01})(s^2+b_{12}s+b_{02})\cdots}{(s+\alpha_1)(s+\alpha_2)\cdots(s^2+a_{11}s+a_{01})(s^2+a_{12}s+a_{02})\cdots} \quad (3.1)$$

のようになり（すべての係数は実数．α はアルファ，β はベータと読む），その因数の種類は下の要素だけである．

$$K, \quad \frac{1}{s+\alpha_i}, \quad \frac{1}{s^2+a_{1i}s+a_{0i}}, \quad (s+\beta_i), \quad (s^2+b_{1i}s+b_{0i})$$

つまり，これらたった五つの要素の組み合わせによって，あらゆる制御対象を表現できるのである．そこで，これらの性質を調べよう．ただし，$(s+\beta_i)$ と $(s^2+b_{1i}s+b_{0i})$ はそれほど重要ではなく，他の要素と組み合わせることが多いので，その代表として s と $\dfrac{T_n s+1}{T_d s+1}$ だけを調べよう．その他の要素は重要で，それぞれ名前が付けられている．また，式 (3.1) には含まれないが実際の制御系に必ず含まれてしまうむだ時間要素があり，これもたいへん重要なので説明する．これら主要な要素の性質を**表 3.1** にまとめた．詳しくは以下で説明する．

コーヒーブレイク

　人の体温は，生まれてから一生涯の間，ほぼ 37 °C 前後に保たれる．人体は，体温をフィードバックし，37 °C 前後を目標値として，フィードバック制御を実施する機能を備えているのである．寒くてブルブルと凍えているときも，サウナの中で暑くて汗だくになっているときも，健康であれば，脳や内臓の温度は 37 °C 前後に保たれる．そのような機能が一生涯の間，約 70 年以上，休むことなく働き続けるのだから，人体は非常に優秀な制御系であるといえよう．体温だけでなく，心拍数や血液の成分比なども，ほぼ一定に保たれるように制御されている．つまり，人体は制御系の塊なのである．

表 3.1 代表的なシステムの性質

要素	ステップ応答	ボード線図
比例要素 $\dfrac{Y(s)}{U(s)} = K$ $y(t) = Ku(t)$ 例：ばね，電気抵抗，アンプ，増幅器	ゲイン K 一定	ゲイン $20\log_{10} K$、位相 $0°$
微分要素 $\dfrac{Y(s)}{U(s)} = s$ $y(t) = \dot{u}(t)$ 例：速度と位置，ダンパ，コイル	$y(t) = \infty$ (インパルス)	ゲイン ω 10倍で $+20$ dB、位相 $+90°$
積分要素 $\dfrac{Y(s)}{U(s)} = \dfrac{1}{s}$ $y(t) = \int u(t)\,dt$ 例：位置と速度，タンク，コンデンサ	面積 $y(t)$ 線形増加	ゲイン ω 10倍で -20 dB、位相 $-90°$
一次遅れ系 $\dfrac{Y(s)}{U(s)} = \dfrac{K}{Ts+1}$ $T\dot{y}(t) + y(t) = Ku(t)$ 例：ばね・ダンパ系（サスペンション），モータ，RL 回路	T で K の 63.2%	ゲイン $20\log_{10}K$、ω 10倍で -20 dB、$\omega = 1/T$、位相 $-90°$
二次遅れ系 $\dfrac{Y(s)}{U(s)} = \dfrac{K\omega_n^2}{s^2 + 2\zeta\omega_n s + \omega_n^2}$ $\ddot{y}(t) + 2\zeta\omega_n \dot{y}(t) + \omega_n^2 y(t) = K\omega_n^2 u(t)$ 例：ばね・マス・ダンパ系（サスペンション），RLC 回路	$0 \leq \zeta < 1$, $\zeta = 1$, $1 < \zeta$	$20\log_{10}K$、$0 \leq \zeta < 1$、$1 \leq \zeta$、ω 10倍で -40 dB、$\omega = \omega_n$、位相 $-180°$
零点をもつ要素 $\dfrac{Y(s)}{U(s)} = \dfrac{T_n s + 1}{T_d s + 1}$ $T_d \dot{y}(t) + y(t) = T_n \dot{u}(t) + u(t)$ 例：位相遅れ補償，位相進み補償	位相進み $T_n > T_d$、位相遅れ $T_n < T_d$、不安定零点 $T_n < 0$	位相進み $T_n > T_d$、位相遅れ $T_n < T_d$、不安定零点 $T_n < 0$、$-180°$
むだ時間要素 $\dfrac{Y(s)}{U(s)} = e^{-Ls}$ $y(t) = u(t - L)$ 例：地震，やまびこ，ベルトコンベア	L で 1 にステップ	ゲイン 0 dB 一定、位相 下がり続ける

3.2.1 比例要素

比例要素とは，入力 $u(t)$ に定数をかけて K 倍する要素で，$y(t) = Ku(t)$ の関係があり，伝達関数 $G(s) = \dfrac{Y(s)}{U(s)} = K$ である。

$$y(t) = Ku(t) \tag{3.2}$$
$$G(s) = K \tag{3.3}$$

式 (3.3) は式 (3.2) をラプラス変換した $Y(s) = KU(s)$ を変形すれば求まる。比例要素の例として，ばねや電気抵抗がある。これらについては，p.87 の「一次遅れ系」で説明する。比例要素のステップ応答については，式 (3.2) より，p.84 のグラフのように，$y(t)$ はステップ関数を K 倍したものになる。ボード線図は p.84 のグラフのようになる（証明は p.63 を参照）。

3.2.2 微分要素

微分要素とは，入力 $u(t)$ を時間微分する要素で，$y(t) = \dot{u}(t)$ の関係があり，伝達関数 $G(s) = \dfrac{Y(s)}{U(s)} = s$ である。

$$y(t) = \dot{u}(t) \tag{3.4}$$
$$G(s) = s \tag{3.5}$$

式 (3.4) に対して，微分公式（p.28 の式 (2.17)）を用い，伝達関数は初期値をゼロにすること（p.29 を参照）を考慮すると，式 (3.5) を得る。

微分要素のステップ応答については，式 (3.4) より，$y(t)$ はステップ関数を時間微分したもので，p.84 のグラフのようになる。ステップ関数は $t = 0$ で値が 0 から 1 に変化するので，そのときの傾きは ∞ である。微分は傾きなので $t = 0$ で瞬時に出力が ∞ になってしまう。$t = 0$ 以外では値が変化しないので，傾きは 0，つまり出力は 0 である。

ステップ関数を微分要素に通すと $t = 0$ で ∞ になるが，自然界には瞬時に ∞ になるものは存在しないので作れない。つまり，<u>微分要素を作るのは不可能</u>

なのだ．そこで，代わりにつぎの**不完全微分**（擬似微分ともいう）を使うことがある．

$$G(s) = \frac{s}{T_\delta s + 1} \tag{3.6}$$

定数 T_δ は $T_\delta \geq 0$ で，0 に近いほど完全な微分要素 s に近い．ダンパやコイルの特性は微分要素で近似できることを，p.87 の「一次遅れ系」で説明する．

微分要素のボード線図については，p.84 のグラフのように，ゲインは傾き +20 dB/dec，位相は +90°一定となる（p.189 の 5.3.1 項を参照）．

3.2.3 積 分 要 素

積分要素とは，入力 $u(t)$ を時間積分する要素で，$y(t) = \int u(t)\,dt$ の関係があり，伝達関数 $G(s) = \dfrac{Y(s)}{U(s)} = \dfrac{1}{s}$ である．

$$y(t) = \int u(t)\,dt \tag{3.7}$$

$$G(s) = \frac{1}{s} \tag{3.8}$$

式 (3.7) に対して積分公式（p.167 の式 (5.33)）を用いると，式 (3.8) を得る．

積分要素の例として，自転車の力と速度の関係や，コンデンサの電圧と電流の関係がある．自転車の力と速度については，p.15 の式 (2.5) で説明した．コンデンサについては p.96 の「RLC 回路」で説明する．

積分要素のステップ応答を考えよう．式 (3.7) より，$y(t)$ は $u(t)$ を時間で積分した値である．ステップ関数は $t = 0$ 以降ずっと 1 であり，積分は $u(t)$ の面積なので，p.84 のグラフのように直線的に増加する関数になる（p.15 を参照）．

積分は面積なので，ステップ関数だけでなく，入力 $u(t)$ の平均値が 0 でないときは，積分要素の出力 $y(t)$ が大きくなり続けてしまう．これを避けるために，つぎの**不完全積分**（擬似積分ともいう）を使うことがある．

$$G(s) = \frac{1}{s + \delta} \tag{3.9}$$

定数 δ は $\delta \geq 0$ で，0 に近いほど完全な積分要素 s に近い。

積分要素のボード線図については，p.84 のグラフのように，ゲインは傾き -20 dB，位相は $-90°$ 一定となる（p.190 の 5.3.1 項を参照）。

3.2.4 一次遅れ系

一次遅れ系（一次遅れ要素ともいう）は，入力 $u(t)$ と出力 $y(t)$ の関係と，伝達関数 $G(s) = \dfrac{Y(s)}{U(s)}$ が次式で与えられ，$G(s)$ の分子が定数，分母が s の 1 次多項式になる。

$$T\dot{y}(t) + y(t) = Ku(t) \tag{3.10}$$

$$G(s) = \frac{K}{Ts+1} \tag{3.11}$$

定数 K は**定常ゲイン**，定数 T は**時定数**という。

（1）**ばね・ダンパ系**　図 **3.1** に示すばね・ダンパ系は一次遅れ系である。その応用例として，自動車の乗り心地を良くするサスペンションがある。サスペンションは自動車やオートバイの車体と車輪の間を接続するもので，凹凸のある道で車輪が揺れても，車体は揺れないようにうまく伸び縮みする。もしもサスペンションがなければ，車輪が石を踏んだときにその揺れがじかに車体に伝わり，乗り心地も悪いし，車体の傷みも早くなるだろう。サスペンションは，ばねとダンパから構成されている。ばねは p.14 のフックの法則の式 (2.1)

$$f = kx$$

が成り立つ。k はばね定数である。重力 f を力 $u_k(t)$，伸び x を変位 $y(t)$ に読

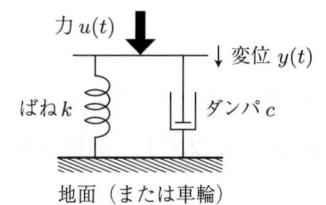

図 **3.1**　ばね・ダンパ系

み替えると，ばねの物理式はつぎのように表せる。

$$u_k(t) = ky(t) \tag{3.12}$$

ダンパはショックアブソーバとも呼ばれ，水鉄砲や注射器と同じ構造をしている。水鉄砲や注射器の噴出口を水に浸けておけばダンパになる。水鉄砲の押し棒を押すと，押し棒が筒の中に入っていく。押さなければ止まる。強く押すほど，速く動く。2倍強く押すと，2倍速く動く。つまり，押す力 f と動く速さ v とは比例関係にあり，その比例係数を c とすると

$$f = cv \tag{3.13}$$

が成り立つ。c を粘性摩擦係数，上式の力を粘性摩擦力という。c が大きいほど硬いダンパである。実際のダンパには水ではなく，もっとねばねばしたオイルが使用される。押す力 f を力 $u_c(t)$，速さ v を変位の時間微分 $\dot{y}(t)$ に読み替えると，ダンパの物理式はつぎのように表せる。

$$u_c(t) = c\dot{y}(t) \tag{3.14}$$

図3.1のように，サスペンションのばねとダンパは並列につながっていて（実際には円筒状のばねの中の中空部分にダンパを入れている），下部は地面または車輪に固定される。上部に力 $u(t)$ を与えて押すと縮み，引くと伸びる。その変位は $y(t)$ である。このシステムは，力を与えるとその結果としてばねとダンパが伸び縮みするので，入力は力 $u(t)$，出力は変位 $y(t)$ である。ばねとダンパは並列につながっているので，力 $u(t)$ で押すと，その反力はばねの反力とダンパの反力の和となる。したがって，式 (3.12), (3.14) より，つぎの式が成り立つ。

$$u(t) = c\dot{y}(t) + ky(t) \tag{3.15}$$

上式のように力学系の運動を表す微分方程式を，運動方程式という。初期値を $y(0) = 0$ としてラプラス変換する。p.28 の式 (2.17) と $y(0) = 0$ より

$$U(s) = csY(s) + kY(s)$$

$$= (cs + k) Y(t)$$

$$\therefore \frac{Y(s)}{U(s)} = \frac{1}{cs+k} = \frac{\frac{1}{k}}{\left(\frac{c}{k}\right)s + 1} \tag{3.16}$$

となる．この式と式 (3.11) とを係数比較すると，ばね・ダンパ系は定常ゲイン $K = \dfrac{1}{k}$，時定数 $T = \dfrac{c}{k}$ の一次遅れ系であることがわかる．

（2） 電磁石とモータ（*RL* 回路） 一次遅れ系のもう一つの例として，図 **3.2** に示す電磁石の電気回路（*RL* 回路）がある．電磁石とは，銅線を糸巻きのように巻いたもので，銅線を流れる電流に比例した磁力を発生する．その比例定数がコイルのインダクタンス L である．また，巻いた銅線自体が電気抵抗 R も少し含む．つまり，電磁石は R と L とがたがいに混ざり合いながら直列につながった電気回路とみなせる．モータは，電磁石の N 極と S 極をうまく切り替えて，永久磁石を引っ張ったり押し返したりして，力を発生することができるのだ（p.212 を参照）．

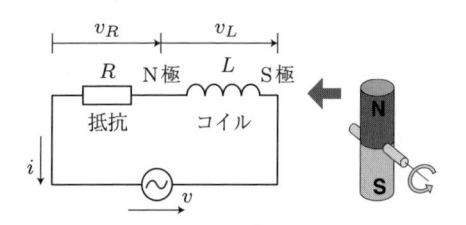

図 **3.2** 電磁石の電気回路（*RL* 回路）

電磁石を流れる電流 i を水の流れ（水流）に，また，電磁石にかける電圧 v を，ポンプが水を送り出す水圧に置き換えて考えよう．抵抗は水の流れにくさ，すなわち摩擦であり，水道の蛇口のような働きをする．蛇口をギュッと締めてしまうと抵抗が ∞ になり，水は流れない．少しひねって少し開けると少し流れる．大きく開けると抵抗が小さくなってたくさん流れる．蛇口の開度を一定にしておくと，水圧を高くすればするほど，たくさん水が流れる．つまり，水圧 v_R と水流 i とは比例する．その比例定数が R であり

$$v_R(t) = Ri(t) \tag{3.17}$$

の関係がある。これをオームの法則という。R は水の流れを邪魔する抵抗なので、蛇口の開度が小さいほど大きくなる。電磁石の場合、糸巻きのように巻いた銅線は、ホースに相当する。数十 cm くらいまでの短いホースなら勢いよく水が流れるが、庭用の巻き取り式の長いホースでは抵抗が大きくなって水の勢いが弱くなる。つまり、抵抗がほぼゼロの銅線でも、長くなれば無視できないほど抵抗が大きくなるのだ。

　コイルは、水が流れる通路をゴロゴロ転がる鉄球に相当する。その重さが L である。摩擦はなく、重さだけがある。鉄球が止まっている状態から転がるまでは水圧をかけなければならないが、いったん転がり出すと、摩擦がないのでほとんど水圧をかけなくても転がり続け、水も流れ続ける。つまり、水流 i が一定のときは、鉄球が受ける水圧はゼロである。しかし、水流が速くなると、鉄球を加速させるために水圧が必要になり、逆に水流が減速すると、鉄球には勢いがついているので水流の減速を邪魔する。鉄球は水流の変化 $\dot{i}$ が大きいほど、それを強く妨げる水圧 v_L を発生するのである。つまり、これらは比例関係にあり、比例定数が L なのである。

$$v_L(t) = L\dot{i}(t) \tag{3.18}$$

この関係は、ニュートンの運動方程式 $f = ma$ に相当する（p.15 を参照）。

　このシステムは、ポンプで圧力を加えるとその結果として水が流れるので、入力は圧力 $v(t)$、出力は水の流れ $i(t)$ である。R と L とが直列につながっており、ポンプの水圧によって流された水は R で邪魔され、L でも邪魔されるので、ポンプの水圧 v は v_R と v_L の和となる。

$$v(t) = Ri(t) + L\dot{i}(t) \tag{3.19}$$

初期値を $i(0) = 0$ としてラプラス変換しよう。p.28 の式 (2.18) より

$$\begin{aligned} V(s) &= LsI(s) + RI(s) \\ &= (Ls + R)I(t) \end{aligned}$$

$$\therefore \frac{I(s)}{V(s)} = \frac{1}{Ls+R} = \frac{\frac{1}{R}}{\left(\frac{L}{R}\right)s+1} \tag{3.20}$$

となる．この式と式 (3.11) の係数を比べると，電磁石（RL 回路）は定常ゲイン $K = \frac{1}{R}$，時定数 $T = \frac{L}{R}$ の一次遅れ系であることがわかる．

（**3**）**安 定 性**　式 (3.11) の一次遅れ系が安定になる条件はつぎのとおりである（p.190 の 5.3.2 項 (1) を参照）．

性質 3.1

一次遅れ系は，時定数 $T \geqq 0$ のとき安定である．

ばね・ダンパ系では，時定数 $T = \frac{c}{k}$ であったので，$c < 0$ または $k < 0$ のときに不安定になる．ばね定数 k が負のばねは，伸ばせば伸ばすほどもっと強く伸びようとするばねで，普通のばねではあり得ない．粘性摩擦係数 c が負の水鉄砲（ダンパ）は，水鉄砲を押して水を出すと，手を離しても飛び出る水の量が増え続けることになり，普通の水鉄砲ではあり得ない．また，c が負のブレーキの場合，踏めば踏むほど激しく加速してしまうので，これもあり得ない．

（**4**）**ステップ応答**　図 **3.3** に示すように，一次遅れ系のステップ応答はつぎの性質をもつので，<u>ステップ応答を見れば K と T がわかる</u>（p.190 の 5.3.2 項 (2) を参照）．

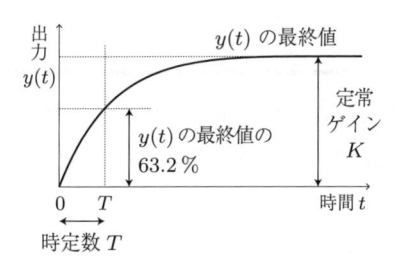

図 3.3　一次遅れ系のステップ応答

性質 3.2

(1) 定常値（最終値 $\lim_{t\to\infty} y(t)$）は，時定数 $T \geq 0$ のときに K になる。$T < 0$ のときは不安定のため，$y(t)$ が発散して定常値は存在しない。

(2) 時定数 T について，$t = T$ において $y(t)$ は最終値の 63.2% になる。

ばね・ダンパ系では，定常ゲイン $K = \frac{1}{k}$，時定数 $T = \frac{c}{k}$ であったので，最終値は $K = \frac{1}{k}$ になる。つまり，k が大きい硬いばねは，あまり伸びないことがわかる。c が大きいダンパだと T が大きくなるので，ゆっくり伸びることがわかる。c が大きい水鉄砲は，水の出口が狭いのでチョロチョロとしか水が流れずに，ゆっくり動くのである。

（5）**ボード線図** $\frac{K}{Ts+1}$ のボード線図は，p.61 の性質 (1) より，K と $\frac{1}{Ts+1}$ それぞれのボード線図を足したものになる。K と $\frac{1}{Ts+1}$ のボード線図は p.64 の図 2.24 にある。これらより，一次遅れ系のボード線図の折れ線近似（p.62 を参照）は $K > 0$, $T > 0$ のときにつぎの性質をもつ。

性質 3.3

(1) $\omega \ll \frac{1}{T}$ のとき，ゲインは $20\log_{10} K$，位相は $0°$

(2) $\omega = \frac{1}{T}$ のとき，位相は $-45°$（p.60 の式 (2.73) を参照）

(3) $\frac{1}{T} \ll \omega$ のとき，ゲインの傾きは -20 dB/dec（p.65 を参照），位相は $-90°$

(2) の周波数 $\omega = \frac{1}{T}$ は折点周波数[†1]，またはカットオフ周波数，遮断周波数[†2]，あるいは制御系の制御帯域と呼ばれる。一次遅れ系のボード線図と，そ

[†1] 折点周波数とは，直線と直線が交差する周波数。
[†2] 周波数を上げると，平坦でほぼ一定値だったゲインが遮断周波数（カットオフ周波数ともいう）を境に下がり始める。遮断周波数のゲインは平坦なときよりも 3 dB 低い。

3.2 代表的なシステムの性質

の折れ線近似を**図 3.4** に示す。

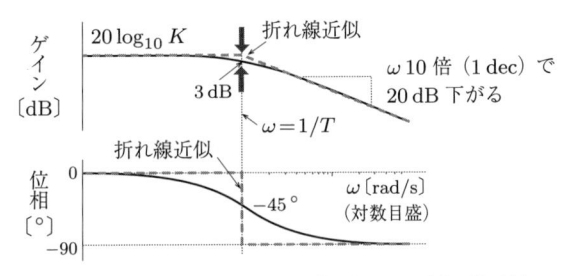

図 3.4 一次遅れ系のボード線図と，その折れ線近似

例題 3.1 図 3.5 の a〜f は，それぞれ (1) 〜 (4) のどの伝達関数か。

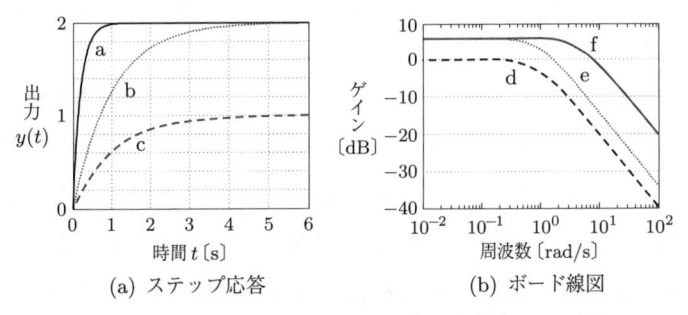

(1) $\dfrac{1}{s+1}$ (2) $\dfrac{2}{s+1}$ (3) $\dfrac{2}{5s+1}$ (4) $\dfrac{2}{0.2s+1}$

(a) ステップ応答

(b) ボード線図

図 3.5 さまざまな一次遅れ系のステップ応答とボード線図

【解答】 ステップ応答の性質（p.92 の性質 3.2）(1), (2) より，図 3.5 のステップ応答 a〜c から読み取った K, T と，それらに当てはまる伝達関数を**表 3.2** に示す。表より，a は (4)，b は (2)，c は (1) である。

表 3.2 ステップ応答からの読み取りと
それらに当てはまる伝達関数

	a	b	c
K	約 2	約 2	約 1
T	約 0.2	約 1	約 1
伝達関数	(4)	(2)	(1)

$\dfrac{K}{Ts+1}$ のボード線図の性質（p.92 の性質 3.3）(1), (2) を図 3.5 (b) のボード線図に用いて，K, T の大小関係を読み取る．性質 (1) より，ゲインに関して e = f > d の関係がある．よって，ゲインが他の三つよりも小さい (1) が d である．つぎに性質 (2) より，$\dfrac{1}{T}$ に関して f > e = d の関係がある．d の (1) は $T = 1$ なので，(2) が e である．f の T は 1 よりも小さいので，(4) が f である． ◇

3.2.5 二次遅れ系

二次遅れ系（二次遅れ要素ともいう）は，入力 $u(t)$ と出力 $y(t)$ の関係と，伝達関数 $G(s) = \dfrac{Y(s)}{U(s)}$ が次式で与えられ，$G(s)$ の分子が定数，分母が s の 2 次多項式となる．

$$\ddot{y}(t) + 2\zeta\omega_n \dot{y}(t) + \omega_n^2 y(t) = K\omega_n^2 u(t) \tag{3.21}$$

$$G(s) = \dfrac{K\omega_n^2}{s^2 + 2\zeta\omega_n s + \omega_n^2} \tag{3.22}$$

定数 K は**定常ゲイン**，定数 ω_n（ω はオメガと読む）は**固有周波数**，定数 ζ（ゼータと読む）は**減衰比**または減衰係数と呼ばれる．固有周波数を自然周波数ともいい，これは折点周波数または制御帯域でもあり，$\zeta < 1$ のときは共振周波数（p.100 を参照）でもある．周波数は 1 秒間に回転する角度なので，ω_n はプラスだ（$\omega_n > 0$）．また，$\omega_n = 0$ だと $G(s) = 0$ になってしまうので，$\omega_n = 0$ を除外して ω_n の範囲を $\omega_n > 0$ に設定する．なぜ $G(s)$ を $G(s) = \dfrac{b_0}{s^2 + a_1 s + a_0}$ のように，もっとシンプルに表さないのかと思うかもしれない．あとで示すが，K, ω_n, ζ には明確な意味があるから，わざわざこのように表しているのだ．

$\dfrac{b_0}{s^2 + a_1 s + a_0}$ の K, ω_n, ζ は，二次遅れ系の式 (3.22) の伝達関数と係数比較して，次式により得られる（p.192 の 5.3.3 項 (1) を参照）．

$$\begin{cases} K = \dfrac{b_0}{a_0} \\ \omega_n = \sqrt{a_0} \quad \leftarrow \omega_n > 0 \text{ より} \\ \zeta = \dfrac{a_1}{2\sqrt{a_0}} \end{cases} \tag{3.23}$$

例題 3.2 K, ω_n, ζ を求めよ。

(1) $\dfrac{15}{2s^2+4s+8}$ (2) $\dfrac{5}{2s^2+3s+4}$ (3) $\dfrac{0.5}{s^2+100}$ (4) $\dfrac{5}{(2s+3)^2}$

【解答】 式 (3.23) より表 3.3 のようになる。

表 3.3 例題 3.2 の K, ω_n, ζ

	(1)	(2)	(3)	(4)
K	$\dfrac{15}{8}$	$\dfrac{5}{4}$	0.005	$\dfrac{5}{9}$
ω_n	2	$\sqrt{2}$	10	$\dfrac{3}{2}$
ζ	$\dfrac{1}{2}$	$\dfrac{3}{4\sqrt{2}}$	0	1

◇

（1）ばね・マス・ダンパ系　図 3.6 に示すばね・マス・ダンパ系は二次遅れ系である。自動車のサスペンションはその応用例だ。p.87 のばね・ダンパ系では車体重量を無視してゼロとしていたが，この系は車体重量である質量（英語は mass）m をきちんと考慮しているので，より正確なモデルである。スケートリンクのように摩擦がないところで，車体を水平に押す力を f，車体の水平方向の加速度を a とすると，ニュートンの運動方程式

$$f = ma \tag{3.24}$$

が成り立つ（p.15 を参照）。スケートリンクで質量 m の車体は，地面との摩擦がないとすれば，ツルツル滑って減速しないで等速運動を続ける。このとき車体にかかっている水平方向の力はゼロである。そして，車体を押すと加速し，

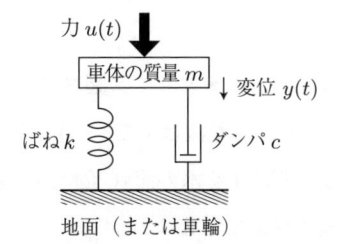

図 3.6 ばね・マス・ダンパ系

引っ張ると減速する。その力が大きいほど，加減速も大きくなる。つまり，力 f と加速度 a が比例する。その比例定数が質量 m なのである。このときに車体が発生する力 f を慣性力という。慣性力 f を $u_m(t)$ に置き換えると，加速度 a は変位 $y(t)$ の時間 t に関する 2 階微分であることから，式 (3.24) はつぎのようになる。

$$u_m(t) = m\ddot{y}(t) \tag{3.25}$$

ばね・マス・ダンパ系を力 $u(t)$ で押すと，その反力はばねとダンパと質量による慣性力の和となる。したがって，式 (3.12), (3.14), (3.25) より，つぎの式が成り立つ。

$$u(t) = m\ddot{y}(t) + c\dot{y}(t) + ky(t) \tag{3.26}$$

初期値を $y(0) = 0$, $\dot{y}(0) = 0$ としてラプラス変換する。p.28 の式 (2.17), (2.18) より

$$\begin{aligned} U(s) &= ms^2 Y(s) + csY(s) + kY(s) \\ &= (ms^2 + cs + k) Y(s) \end{aligned}$$

$$\therefore \frac{Y(s)}{U(s)} = \frac{1}{ms^2 + cs + k} = \frac{\dfrac{1}{m}}{s^2 + \left(\dfrac{c}{m}\right)s + \dfrac{k}{m}} \tag{3.27}$$

となる。上式は二次遅れ系であり，式 (3.23) より次式を得る。

$$\text{定常ゲイン } K = \frac{1}{m}\frac{m}{k} = \frac{1}{k} \tag{3.28}$$

$$\text{固有周波数 } \omega_n = \sqrt{\frac{k}{m}} \tag{3.29}$$

$$\text{減衰比 } \zeta = \frac{c}{2m}\sqrt{\frac{m}{k}} = \frac{c}{2\sqrt{mk}} \tag{3.30}$$

（**2**）**RLC 回路**　二次遅れ系のもう一つの例として，**図 3.7** に示す電気回路の RLC 回路がある。電源電圧は v，流れる電流は i で，抵抗 R とコイル L とコンデンサ C を直列に接続している。電流 i を水の流れ（水流の速度）に，電圧 v をポンプが水を送り出す水圧に置き換えて考えよう。

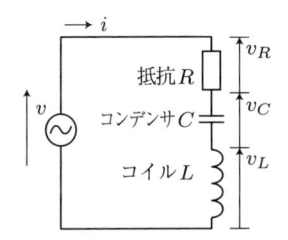

図 3.7 RLC 回路

コンデンサは，水が流れる通路に穴の開いた仕切りを設け，その穴をゴム風船でふさいだものに相当する。水は仕切りとゴム風船を通り抜けることはできない。しかし，ゴム風船に水圧がかかると膨らむ。水圧が大きくなると，その分大きく膨らむ。水圧が2倍になると2倍膨らむ。つまり，水圧 v_C と膨らむ量は比例する。その比例定数は $\frac{1}{C}$ である。

$$v_C(t) = \frac{1}{C} \times 膨らむ量$$

膨らむ量と水流の速度の関係は，位置と速度の関係と同じだ。位置は速度の時間積分なので，膨らむ量は水流 i の時間積分である。よって，次式が成り立つ。

$$v_C(t) = \frac{1}{C}\int i(t)\,dt \tag{3.31}$$

R と L と C とが直列につながっているため，ポンプの水圧によって流された水は R で流れを邪魔され，L でも邪魔され，C でも邪魔され，ポンプ圧力は式 (3.17) の v_R と式 (3.18) の v_L と式 (3.31) の v_C の和となる。

$$v(t) = L\dot{i}(t) + Ri(t) + \frac{1}{C}\int i(t)\,dt \tag{3.32}$$

両辺を微分して積分をなくそう。

$$\dot{v}(t) = L\ddot{i}(t) + R\dot{i}(t) + \frac{1}{C}i(t) \tag{3.33}$$

初期値を $v(0) = 0$, $i(0) = 0$, $\dot{i}(0) = 0$ としてラプラス変換する。p.28 の式 (2.17), (2.18) より，次式を得る。

$$sV(s) = Ls^2 I(s) + RsI(s) + \frac{1}{C}I(s)$$

$$= \left(Ls^2 + Rs + \frac{1}{C}\right)I(t)$$

$$\therefore I(s) = \frac{s}{Ls^2 + Rs + \frac{1}{C}}V(s) \tag{3.34}$$

式 (3.31) をラプラス変換する。p.167 の積分公式 (5.33) より,次式を得る。

$$V_C(s) = \frac{1}{Cs}I(s) \tag{3.35}$$

式 (3.35) の $I(s)$ に式 (3.34) を代入する。

$$V_C(s) = \frac{1}{Cs} \cdot \frac{s}{Ls^2 + Rs + \frac{1}{C}}V(s) = \frac{1}{LCs^2 + CRs + 1}V(s)$$

$$\therefore V_C(s) = \frac{\frac{1}{LC}}{s^2 + \frac{R}{L}s + \frac{1}{LC}}V(s) \tag{3.36}$$

上式は二次遅れ系であり,式 (3.23) より次式が導かれる。

定常ゲイン $K = 1$

固有周波数 $\omega_n = \frac{1}{\sqrt{LC}}$ ← $\omega_n > 0$ より

減衰比 $\zeta = \frac{R}{2L}\sqrt{LC} = \frac{R}{2}\sqrt{\frac{C}{L}}$

(3) 安定性 式 (3.22) の二次遅れ系が安定になる条件は,つぎのとおりである(p.192 の 5.3.3 項 (2) を参照)。

性質 3.4

二次遅れ系は,減衰比 $\zeta > 0$ のとき安定,$\zeta = 0$ のとき安定限界,$\zeta < 0$ のとき不安定である。

---

(4) ステップ応答 図 **3.8** (a) に示すように,二次遅れ系のステップ応答はつぎの性質をもつ(p.192 の 5.3.3 項 (3) を参照)。

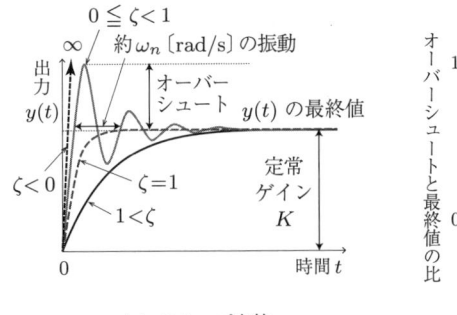

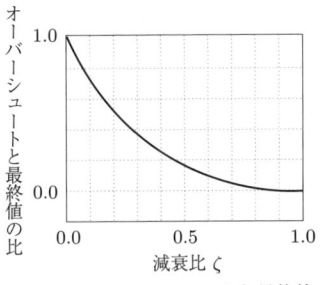

図 3.8 二次遅れ系のステップ応答と，オーバーシュートと ζ の関係

性質 3.5

(1) 定常値（最終値）は K になる。ただし，$\zeta < 0$ のときは発散する。

(2) 減衰比 $\zeta \geq 1$ のとき，オーバーシュート（$y(t)$ の最大値と最終値との差）が発生せず，振動的にならない（ζ が大きいほどなまる）。

(3) 減衰比 $0 \leq \zeta < 1$ のとき，オーバーシュートが発生し，振動的になる（図 3.8 (b) に示すように，ζ が小さいほど激しく振動する）。その振動の周波数は約 ω_n 〔rad/s〕（正確には $\omega_n\sqrt{1-\zeta^2}$）である。

コーヒーブレイク

　自動車のサスペンションは，できるだけ乗り心地が良くなるように設計しなければならない。では，乗り心地の良いサスペンションの K, ω_n, ζ は，いくつだろうか。デコボコに乗り上げたとき，そのショックを吸収し，振動をすぐに収めるべきだろう。ζ が小さすぎると，振動が長く続くのでダメだ。また，ショックをうまく吸収するように，適切な K, ω_n を設計しなければならないだろう。K, ω_n, ζ と，車体重量 m，ダンパ c，ばね k には，式 (3.28)〜(3.30) の関係がある。m, c, k のうち，車体重量 m は一人乗りで小さかったり，満員で大きかったりするので幅がある。どの m でも，K, ω_n, ζ が適切な値から大きくずれないように，ダンパ c とばね k を設計しなければならないのだ。

(5) **ボード線図** 図3.9のボード線図に示すように，二次遅れ系のボード線図はつぎの性質をもつ（p.194 の 5.3.3 項 (4) を参照）。

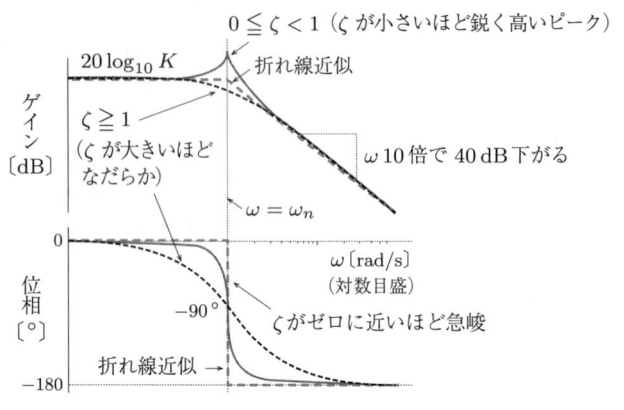

図 3.9 二次遅れ系のボード線図と，その折れ線近似

性質 3.6

(1) $\omega \ll \omega_n$ の低周波のとき，ゲインは $20 \log_{10} K$，位相は $0°$ になる。

(2) $\omega = \omega_n$ 付近のとき，ゲインは ζ が 0 に近づくほど鋭いピークをもち，位相も急峻に変化する。$\omega = \omega_n$ のときのゲインは $20 \log_{10} \dfrac{K}{2\zeta}$ 〔dB〕，位相は $-90°$ になる。

(3) $\omega_n \ll \omega$ の高周波とき，ゲインの傾きは -40 dB/dec（p.60 より ω が 10 倍で 40 dB 下がる），位相は $-180°$ になる。

(6) **共振** ボード線図のゲインがある周波数でピークをもち，ステップ応答がその周波数付近でしばらく振動する特性を共振といい，その周波数を**共振周波数**と呼ぶ。共振特性をもつシステムは，入力に含まれるさまざまな周波数の成分のうち，共振周波数付近の成分を特に増幅・強調して出力に伝達させる。$\zeta < 1$ のときの二次遅れ系は共振をもち，共振周波数は ω_n 付近である。身の回りでもつぎの共振現象がある。

3.2 代表的なシステムの性質

- 棒 —— 例えば，図 3.10 のように鉛筆の端を指でつまんでぶら下げ，左右に揺らしてみよう。図 (a) のようにゆっくり約 1 Hz 以下で揺らすと，鉛筆は下にぶら下がったまま左右に平行移動する。図 (b) のように少し速く揺らして約 2 Hz 程度にすると，鉛筆は激しく左右に揺れるだろう。これが共振である。さらに力いっぱい速く動かして約 4 Hz 以上にすると，図 (c) のように鉛筆の下の先は指の揺れについていけず，あまり揺れなくなる。このとき，指とペン先は逆方向に動くだろう。つまりタイミングがずれる。これは位相が $-180°$ ずれた状態である。

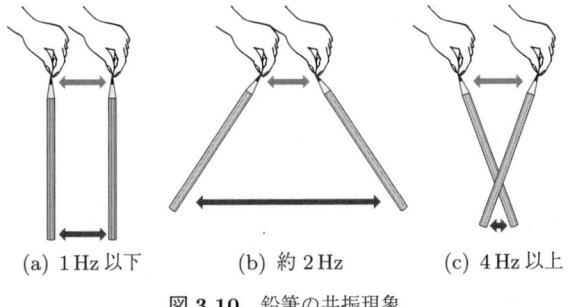

(a) 1 Hz 以下　　(b) 約 2 Hz　　(c) 4 Hz 以上

図 3.10　鉛筆の共振現象

- 楽器 —— 例えばピアノのドの鍵盤を叩くと，叩いた衝撃が含む周波数のうち，ドの周波数（約 523 Hz）の音が強く響く。他の周波数の音はすぐに減衰するのでほとんど聞こえない。
- 船の揺れ —— 波はいろいろな周波数で揺れている。小さいおもちゃのボートはゆらゆら速く揺れるが，大きなフェリーはゆったりとゆっくり揺れる。ある周波数だけを強調して揺れるのが共振なので，小さいボートでは共振が高周波で起こり，大きなフェリーでは低周波で共振が起こっているのだ。
- 耳 —— 耳はある周波数の音にだけ反応して揺れる長さの毛をもつ細胞を利用して，音を聞き分けている。
- 携帯電話 —— ある周波数の電波だけを通し，他の電波を通さないことによって特定の相手と通信できる。

- 電子レンジ —— 水分子はある周波数の電波にだけ反応して分子運動が大きくなり，熱をもつ。その周波数の電波だけを照射して水分を熱する。
- ビルの免震 —— 地震の揺れの周波数の範囲外で，共振が起こるように設計したビル。地震が含む周波数の揺れでは，ビルは揺れない。
- 乗り物 —— 電車や自動車は路面の揺れ，船舶は波，飛行機や吊り橋は風によって揺れを受ける。その揺れが共振周波数の場合，非常に大きく揺れてしまう異常振動が起こり，最悪の場合壊れてしまう。1940年代までは共振が解明されていなかったため，壊れる事故が多発していたが，現在は受ける揺れよりも共振周波数が高くなるように設計することで，異常振動を防いでいる。

例題 3.3 図 3.11 の a～h は，それぞれ伝達関数 (1)～(4) のどれか。

(1) $\dfrac{1}{s^2 + 0.4s + 1}$ (2) $\dfrac{1}{s^2 + 10s + 1}$ (3) $\dfrac{100}{s^2 + 20s + 100}$

(4) $\dfrac{0.5}{s^2 + 0.006s + 1}$

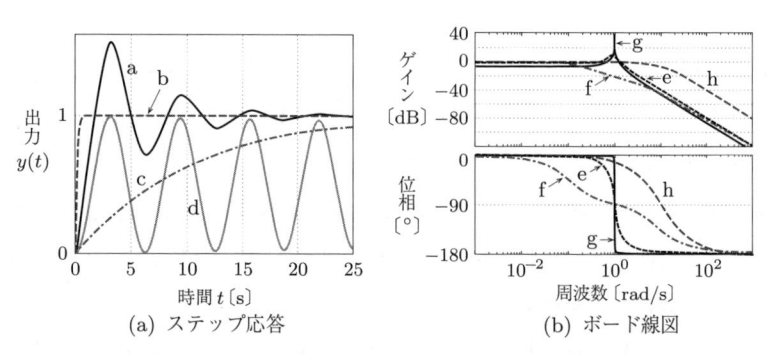

(a) ステップ応答 (b) ボード線図

図 3.11 二次遅れ系のステップ応答とボード線図の例

【解答】 式 (3.23) より，(1)～(4) の K, ω_n, ζ は**表 3.4** のようになる。

二次遅れ系のステップ応答の性質（p.99 の性質 3.5）(1)～(3) より，図 3.11 (a) のステップ応答 a～d から読み取った K, ω_n, ζ と，表 3.4 よりそれらに当てはまる伝達関数を**表 3.5** に示す。

表 3.4 　(1)〜(4) の K, ω_n, ζ

	(1)	(2)	(3)	(4)
K	1	1	1	0.5
ω_n	1	1	10	1
ζ	0.2	5	1	0.003

表 3.5 　ステップ応答からの読み取りと，それらに当てはまる伝達関数

	a	b	c	d
K（定常値）	約 1	約 1	約 1	約 0.5
振動の周期 T	約 5 秒	読み取れない	読み取れない	約 5 秒
ω_n	約 $\frac{1}{5} \times 2\pi$	読み取れない	読み取れない	約 $\frac{1}{5} \times 2\pi$
ζ	$\zeta < 1$	$1 \leq \zeta$	$1 \leq \zeta$	$\zeta \simeq 0$
伝達関数	(1)	(2) または (3)	(2) または (3)	(4)

性質 3.5 (1) より K はステップ応答の定常値なので，読み取ると，a, b, c はほぼ 1 であり，d は 0.5 を中心に振動しているのでほぼ 0.5 である．振動の周期 T を読み取ると，a は約 5 秒，b と c は振動なし，d は約 5 秒である．周期 T と周波数 f とは $f = \dfrac{1}{T}$ の関係にあり，f と角周波数 ω とは $\omega = 2\pi f$ の関係にあるので，a〜d の振動の角周波数 ω_n が求まる．ζ は振動のありなしで 1 より大きいか小さいかがわかる．性質 3.5 (2) より ζ が大きいほど応答がなまるため，c が (2)，b は (3) とわかる．

つぎに，$\dfrac{K\omega_n^2}{s^2 + 2\zeta\omega_n s + \omega_n^2}$ のボード線図の性質（p.100 の性質 3.6）(1)〜(3) を図 3.11 (b) のボード線図に用いて，K, ω_n, ζ の大小関係を読み取る．g は，性質 (1) から他よりもゲインが少し小さく，性質 (2) からピークは非常に急峻なので，ζ がゼロに近い．よって，g は (4) である．性質 (2) より ω_n が最も大きい h は (3) である．残りの e, f については，性質 (2) より e はピークをもつので $\zeta < 1$, f はもたないので $\zeta > 1$ である．つまり，e は (1), f は (2) である．　◇

3.2.6 　零点をもつ要素

$G(s)$ の分子分母の多項式が一つずつ極と零点をもつ，つぎの要素を考えよう．

$$T_d \dot{y}(t) + y(t) = T_n \dot{u}(t) + u(t) \tag{3.37}$$

$$G(s) = \frac{T_n s + 1}{T_d s + 1} \tag{3.38}$$

$$= \frac{\frac{T_n}{T_d}(T_d s + 1) - \frac{T_n}{T_d} + 1}{T_d s + 1} = \frac{T_n}{T_d} + \frac{1 - \frac{T_n}{T_d}}{T_d s + 1} \tag{3.39}$$

$T_n < T_d$ のときは，後述する位相遅れ補償（p.128），$T_n > T_d$ のときは位相進み補償（p.131 を参照）を行うための制御器として用いられる．式 (3.38) は式 (3.37) をラプラス変換して変形すれば求まる．

$T_n < T_d$ の位相遅れ補償要素のステップ応答とボード線図は p.84 の表 3.1 にある．ステップ応答は，式 (3.39) より第 2 項目の $\frac{1 - T_n/T_d}{T_d s + 1}$ の分子が正なので，正の定数 $\frac{T_n}{T_d}$ に一次遅れ系のステップ応答を 足した ものになっている．ボード線図は，周波数 $\omega = \frac{1}{T_d} \sim \frac{1}{T_n}$ の間で位相が最大 90°遅れてマイナス側に谷の形になる．また高周波のほうが低周波よりもゲインが小さい．

$T_n > T_d$ の位相進み補償要素のステップ応答とボード線図も，p.84 の表にある．式 (3.39) より，第 2 項目の $\frac{1 - T_n/T_d}{T_d s + 1}$ の分子が負なので，ステップ応答は正の定数 $\frac{T_n}{T_d}$ から一次遅れ系のステップ応答を 引いた ものになっている．そのため，p.84 に示すように，ステップ応答は初めにいきなり $\frac{T_n}{T_d}$ まで立ち上がり，それからだんだん小さくなるので，オーバーシュートが起こる．ボード線図は，周波数 $\omega = \frac{1}{T_n} \sim \frac{1}{T_d}$ の間で位相が最大 90°進んでプラス側に山の形になる．また，高周波のほうが低周波よりもゲインが高い．

$T_n < 0$ のとき，式 (3.38) より零点 $-\frac{1}{T_n}$ が正の不安定零点になる．p.84 の表のステップ応答とボード線図を見てほしい．ステップ応答は式 (3.39) より，一次遅れ系のステップ応答から定数 $-\frac{T_n}{T_d}$ を引いたものになっている．そのため，ステップ応答は初めにマイナス方向に動いてからプラスに向かう．このように立ち上がりのときにマイナス方向に動くことを，**逆応答**または逆振れ（逆ブレ）と呼ぶ．もしも自転車が逆応答するとどうなるだろうか．ハンドルを右に回しても，タイヤがまず逆に向いてから右に向くので，非常に運転しづらいだろう．そのため，不安定零点をもつ制御対象は制御しにくい．逆応答の実例

を示そう。

- たき火 —— 木の枝をたき火に追加すると，初めは枝が冷たくて出力温度が下がるが，しばらくすると枝が燃え出して出力温度が上がる。
- クレーン・倒立振子(しんし)・一輪車 —— 細長い棒の先端を指でつまんでぶら下げてみよう。棒は30 cm以上であれば物差しでもバットでもなんでもいい。棒の揺れが収まってから，素早く水平に動かすと，棒の下の端が初めに逆方向に振れるのを観察できる。この理由は，棒の質量中心（均等な棒なら上下の真ん中あたり）を中心として回転する力が働くからだ。クレーンも長い棒なので動かすと先端が逆振れする。倒立振子と一輪車も，初めに進行方向の逆に動いて重心を前のめりにしてから前進しないと，後ろ向きに倒れてしまう。

$T_n < 0$のときのボード線図は，高周波で位相が$-180°$になり，遅れてしまう（p.196の5.3.4項(1)を参照）。零点が負のときには高周波の位相はゼロだったのが，零点が正になると$-180°$まで遅れてしまうのだ。すべての零点が負（安定零点）の系は，高周波で位相遅れがないので**最小位相系**と呼ばれ，そうではない系は**非最小位相系**と呼ばれる。非最小位相系は正の零点（不安定零点）をもち，少なくとも$-180°$まで位相を遅らせる。また，むだ時間要素（次項で説明する）も位相を遅らせるので，むだ時間要素を含む系も非最小位相系である。p.84の表に示したように位相が遅れると位相余裕が小さくなって，フィードバック制御したときに不安定化しやすくなる。

また，分子多項式が$s^2 + \omega_n^2$のときは，零点が$\pm j\omega_n$になる。このとき，周波数ω_nの正弦波が入力されても，ゲインがゼロになるので，その正弦波は出力されない（p.196の5.3.4項(2)を参照）。

3.2.7 むだ時間要素

むだ時間要素は，図**3.12**のように，入力$u(t)$を時間L秒の間待たせてから（遅らせて）そのまま出力する。その関係式と伝達関数$G(s) = \dfrac{Y(s)}{U(s)}$は，つぎのようになる。

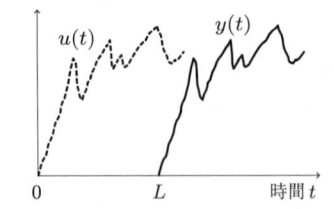

106　　3. 制御対象の把握を「わかる」

図 3.12 むだ時間要素の入出力応答

$$y(t) = u(t-L), \quad 0 \leqq t < L \text{ のとき } u(t-L) = 0 \tag{3.40}$$

$$G(s) = e^{-Ls} \tag{3.41}$$

p.26 の式 (2.14) より，$y(t) = u(t-L)$ のラプラス変換は $Y(s) = \int_0^\infty u(t-L)e^{-st}dt$ である．$0 \leqq t < L$ のとき $u(t-L) = 0$ なので，$Y(s) = \int_L^\infty u(t-L)e^{-st}dt$ となる．$\tau = t - L$ とおくと，$Y(s) = \int_{L-L}^{\infty-L} u(\tau)e^{-s(\tau+L)}d\tau = \int_0^\infty u(\tau)e^{-s\tau}e^{-sL}d\tau = e^{-sL}\int_0^\infty u(\tau)e^{-s\tau}d\tau = e^{-sL}U(s)$ となり，式 (3.41) を得る．

むだ時間要素をもつシステムの例を挙げよう．

- 地震——震源地が揺れて，しばらくしてから遠い場所が揺れる．
- やまびこ——「ヤッホー」と叫ぶと，しばらくしてから「ヤッホー」が聞こえる．
- 流しそうめん——上流でそうめんを流すと，しばらくしてからお客の前をそうめんが流れる．
- ドミノ——最初のドミノを倒すと，しばらくしてから最後のドミノが倒れる．
- 水のホース——ホースの根元の蛇口をひねると，しばらくしてからホースの先から水が出る．
- ベルトコンベア——土を置くと，端に着くまでにしばらくかかる．
- エアコン——スイッチを入れると，数十秒してから冷風が出る（温度はじわじわと時間をかけて伝わるため）．

- 自動車 —— アクセルを踏み込むと，数十ミリ秒してから加速する（ガソリンが空気と混ざってエンジン内に入るのに時間がかかるため）。
- 人間 —— キャッチボールで，ボールを見てから手を動かすまでに数百ミリ秒かかる（目で見て動かそうと考え，運動神経に伝わるまでに数百ミリ秒かかるため）。
- 制御器 —— 出力を計測してから，制御器用マイコンが制御入力を計算するまでの間に微小な時間がかかる（処理時間または計算時間という）。つまり，フィードバック制御系は制御器自身がむだ時間要素を含んでしまう。

（1） ステップ応答　式 (3.40) より，むだ時間要素のステップ応答は，ステップ関数が L 秒遅れて出力されるので，図 **3.13** (a) のように，$y(t)$ の波形は $u(t)$ の波形に対して L 秒横にずれる。よって，ステップ応答を見ればむだ時間 L がわかる。

(a) ステップ応答

(b) 周波数応答からゲインと位相を求める

ゲイン $K = \dfrac{B}{A}$

位相 $\phi = -\dfrac{L}{T} \times 360°$

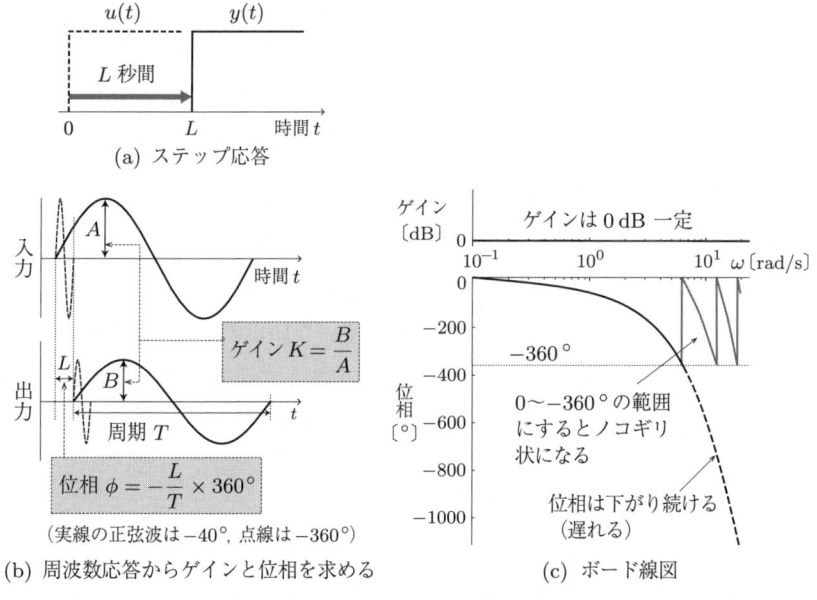

（実線の正弦波は $-40°$，点線は $-360°$）

(c) ボード線図

図 **3.13**　むだ時間要素 e^{-Ls} の応答

（ 2 ） **ボード線図** むだ時間要素に正弦波を入力したときの周波数応答を考えよう．図 3.13 (b) のように，入力の正弦波が L 秒経ってからそのまま出力されるので，振幅は変化しないで，L 秒間を角度に換算した分だけ位相が遅れる．ということは，p.56 の式 (2.68) より，ゲイン K は振幅比なので，正弦波の周波数 ω にかかわらず $K = 1$ である．p.57 の式 (2.69) より，位相 ϕ と $360°$ の比はむだ時間 L と正弦波の周期 T の比なので，周期 T が大きいときは位相 ϕ は 0 に近く（図 3.13 (b) の実線は $\phi = -40°$），T が小さくなるほどマイナス方向に大きくなる（図 3.13 (b) の破線は $\phi = -360°$）．以上をまとめると，つぎの性質を得る（p.197 の 5.3.5 項を参照）．

> ゲインは，$K = |e^{-Lj\omega}| = 1$ の一定値である．デシベルにすると 0 dB 一定である．
>
> 位相は，$\phi = \angle e^{-Lj\omega} = -L\omega$ である．よって，$\omega = 0$ で $\phi = 0$ であり，ω が大きくなるに従って ϕ は下がり続ける（遅れ続ける）．

また，位相線図は，値域を $0 \sim -360°$ にすると ϕ が下がり続けるので，$-360°$ を下回るたびに $0°$ に戻ることを繰り返す．そのため，図 3.13 (c) の実線のようにノコギリのような形になる[†1]．

（ 3 ） **むだ時間要素 e^{-Ls} のパデ近似** 本書で扱う制御対象は，p.83 の式 (3.1) で表せる線形時不変要素だけで，その中にむだ時間要素 e^{-Ls} を含まない．その理由は，e^{-Ls} は $\dfrac{\text{分子多項式}}{\text{分母多項式}}$ の形をしていないため，分母多項式 $= 0$ が解けず，したがって極がわからず，安定性や制御器の設計ができなくなって手に負えないからである．この問題を解決する手段として，つぎのパデ近似[†2]がある．

[†1] 1 回転で $360°$ なので，$360°$ ずれると元の角度に戻る．つまり，$0° = -360° = -2 \times 360° = \cdots$ となる．

[†2] e^{-Ls} とその n 次パデ近似は，$x = -Ls$ としてそれぞれをテイラー展開（p.159 の式 (5.6)）すると $2n$ 次の項まで一致する．

3.2 代表的なシステムの性質

1次パデ近似 $e^{-Ls} \simeq \dfrac{1 - \dfrac{L}{2}s}{1 + \dfrac{L}{2}s}$ (3.42)

2次パデ近似 $e^{-Ls} \simeq \dfrac{1 - \dfrac{L}{2}s + \dfrac{L^2}{12}s^2}{1 + \dfrac{L}{2}s + \dfrac{L^2}{12}s^2}$ (3.43)

パデ近似によって，伝達関数を $\dfrac{分子多項式}{分母多項式}$ の形で表せるため，極などがわかり，安定解析や制御器の設計を行うことができる。

パデ近似では，ゲインは1（デシベルでは0dB）になるので近似によるズレがない。一方，位相は1次近似では$-180°$まで，2次近似では$-360°$までで下げ止まる。それ以降一定値となってしまい，高周波ほどズレが大きくなる。ちなみに，MATLABで

```
>> s=tf('s'), L=1,
>> bode((1-L/2*s+L^2/12*s^2)/(1+L/2*s+L^2/12*s^2))
```

とタイプすれば，式(3.43)の2次パデ近似のボード線図が図 **3.14** のようになることが確認できる（詳細は p.215 を参照）。

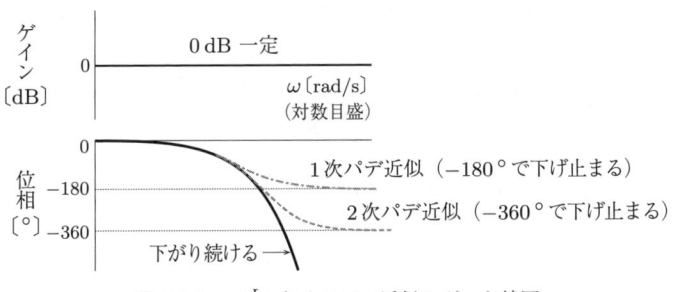

図 **3.14** e^{-Ls} とそのパデ近似のボード線図

例題 3.4 $G(s)$ が (1) ～ (3) のとき，図 3.15 のフィードバック制御系が安定になる K の範囲を求めよ。ただし，むだ時間は 1 次パデ近似を用いよ。T, ω_n, ζ, L は正である。

(1) $\dfrac{K}{Ts+1}$ (2) $\dfrac{K\omega_n^2}{s^2+2\zeta\omega_n s+\omega_n^2}$ (3) $\dfrac{K}{Ts+1}e^{-Ls}$

図 3.15 例題 3.4 のフィードバック制御系

【解答】 ブロック線図より，r から y までの伝達関数 $G_{yr}(s)$ を求めると，$G_{yr}(s) = \dfrac{G(s)}{1+G(s)}$ になる。$G_{yr}(s)$ に (1) の $G(s)$ を代入して，分子分母に $G(s)$ の分母多項式をかけると，$G_{yr}(s)$ の分母多項式 $= Ts+1+K$ を得る。極は分母多項式 $= 0$ の s の解なので，極 $= -\dfrac{1+K}{T}$ である。極の実部が負ならば安定なので，Re[極] $= -\dfrac{1+K}{T} < 0$ ならば安定である。この不等式の両辺に T をかけて整理し，(1) の答えの $-1 < K$ を得る。

つぎに，$G_{yr}(s)$ に (2) の $G(s)$ を代入して，分子分母に $G(s)$ の分母多項式をかけると，$G_{yr}(s)$ の分母多項式 $= s^2 + 2\zeta\omega_n s + \omega_n^2 + K\omega_n^2$ を得る。p.68 のラウス・フルビッツの安定判別によると，分母多項式 $= s^2 + a_1 s + a_0$ のとき，$a_1 > 0$ かつ $a_0 > 0$ ならば安定である。ゆえに，$a_1 = 2\zeta\omega_n > 0$ かつ $a_0 = \omega_n^2 + K\omega_n^2 > 0$ ならば安定である。問題文より，$\zeta > 0$, $\omega_n > 0$ なので，$a_1 > 0$ はつねに成り立つ。$a_0 = \omega_n^2(1+K) > 0$ の両辺を ω_n^2 で割って，(2) の答えの $-1 < K$ を得る。

つぎに (3) を解く。1 次パデ近似を代入すると，$G(s) \simeq \dfrac{K}{Ts+1} \dfrac{1-\dfrac{L}{2}s}{1+\dfrac{L}{2}s}$ になる。$G_{yr}(s)$ にこの $G(s)$ を代入して，分子分母に $G(s)$ の分母多項式をかけると，$G_{yr}(s)$ の分母多項式 $= (Ts+1)\left(1+\dfrac{L}{2}s\right) + K\left(1-\dfrac{L}{2}s\right) = \dfrac{TL}{2}s^2 + \left(T+\dfrac{L}{2}-K\dfrac{L}{2}\right)s + 1+K$ を得る。ラウス・フルビッツの安定判別によると，$a_1 = \left(T+\dfrac{L}{2}-K\dfrac{L}{2}\right)\left(\dfrac{2}{TL}\right) > 0$ かつ $a_0 = (1+K)\left(\dfrac{2}{TL}\right) > 0$ ならば安定

である。問題文より，$T>0, L>0$ なので $T+\dfrac{L}{2}-K\dfrac{L}{2}>0$ かつ $1+K>0$ ならば安定である。よって，$1+\dfrac{2}{L}T>K$ かつ $K>-1$ ならば安定であり，まとめると，(3) の答えは $-1<K<1+\dfrac{2}{L}T$ である。 ◇

例題 3.4 の解答から，むだ時間要素 e^{-Ls} の影響について考えよう。(1), (2) より，一次遅れ系と二次遅れ系では，K をいくら大きくしても安定だとわかった。しかし，(3) より，一次遅れ系にむだ時間要素を含ませると，K を大きくしすぎたとき不安定になってしまうことがわかった。つまり，むだ時間要素によって安定になる K の範囲が狭くなってしまうのだ。これは，制御が難しくなったことを意味する。じつは，このブロック線図は次章で学ぶフィードバック制御系になっている。K が制御器である。自転車のハンドルを制御することを想像してほしい。むだ時間要素があると，ハンドルを切ってから L 秒後に自転車が曲がる。つまり，L 秒間は自転車が曲がらないのだ。このような自転車は非常に運転（制御）しにくく，下手をすると事故を起こしてしまうだろう。<u>むだ時間要素があると，制御が難しくなる</u>のだ。

4 制御器の設計を「わかる」

ここではフィードバック制御系の制御仕様と，それを満足させる制御器の設計法を学ぶ．

4.1 制御系の性能を表す制御仕様とは

フィードバック制御系の性能を表すおもな制御仕様は，p.21 の表 2.1 にまとめたように，目標値応答特性，外乱除去特性，安定性の三つである．これら三つの制御仕様をステップ応答とボード線図から読み取ろう．

4.1.1 ステップ応答でわかる制御仕様

閉ループ系のステップ応答を見て，閉ループ系の制御仕様を読み取ろう．目標値に対するステップ応答は，目標値がステップ関数のときの出力である．外乱に対するステップ応答は，外乱がステップ関数のときの出力である．ステップ応答から直接読み取れる制御仕様は，p.6 の図 1.4 に示したように，整定時間，オーバーシュート，定常偏差である．これらから，目標値に対するステップ応答の場合は目標値応答特性がわかり，外乱に対するステップ応答の場合は外乱除去特性がわかる．システムが不安定なときは，p.5 の図 1.3 や p.46 の図 2.14 のように，ステップ応答が発散して大きくなり続けるので，ステップ応答を見れば安定性も判別できる．

4.1.2 ボード線図でわかる制御仕様

開ループ伝達関数 $G(s)K(s)$ のボード線図を見て，閉ループ系の制御仕様を読み取ろう．

p.21 の表 2.1 より，外乱除去特性は感度関数 $S(s) = \dfrac{1}{1+G(s)K(s)}$ が小さいほど良くなる．両辺の逆数をとると，$S^{-1}(s) = 1 + G(s)K(s)$ が大きいほど良くなる．よって，外乱除去特性は $G(s)K(s)$ が大きいほど良くなる．

多くの場合，フィードバック制御系の目標値は一定値である．例えば，自動車を目標速度に制御するときや，エアコンで室温を目標温度に制御するとき，それらの目標値は一定値であることが多い．この場合，向かい風によって自動車を減速させる力は，自動車への外乱である．外気温の室内への熱伝達は，エアコンへの外乱である．向かい風による力も，外気温の熱伝達も，ほぼ一定値か，変化する場合でもゆっくりとしていることが多い．つまり，これらの外乱は一定値であるか，ゆっくりとした低い周波数（低周波）である．周波数 $\omega = 0$ のとき，$\cos(\omega t) = \cos(0 \times t) = 1$ となるので，一定値になるのは周波数がゼロのときである．そのため，外乱の除去は，周波数が小さい低周波で性能を良くしたいことが多いのである．

表 2.1 と p.74 のロバスト安定条件により，ロバスト安定性は相補感度関数 $T(s) = \dfrac{G(s)K(s)}{1+G(s)K(s)}$ が小さいほど良くなる．両辺の逆数をとると，$T^{-1}(s) = \dfrac{1}{G(s)K(s)} + 1$ が大きいほど良くなるので，$\dfrac{1}{G(s)K(s)}$ が大きいほど良くなる．つまり，$G(s)K(s)$ が小さいほどロバスト安定性は良くなる．ロバスト安定性は不確かさ $\Delta(s)$ が高周波で大きいことから，高周波で良くすることが望ましい（p.76 を参照）．

以上より，望ましい $G(s)K(s)$ の設計指針はつぎのようになる．

(1) 低周波で $G(s)K(s)$ を大きくして，外乱除去特性を良くする．
(2) 高周波で $G(s)K(s)$ を小さくして，ロバスト安定性を良くする．
(3) 安定余裕を大きくすると，不安定化しにくくなる（p.72 を参照）．
(4) 制御帯域を高くすると，速応性が良くなる（p.8 を参照）．

以上の性質を制御仕様として，図 4.1 にまとめておく．

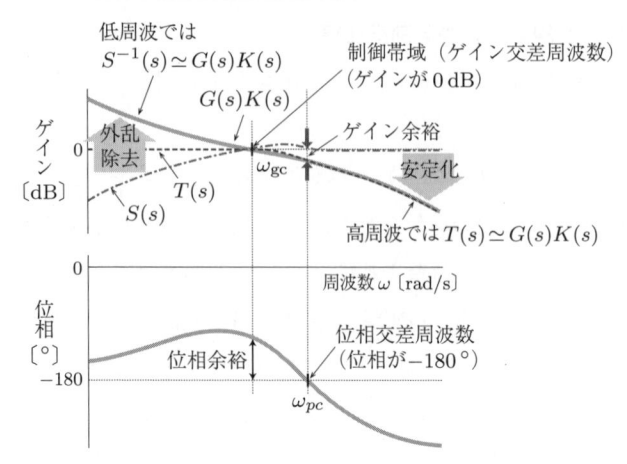

図 4.1 開ループ伝達関数 $G(s)K(s)$ のボード線図と制御仕様

4.2 制御仕様を満足させる制御器を設計するには

ここでは，制御仕様を満足させる制御器を設計する方法を説明する。

4.2.1 目標値応答特性を良くする 2 自由度制御

2 自由度制御系は，図 4.2 に示すように $K(s)$ と $F(s)$ の二つの制御器をもつ。$K(s)$ は，p.20 で述べたようにフィードバックループ内に配置された制御器で，フィードバック制御器という。$F(s)$ はフィードバックループの外に配置

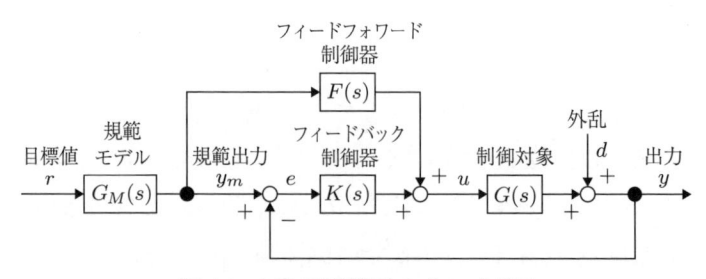

図 4.2 2 自由度制御系のブロック線図

された制御器で，フィードフォワード制御器という。2自由度制御系はつぎの性質をもつ（p.197 の 5.4.1 項 (1) を参照）。

> 制御対象 $G(s)$ が最小位相系（その逆数 $G^{-1}(s)$ が安定で，むだ時間要素 e^{-Ls} を含まない）で，外乱 $d=0$ のときに，フィードフォワード制御器 $F(s)=G^{-1}(s)$ によって
>
> $$目標値応答特性 G_{yr}(s) = \frac{Y(s)}{R(s)} = G_M(s) \tag{4.1}$$
>
> となる。$G_M(s)$ は設計者が自由自在に設計できるので，目標値応答特性 $G_{yr}(s)$ を完璧に設定することができる。しかし，外乱除去特性 $S(s)$ は $F(s)$ を含まないので，$F(s)$ は外乱に対しては無力である。

$G(s)$ が最小位相系でないとき，つまり $G(s)$ がむだ時間要素 e^{-Ls} を含むか，零点（分子 $=0$ の s の解）が不安定な非最小位相系である場合を考えよう。このとき，$F(s)=G^{-1}(s)$ の分母多項式は $G(s)$ の分子多項式なので，$F(s)$ は $G(s)$ の不安定零点を不安定極としてもつか，むだ時間要素 e^{-Ls} の逆数を含む。$F(s)$ が不安定極をもつと，$F(s)$ の出力が発散してしまう。$G(s)$ が不安定であっても，$K(s)$ をうまく設定すれば r から y までの伝達関数 $G_{yr}(s)$ を安定化できるが，$F(s)$ が不安定だと $K(s)$ をどのように設定しても $G_{yr}(s)$ が不安定になってしまう（p.198 の 5.4.1 項 (2) を参照）。また，むだ時間要素 e^{-Ls} の逆数は，$\frac{1}{e^{-Ls}} = e^{Ls}$ となる。e^{Ls} もむだ時間要素だが，そのむだ時間は $-L$ 秒の負の値になる。これが意味することは，入力するよりも L 秒前にその入力を出力しなければならないということだ。そのためには L 秒未来の入力を知らなければならないが，未来を知るためのタイムマシンがないので不可能である。では，$G(s)$ が非最小位相系のときはどうすればよいのだろうか。その対策の一つとして，むだ時間要素 e^{-Ls} と不安定な零点を $G(s)$ から除いた部分だけの逆数を $F(s)$ に設定する方法がある。例えば，$G(s) = \dfrac{-0.5s+1}{10s+1} e^{-2s}$ のとき，むだ時間要素 e^{-2s} と不安定零点 2（$-0.5s+1=0$ の解）をもつので，$G(s)$ からそれを除いた

残りの部分 $\dfrac{1}{10s+1}$ の逆数を $F(s)$ に設定する。この場合，$G_{yr}(s) = G_M(s)$ とはならないが，まずまずの目標値応答特性を期待できるだろう。

4.2.2 定常特性を良くする内部モデル原理

図 4.2 のフィードバック制御系の定常特性を良くするために，つぎの内部モデル原理が非常に強力な武器となる（p.199 の 5.4.2 項を参照）。

> フィードバック制御系が安定で，開ループ伝達関数 $G(s)\,K(s)$ が，目標値 $r(t)$ と外乱 $d(t)$ のラプラス変換のすべての安定限界の極をもつとき，定常偏差がゼロになる。

ラプラス変換が安定限界の極をもつ目標値や外乱として，ステップ関数 $\dfrac{1}{s}$，ランプ関数 $\dfrac{1}{s^2}$，正弦波 $\dfrac{\omega_p}{s^2+\omega_p^2}$ などがある。それらに加え，それら同士の積や，安定な極だけをもつ関数との積も該当する。目標値や外乱が安定な極だけをもつとき，その定常値はゼロになる。なぜなら，安定なときに最終値の定理が成り立ち，同定理より s をかけて $s=0$ を代入すると，ゼロになるからである。目標値や外乱が安定限界の極をもつとき，その定常値はゼロにならない。例えば，ステップ関数 1 の定常値は一定値の 1 になり，ランプ関数 t は大きくなり続け，正弦波 $\sin(\omega t)$ は振動し続けてしまう。そのため，定常偏差 $\lim_{t\to\infty}(r(t)-y(t))$ をゼロにすることは難しい。そこで，内部モデル原理を満たすように $K(s)$ を設計すれば，目標値や外乱が安定限界であっても定常偏差をゼロにすることができるのだ。これはじつに強力な武器といえよう[†]。

フィードバック制御系が安定なとき，内部モデル原理により，つぎのことがいえる。

> (1) $K(s)$ が $\dfrac{1}{s}$ を含むと，外乱と目標値がステップ関数のとき，定常偏差がゼロになる。

[†] ただし，観測ノイズ $n(t)$ の影響は受ける。

(2) $K(s)$ が $\dfrac{1}{s^2}$ を含むと，外乱と目標値がランプ関数（またはステップ関数）のとき，定常偏差がゼロになる．

(3) $K(s)$ が $\dfrac{1}{s^2+\omega_1^2}$ を含むと，外乱と目標値が周波数 ω_1 の正弦波関数のとき，定常偏差がゼロになる．正弦波の振幅と位相は，一定ならいくつでもかまわない（振幅がゼロの一定値でもよい）．正弦波の目標値の例としてACモータの電流がある．また，正弦波の外乱の例として，ポンプや圧縮機の圧縮トルク外乱がある．シリンダへ吸入するときは負荷トルクが小さく，圧縮するときは大きくなるため，シリンダが1回転するごとに負荷トルクの大きさが正弦波状に変わるのである．

$K(s)$ に積分器 $\dfrac{1}{s}$ を含ませる方法を説明しよう．図 **4.3** に示すように，$G(s)$ に $\dfrac{1}{s}$ を含ませた $\dfrac{G(s)}{s}$ を制御対象とみなして $K(s)$ を設計する．このシステムは制御対象が $G(s)$，制御器が $\dfrac{K(s)}{s}$ のシステムと同じである（p.17 の図 2.4 (a)）．この制御器は積分器 $\dfrac{1}{s}$ を含む．

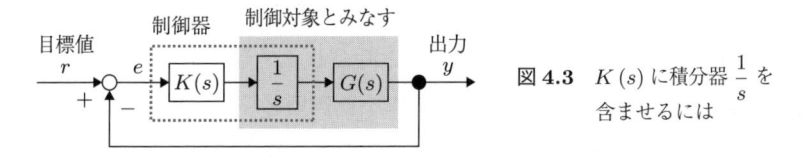

図 **4.3** $K(s)$ に積分器 $\dfrac{1}{s}$ を含ませるには

4.3 最も広く使われているPID制御とは

社会で役立っている制御系の90％以上に，PID制御が使われている．例えば，室温を25°C一定に制御するエアコン，手足を器用に動かすロボットが挙げられる．また，自動車の中だけでも，オートマ，パワステ，アクティブサス，ABS，カーエアコンなどに，主としてPID制御が使われている．自動車はPID制御の塊といえるだろう．

PID制御と呼ぶ制御器には，大きく分けてP制御，PI制御，PD制御，PID制御の4種類がある．それぞれについて詳しく説明する．

4.3.1 P 制 御

P制御は最もシンプルな制御器で，図 4.4 (a) に示すようにフィードバック制御器 $K(s)$ を比例要素（定数）に設定する．

(a) P制御系のブロック線図　　(b) 制御入力 $u(t)$ と偏差 $e(t)$ の関係

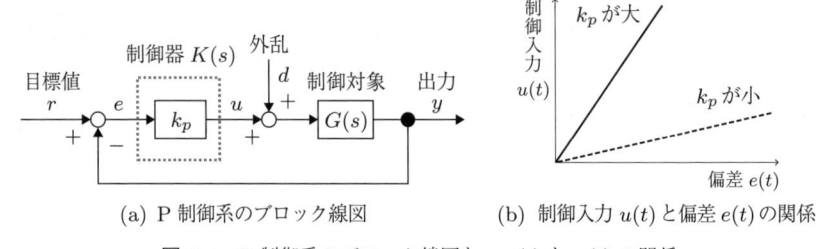

図 4.4　P制御系のブロック線図と，$u(t)$ と $e(t)$ の関係

制御器　$K(s) = k_p$ 　　　　　　　　　　　　　　　　　(4.2)

制御入力　$u(t) = k_p e(t)$ 　　　　　　　　　　　　　　(4.3)

k_p は**比例ゲイン**，または **P ゲイン**と呼ばれる定数である．偏差 $e(t) = r(t) - y(t)$ に定数 k_p をかけた $k_p e(t)$ を**比例項**と呼ぶ．比例要素の比例は英語で "proportional" なので，その頭文字をとってP制御（または比例制御）と呼ぶ．また，$k_p = 1$ のときの系を直結フィードバック制御系と呼ぶ．P制御器は比例要素そのものなので，そのボード線図は，p.84 に示すように，ゲインが $20\log_{10} K$〔dB〕一定に，位相が $0°$ 一定になる．

P制御で自動車を運転することを考えよう．出力 $y(t)$ は自動車の車速，目標値 $r(t)$ は道路標識に書かれた目標速度だ．アクセルの開度が制御入力であり，$u(t) = k_p(r(t) - y(t))$ は $y(t)$ が小さいほど（遅いほど）大きくなる．つまり，遅いほどアクセルを踏む．制御入力 $u(t)$ と偏差 $e(t)$ の関係式 (4.3) の $u(t) = k_p e(t)$ を，図 4.4 (b) に示す．図より，偏差 $e(t)$ が大きいほど，$e(t)$

を小さくする方向に入力 $u(t)$ が大きくなっている。よって，遅ければ遅いほど，深くアクセルを踏み込むのである。これは比例関係であり，その比例定数が k_p である。よって，k_p が大きくなると，$u(t)$ も急激に大きくなる。

これから，$G(s)$ が一次遅れ系 $\dfrac{K}{Ts+1}$ の場合について，フィードバック性能を考察する。目標値応答特性は目標値 r から出力 y までの伝達関数 $G_{yr}(s)$ であり，外乱除去特性は外乱 d から出力 y までの伝達関数 $G_{yd}(s)$ であった。外乱 d として，急な坂道で自動車にかかる力を考えよう。下り坂だと，自動車を加速させる力が外乱として発生する。この外乱による力は，アクセルを踏み込んで発生する力と同じように働くので，図 4.4 (a) のように外乱 d を入力 u に足す。図より，$Y(s) = G(s)(D(s) + K(s)E(s))$，$E(s) = R(s) - Y(s)$ が成り立つ。$Y(s) = \cdots$ の式に $E(s) = \cdots$ の式を代入する。

$$Y(s) = G(s)(D(s) + K(s)(R(s) - Y(s)))$$
$$= G(s)D(s) + G(s)K(s)R(s) - G(s)K(s)Y(s)$$

右辺の $-G(s)K(s)Y(s)$ を左辺に移項して，両辺を $1+G(s)K(s)$ で割る。

$$Y(s) = \frac{G(s)}{1+G(s)K(s)}D(s) + \frac{G(s)K(s)}{1+G(s)K(s)}R(s) \tag{4.4}$$

よって，次式を得る。

$$G_{yr}(s) = \frac{G(s)K(s)}{1+G(s)K(s)},\ G_{yd}(s) = \frac{G(s)}{1+G(s)K(s)} \tag{4.5}$$

（1） P 制御の目標値応答特性 $G_{yr}(s)$　　式 (4.5) に $K(s) = k_p$ を代入する。

$$G_{yr}(s) = \frac{G(s)k_p}{1+G(s)k_p} = \frac{\dfrac{K}{Ts+1}k_p}{1+\dfrac{K}{Ts+1}k_p} \quad \leftarrow G(s) = \frac{K}{Ts+1} \text{ を代入}$$

$$\therefore = \frac{Kk_p}{(Ts+1)+Kk_p} \quad \leftarrow \text{分子分母} \times (Ts+1) \tag{4.6}$$

目標値 $r(t)$ がステップ関数で，外乱 $d(t) = 0$ のときの出力 $y(t)$ の最終値は，p.50 の最終値の定理と式 (4.4) より

4. 制御器の設計を「わかる」

$$\lim_{t\to\infty} y(t) = \lim_{s\to 0} sY(s) = \lim_{s\to 0} sG_{yr}(s)R(s) \tag{4.7}$$

である。p.32 のラプラス変換表より，ステップ関数 $r(t)$ のラプラス変換は $R(s) = \dfrac{1}{s}$ なので，これと式 (4.6) を上式に代入する。

$$= \lim_{s\to 0} s \frac{Kk_p}{(Ts+1) + Kk_p}\left(\frac{1}{s}\right) = \lim_{s\to 0}\frac{Kk_p}{(Ts+1)+Kk_p} = \frac{Kk_p}{1+Kk_p}$$

よって，目標値と出力との偏差 $e(t) = r(t) - y(t)$ の最終値（定常偏差）は

$$\lim_{t\to\infty} e(t) = \lim_{t\to\infty} r(t) - \lim_{t\to\infty} y(t)$$
$$= 1 - \frac{Kk_p}{1+Kk_p} \quad \leftarrow r(t)\text{はステップ関数 1}$$
$$= \frac{1}{1+Kk_p}$$

となる。これより，$K=1$ のときに k_p を 0, 1, 10 と大きくすると，定常偏差は 1, 0.5, 0.09 とどんどん小さくなり，出力は目標値に近づくことがわかる。

このときの目標値 $r(t)$ に対するステップ応答を図 **4.5** (a) に示す。k_p を大きくするほど定常偏差が小さくなるが，かりに定常偏差がゼロになったときのことを考えてみよう。このとき $e(t)=0$ なので，$u(t)=k_p e(t)=0$ になる。つまり，アクセルの踏み込み $u(t)$ がゼロなので，アクセルを踏まない状態になって減速し，再び偏差が発生してしまうだろう。そのため，P 制御では定常偏差がゼロになり続ける状態はあり得ない。つまり，つぎのことがいえる。

(a) 目標値 $r(t)$ に対するステップ応答 (b) 外乱 $d(t)$ に対するステップ応答

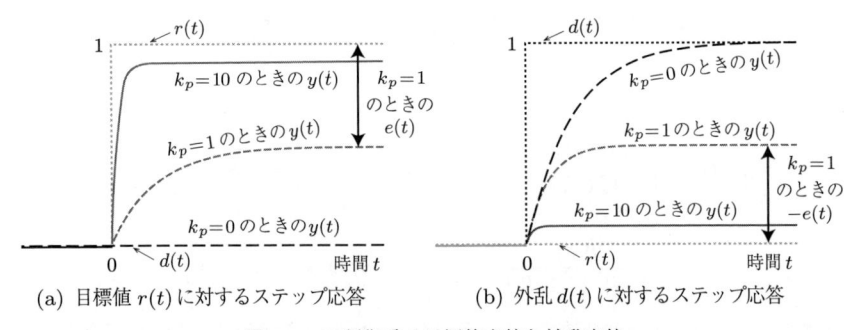

図 **4.5** P 制御系の目標値応答と外乱応答

> 比例ゲイン k_p を大きくすると定常偏差が小さくなるが,ゼロにはならない.

(2) P 制御の外乱除去特性 $G_{yd}(s)$ 急な下り坂に車を止め,ロックしておいたパーキングブレーキを放した時点から運転,すなわち制御を開始することを考えてほしい.自動車は重力を受けていきなり進み出すだろう.運転手すなわち制御器は自動車を止めるためにブレーキを踏む.その踏み込み角度が $u(t)$,自動車の速度が $y(t)$,そして目標速度 $r(t)$ はゼロで,止め続けることが目標である.

式 (4.5) に $K(s) = k_p$ と $G(s) = \dfrac{K}{Ts+1}$ を代入し,分子分母に $(Ts+1)$ をかける.

$$G_{yd}(s) = \frac{\dfrac{K}{Ts+1}}{1+\dfrac{K}{Ts+1}k_p} = \frac{K}{(Ts+1)+Kk_p} \tag{4.8}$$

外乱 $d(t)$ がステップ関数で目標値 $r(t) = 0$ のときの出力 $y(t)$ の最終値は,最終値の定理(p.50)と式 (4.4) より

$$\begin{aligned}
\lim_{t\to\infty} y(t) &= \lim_{s\to 0} sY(s) = \lim_{s\to 0} sG_{yd}(s)D(s) \\
&= \lim_{s\to 0} s\frac{K}{(Ts+1)+Kk_p}\left(\frac{1}{s}\right) \\
&\qquad \uparrow \text{式 (4.8) とステップ関数} = \frac{1}{s} \text{を代入} \\
&= \lim_{s\to 0} \frac{K}{(Ts+1)+Kk_p} \quad \leftarrow s\left(\frac{1}{s}\right) = 1 \\
\therefore &= \frac{K}{1+Kk_p} \quad \leftarrow s = 0 \text{ を代入}
\end{aligned}$$

となる.これより,$K = 1$ のときに k_p を 0, 1, 10 と大きくすると,外乱応答 $y(t)$ の最終値は,上式より 1, 0.5, 0.09 とどんどん小さくなり,外乱の影響が少なくなることがわかる.このときの外乱 $d(t)$ に対するステップ応答を図 4.5 (b) に示す.しかし,完全に偏差 $e(t)$ がゼロになると,$u(t) = k_p e(t)$ もゼロになってブレーキを踏まなくなってしまう.すると,自動車は下り坂で止まっ

ていることができずに,進んでしまうだろう.つまり,偏差が完全にゼロになり続ける状態はあり得ないので,つぎのことがいえる.

> 比例ゲイン k_p を大きくすると外乱の影響が小さくなるが,ゼロにはできない.

(3) P 制御の安定性 式 (4.6) の $G_{yr}(s)$ と式 (4.8) の $G_{yd}(s)$ の分母多項式はどちらも同じで,$(Ts+1)+Kk_p$ である.極は分母多項式 $= 0$ の s の解なので,$(Ts+1)+Kk_p = 0$ を解いて,極 $= -\dfrac{1+Kk_p}{T}$ となる.よって,ばね・マス系や RL 回路のように $K > 0, T > 0$ のとき,極が負ならば安定なので

$$極 = -\frac{1+Kk_p}{T} < 0 \qquad \therefore -\frac{1}{K} < k_p \tag{4.9}$$

ならば安定である.つまり $-\dfrac{1}{K} < k_p$ ならば安定なので,k_p をいくら大きくしても安定である.

しかし,実際の制御系は,むだ時間要素を含んでしまう.なぜなら,センサで信号を検出するときや,制御入力を計算するときに微少な時間がかかってしまうからである(p.106 を参照).むだ時間要素を含むと,位相が高周波ほど下に下がる(p.107 の右図).そのため,k_p を大きくしていくと位相余裕が小さくなり,やがて必ず $-180°$ を下回って不安定になってしまう(p.72 の図 2.30).つまり

> 比例ゲインを大きくすると,不安定になりやすい.

非最小位相系を P 制御したとき,k_p を大きくしすぎると必ず不安定になる.なぜなら,非最小位相系の位相は高周波で $-180°$ 以上遅れる(p.105)ために,k_p を大きくしすぎると必ず発振条件(p.71)が満たされてしまうからである.

例題 4.1 T, L が正の $G(s) = \dfrac{1}{Ts+1}e^{-Ls}$ に対し,$K(s) = k_p$ の P 制御を行う.むだ時間要素 e^{-Ls} は 1 次パデ近似を用いて,(1) 〜 (3) を解け.

(1) フィードバック制御系が安定になる k_p の範囲を求めよ.

(2) $r(t)=1$, $d(t)=0$ のとき, $k_p=0,\ 1,\ 2+\dfrac{2T}{L}$ のそれぞれの場合の定常偏差を求めよ.

(3) $r(t)=0$, $d(t)=10$ のとき, $k_p=0,\ 1,\ 2+\dfrac{2T}{L}$ のそれぞれの場合の定常偏差を求めよ.

【解答】

(1) むだ時間 e^{-Ls} の 1 次パデ近似 $e^{-Ls} \simeq \dfrac{1-\dfrac{L}{2}s}{1+\dfrac{L}{2}s}$ を用いて, $G(s)$ と $K(s)$ を, 式 (4.5) に代入する.

$$G_{yr}(s) = \frac{G(s)K(s)}{1+G(s)K(s)} = \frac{\dfrac{1}{Ts+1}\dfrac{1-\dfrac{L}{2}s}{1+\dfrac{L}{2}s}k_p}{1+\dfrac{1}{Ts+1}\dfrac{1-\dfrac{L}{2}s}{1+\dfrac{L}{2}s}k_p}$$

分子分母に $(Ts+1)\left(1+\dfrac{L}{2}s\right)$ をかける.

$$= \frac{\left(1-\dfrac{L}{2}s\right)k_p}{(Ts+1)\left(1+\dfrac{L}{2}s\right)+\left(1-\dfrac{L}{2}s\right)k_p}$$

$$= \frac{\left(1-\dfrac{L}{2}s\right)k_p}{T\dfrac{L}{2}s^2+\left(T+\dfrac{L}{2}-\dfrac{L}{2}k_p\right)s+1+k_p}$$

$$\therefore G_{yr}(s) = \frac{\left(1-\dfrac{L}{2}s\right)k_p}{T\dfrac{L}{2}\left(s^2+\left(\dfrac{2}{L}+\dfrac{1}{T}(1-k_p)\right)s+\dfrac{2}{TL}(1+k_p)\right)} \tag{4.10}$$

式 (4.5) より, $G_{yd}(s) = \dfrac{G_{yr}(s)}{K(s)}$ の関係にあるので, 上式より

$$G_{yd}(s) = \frac{1 - \dfrac{L}{2}s}{T\dfrac{L}{2}\left(s^2 + \left(\dfrac{2}{L} + \dfrac{1}{T}(1-k_p)\right)s + \dfrac{2}{TL}(1+k_p)\right)} \quad (4.11)$$

を得る。ラウス・フルビッツの安定判別 (p.68) より，分母多項式 $= s^2 + a_1 s + a_0$ のとき，$a_1 > 0$, $a_0 > 0$ なら安定である。式 (4.10), (4.11) より，$G_{yr}(s)$ と $G_{yd}(s)$ の分母多項式は同じで

$$a_1 = \left(\frac{2}{L} + \frac{1}{T}(1-k_p)\right) > 0 \text{ かつ } a_0 = \frac{2}{TL}(1+k_p) > 0$$

ならば安定である。$T > 0$, $L > 0$ なので，これらを変形すると

$$\frac{2}{L} > -\frac{1}{T}(1-k_p) \text{ かつ } 1+k_p > 0$$
$$\frac{2}{L}T > -1 + k_p \text{ かつ } k_p > -1$$
$$\frac{2}{L}T + 1 > k_p \text{ かつ } k_p > -1$$
$$\therefore -1 < k_p < \frac{2}{L}T + 1 \quad (4.12)$$

となり，系が安定になる k_p の範囲を得る。むだ時間がない $L = 0$ のときは，式 (4.9) より，k_p をどれだけ大きくしても安定であった。ところが上式より，むだ時間 L がある場合は，k_p を $\dfrac{2}{L}T + 1$ よりも大きくすると不安定になってしまうことがわかった。

(2) $r(t) = 1$ はステップ関数，$d(t) = 0$ はステップ関数にゼロをかけた関数なので，$R(s) = \dfrac{1}{s}$, $D(s) = \dfrac{1}{s} \times 0 = 0$ である。式 (4.5) より，$Y(s) = G_{yr}(s)R(s) + G_{yd}(s)D(s)$ である。これに式 (4.10) を代入する。

$$Y(s) = \frac{\left(1 - \dfrac{L}{2}s\right)k_p}{T\dfrac{L}{2}\left(s^2 + \left(\dfrac{2}{L} + \dfrac{1}{T}(1-k_p)\right)s + \dfrac{2}{TL}(1+k_p)\right)}\frac{1}{s}$$
$$+ G_{yd}(s) \times 0$$
$$= \frac{\left(1 - \dfrac{L}{2}s\right)k_p}{T\dfrac{L}{2}\left(s^2 + \left(\dfrac{2}{L} + \dfrac{1}{T}(1-k_p)\right)s + \dfrac{2}{TL}(1+k_p)\right)}\frac{1}{s}$$

定常偏差 $\lim_{t \to \infty} e(t)$ は

$$\lim_{t \to \infty} e(t) = \lim_{t \to \infty}(r(t) - y(t)) = \lim_{t \to \infty} r(t) - \lim_{t \to \infty} y(t)$$

$$= 1 - \lim_{t \to \infty} y(t) \quad \leftarrow r(t) = 1 \text{ より}$$

$$= 1 - \lim_{s \to 0} sY(s) \quad \leftarrow \text{最終値の定理より}$$

$$= 1 - \lim_{s \to 0} s \frac{\left(1 - \frac{L}{2}s\right) k_p}{T\frac{L}{2}\left(s^2 + \left(\frac{2}{L} + \frac{1}{T}(1 - k_p)\right)s + \frac{2}{TL}(1 + k_p)\right)} \frac{1}{s}$$

↑ 上式より

$$= 1 - \lim_{s \to 0} \frac{\left(1 - \frac{L}{2}s\right) k_p}{T\frac{L}{2}\left(s^2 + \left(\frac{2}{L} + \frac{1}{T}(1 - k_p)\right)s + \frac{2}{TL}(1 + k_p)\right)}$$

$$= 1 - \frac{k_p}{T\frac{L}{2}\left(\frac{2}{TL}(1 + k_p)\right)} \quad \leftarrow s = 0 \text{ を代入}$$

$$= 1 - \frac{k_p}{1 + k_p} = \frac{1 + k_p}{1 + k_p} - \frac{k_p}{1 + k_p} = \frac{1}{1 + k_p}$$

となる。定常偏差は上式より,$k_p = 0$ のとき $\frac{1}{1+0} = 1$,$k_p = 1$ のとき $\frac{1}{1+1} = 0.5$ となる。$k_p = 2 + \frac{2T}{L}$ のときは,k_p が式 (4.12) の右辺よりも 1 大きいので,不安定になって,偏差の大きさが ∞ まで大きくなり続ける。そのため,定常偏差は ∞ となる。

(3) $r(t) = 0$ はステップ関数 × 0, $d(t) = 10$ はステップ関数 × 10 なので,$R(s) = 0$, $D(s) = \frac{10}{s}$ である。式 (4.5) より,$Y(s) = G_{yr}(s) R(s) + G_{yd}(s) D(s)$ である。これに式 (4.11) を代入する。

$$Y(s) = G_{yr}(s) \times 0$$

$$+ \frac{1 - \frac{L}{2}s}{T\frac{L}{2}\left(s^2 + \left(\frac{2}{L} + \frac{1}{T}(1 - k_p)\right)s + \frac{2}{TL}(1 + k_p)\right)} \frac{10}{s}$$

$$= \frac{1 - \frac{L}{2}s}{T\frac{L}{2}\left(s^2 + \left(\frac{2}{L} + \frac{1}{T}(1 - k_p)\right)s + \frac{2}{TL}(1 + k_p)\right)} \frac{10}{s}$$

定常偏差 $\lim_{t \to \infty} e(t)$ は (2) と同様にして

$$\lim_{t \to \infty} e(t) = 0 - \lim_{s \to 0} sY(s)$$

$$= -\lim_{s \to 0} s \frac{1 - \frac{L}{2}s}{T\frac{L}{2}\left(s^2 + \left(\frac{2}{L} + \frac{1}{T}(1 - k_p)\right)s + \frac{2}{TL}(1 + k_p)\right)} \frac{10}{s}$$

↑ 上式より

$$= -\lim_{s \to 0} \frac{1 - \frac{L}{2}s}{T\frac{L}{2}\left(s^2 + \left(\frac{2}{L} + \frac{1}{T}(1 - k_p)\right)s + \frac{2}{TL}(1 + k_p)\right)} 10$$

$$= -\frac{10}{T\frac{L}{2}\left(\frac{2}{TL}(1 + k_p)\right)} \quad \leftarrow s = 0 \text{ を代入}$$

$$= -\frac{10}{1 + k_p}$$

となる。上式より，定常偏差は $k_p = 0$ のとき $-\dfrac{10}{1+0} = -10$，$k_p = 1$ のとき $-\dfrac{10}{1+1} = -5$ となる。$k_p = 2 + \dfrac{2T}{L}$ のときは，式 (4.12) の範囲を超えるので，不安定になって，偏差の大きさが ∞ まで大きくなり続ける。そのため，定常偏差は ∞ となる。

◇

4.3.2 PI 制御と位相遅れ補償

PI 制御は，図 4.6 (a) に示すように $K(s)$ に比例要素 k_p だけでなく，積分要素 $\dfrac{k_i}{s}$ を加える。

(a) PI 制御系のブロック線図

(b) 偏差 $e(t)$ が一定のときの積分項の応答

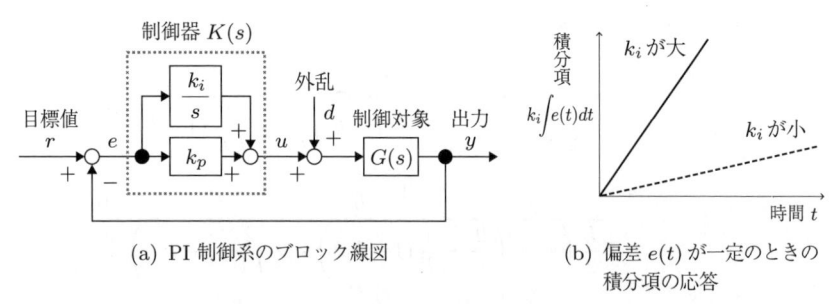

図 4.6 PI 制御系のブロック線図と，$e(t)$ が一定のときの積分項の応答

4.3 最も広く使われているPID制御とは

制御器　$K(s) = k_p + \dfrac{k_i}{s}$　←k_iは積分ゲインと呼ばれる定数

$$U(s) = \left(k_p + \dfrac{k_i}{s}\right) E(s)$$

制御入力　$u(t) = k_p e(t) + k_i \displaystyle\int e(t)\,dt$

p.86の式 (3.7), (3.8) より，伝達関数 $\dfrac{1}{s}$ は入力 $e(t)$ の積分値 $\int e(t)\,dt$ を出力するので，$u(t)$ は比例項 $k_p e(t)$ に加えて，$e(t)$ の積分値に**積分ゲイン（Iゲイン）** k_i をかけた**積分項** $k_i \int e(t)\,dt$ からなる。積分は英語で "integral" なので，その頭文字 I を P 制御に付け加えて PI 制御と呼ぶ。

積分項の働きを，自動車の速度制御で考えてみよう。図 4.5 (a) のように，道路標識の目標速度 $r(t)$ と車速 $y(t)$ に差 $e(t)$ が残っていると，積分要素は $e(t)$ をいつまでも積分し続ける。すると，積分は $e(t)$ の面積なので (p.15 を参照)，図 4.6 (b) のようにどんどん大きくなり，アクセルまたはブレーキを踏む角度がどんどん深くなる。そして，最終的に偏差がゼロになるまで積分項は成長し続けるだろう。つまり

$r(t)$ と $d(t)$ がステップ関数のとき，定常偏差はゼロになる。

この性質は，p.116 の内部モデル原理によれば，制御器が $\dfrac{1}{s}$ を含むとステップ応答の定常偏差がゼロになることから正しいといえる。ただし，フィードバック制御系が不安定なときは，出力が発散してしまう。

図 **4.7** に PI 制御系の目標値応答と外乱応答を示す。$k_i = 0$ の P 制御では定常偏差が残っているが，$k_i = 1, 10$ の PI 制御では，定常偏差がゼロになっている。図 (a) の目標値 $r(t)$ に対するステップ応答を見てほしい。積分ゲインが小さいとき ($k_i = 1$) には立ち上がりが遅く，大きくすると ($k_i = 10$) オーバーシュート (p.6 を参照) が発生して振動的になってしまう。このオーバーシュートと振動は，あとで説明するように，微分要素によって抑えることができる。そしてもっと大きくすると，多くの場合，不安定になって出力の振動が

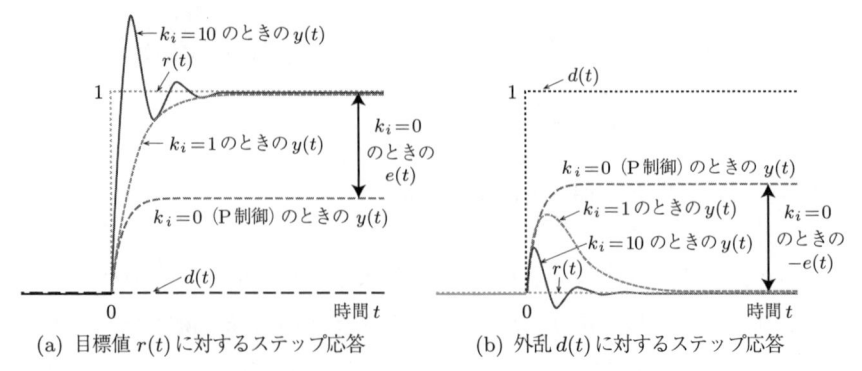

図 4.7 PI 制御系の目標値応答と外乱応答

(a) 目標値 $r(t)$ に対するステップ応答

(b) 外乱 $d(t)$ に対するステップ応答

大きくなり続けてしまう。

　モータの回転を，歯車型のギア（p.54 の図 2.20）で伝達してロボットの腕を動かし，指定した角度で止める制御を考えてみよう。入力側のギアの歯と出力側のギアの歯の間には遊びと呼ぶすきまがあり，その間隔では歯と歯がかみ合っていないので力を伝達できない。そのため，定常偏差を遊びの間隔よりも小さくすることはとても難しい。このようなギアの特性をバックラッシという。もし偏差が残っていると，積分要素の出力が大きくなって，遊びの間隔を超えるまで入力側のギアを回すだろう。そして，遊びの分だけ回り，入力側と出力側のギアがかみ合って，出力側のギアも回るだろう。しかし多くの場合，出力側のギアは回りすぎてしまい，再び偏差が発生してしまう。そして，この動きを繰り返して，ロボットの腕が小刻みに振動し続けるだろう。このような振動を自励振動と呼ぶ。自励振動を避けるために，積分の代わりに，つぎの不完全積分を用いることがある。

$$K(s) = k_p + \frac{k_i}{s + \omega_\delta} \quad \leftarrow 不完全積分を用いた PI 制御 \quad (4.13)$$

$$制御入力\ U(s) = \left(k_p + \frac{k_i}{s + \omega_\delta}\right) E(s)$$

ω_δ は正の小さな定数で，$\omega_\delta = 0$ のときに完全積分になる。この制御器 $K(s)$ を，**位相遅れ補償**とも呼ぶ。積分要素 $\frac{1}{s}$ を $\frac{1}{s + \omega_\delta}$ で近似しているので，内部モデル原理を完全には満たさなくなってしまい，ω_δ が大きくなるほど，ステッ

プ応答の定常偏差をゼロにする効果が弱くなる．つまり，定常偏差が残っていても図 4.6 (b) の積分項の成長が途中で止まり，頭打ちになってなにもしなくなるので，自励振動を引き起こしにくくなるのである．

PI 制御器のボード線図を**図 4.8** に示す．低周波でゲインが大きくなり，位相が約 $-90°$ になるので，つぎの性質をもつ（p.200 の 5.4.3 項 (1) を参照）．

(1) 定常ゲイン（周波数 0 のときのゲイン）が大きいので，<u>定常偏差が小さくなる</u>。

(2) 位相が遅れるので，開ループ伝達関数 $G(s)K(s)$ の位相余裕が小さくなり，発振条件（位相余裕 $0°$）に近づいて<u>振動的になりやすい</u>。最悪の場合，不安定になる．

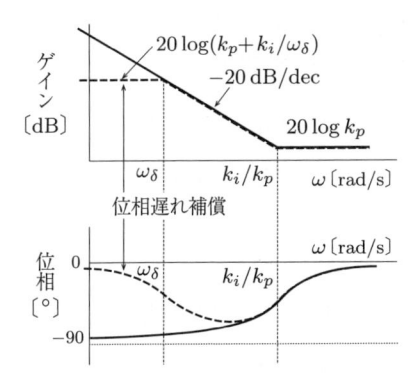

図 4.8　PI 制御器のボード線図

4.3.3　PD 制御と位相進み補償

PD 制御は，**図 4.9** (a) に示すように，$K(s)$ に比例要素 k_p だけでなく微分要素 $k_d s$ を加える．

制御器　$K(s) = k_p + k_d s$　　←k_d は微分ゲインと呼ばれる定数

$U(s) = (k_p + k_d s)E(s)$

制御入力　$u(t) = k_p e(t) + k_d \dot{e}(t)$

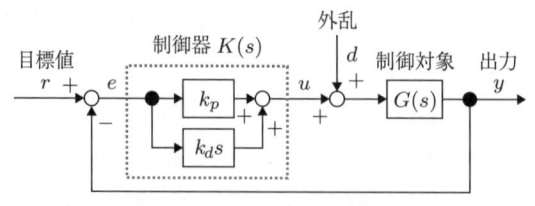

(a) PD 制御系のブロック線図

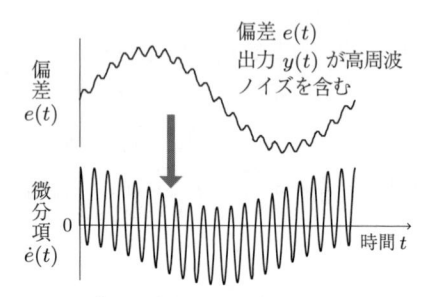

(b) 微分が高周波ノイズを増幅する例

図 4.9　PD 制御系のブロック線図と微分の問題

p.85 の式 (3.4), (3.5) より，伝達関数 s は入力 $e(t)$ の時間微分 $\dot{e}(t)$ を出力するので，$u(t)$ は比例項に加えて，$e(t)$ の微分値 $\dot{e}(t)$ に**微分ゲイン（D ゲイン）** k_d をかけた**微分項** $k_d \dot{e}(t)$ からなる。微分は英語で "differential" なので，その頭文字 D を P 制御に付け加えて PD 制御と呼ぶ。

微分要素は，p.84 のボード線図より，高周波ほどゲインが大きい。そのため，高周波ノイズを含む信号を入力すると，図 4.9 (b) に示すように，高周波ノイズを増幅してノイズだらけの信号を出力してしまう。このような乱れた微分項が制御入力 $u(t)$ に加わると，自動車の運転の場合はアクセルとブレーキを交互に高速で踏み込んでしまう。この現象をチャタリングといい，これを避けるために，微分の代わりに不完全微分（p.86）を用いることが多い。

$$K(s) = k_p + \frac{k_d s}{T_\delta s + 1} \quad \leftarrow 不完全微分を用いた PD 制御 \qquad (4.14)$$

制御入力 $U(s) = \left(k_p + \dfrac{k_d s}{T_\delta s + 1} \right) E(s)$

T_δ は正の小さな定数で，$T_\delta = 0$ のときに完全微分になる．この制御器 $K(s)$ は**位相進み補償**とも呼び，微分要素 s を $\dfrac{s}{T_\delta s + 1}$ で近似している．この PD 制御器のボード線図を図 4.10 に示す．$T_\delta = 0$ の PD 制御器は，高周波でゲインが大きくなって位相が最大で約 $+90°$ 進み，T_δ を大きくするほど微分要素の高周波のゲインの増大が抑えられて，チャタリングが起こりにくくなる（p.201 の 5.4.3 項 (2) を参照）．

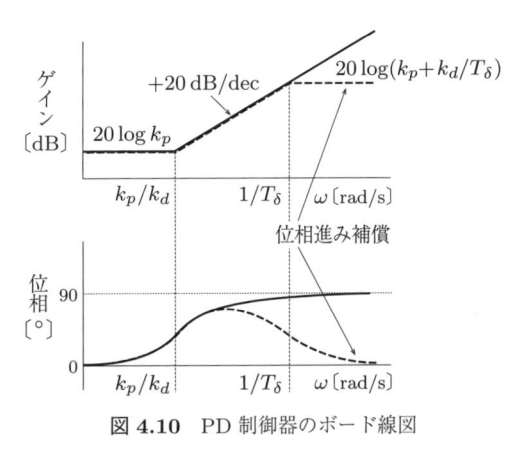

図 4.10 PD 制御器のボード線図

微分項 $k_d \dot{e}(t)$ の働きを自動車の速度制御で考えよう．$\dot{e}(t)$ は，道路標識の速度 $r(t)$ と車速 $y(t)$ の差 $e(t) = r(t) - y(t)$ の微分 $\dot{e}(t) = \dot{r}(t) - \dot{y}(t)$ である．微分は傾きなので，$r(t)$ や $y(t)$ が変化すると現れる．k_d を正に選ぶのが普通なので，$\dot{e}(t)$ の符号と微分項 $k_d \dot{e}(t)$ の符号は等しい[†]．図 4.11 (a) のように $r(t)$ が加速すると，$\dot{r}(t) > 0$ なので，微分項 $k_p \dot{e}(t) > 0$ となってアクセルを踏む．逆に $r(t)$ が減速すると，図より微分項の符号がマイナスになってブレーキを踏む．つまり，微分項は $r(t)$ の変化を助けるので，目標値応答を速くする効果がある．また，図 4.11 (b) に示すように，$r(t)$ が一定で，$y(t)$ が振動するときを考えよう．$y(t)$ が減速している間は $e(t) = r(t) - y(t)$ が増加するので，微分項 $k_p \dot{e}(t) > 0$ となってアクセルを踏む．逆に $y(t)$ が加速している

[†] k_d が負だとまずい理由は，p.144 を参照．

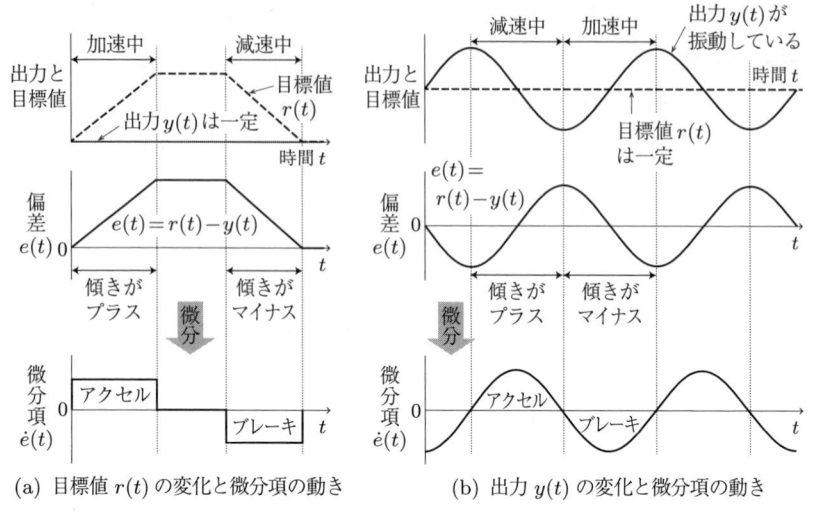

(a) 目標値 $r(t)$ の変化と微分項の動き (b) 出力 $y(t)$ の変化と微分項の動き

図 4.11 PD 制御の微分項の性質

間は，図より微分項の符号がマイナスになって，ブレーキを踏む．つまり，微分項は出力 $y(t)$ の変化を妨げるので，出力の振動を抑制する効果がある．この効果を微分要素 s のボード線図で説明しよう．s の位相がつねに $+90°$ なので，開ループ伝達関数の位相を進める．すると，位相余裕が大きくなって，振動が持続する発振条件から遠ざかる．そのために振動しにくくなるのだ．以上の微分項の性質をまとめよう．

(1) 目標値 $r(t)$ への出力 $y(t)$ の追従を速める．
(2) 出力 $y(t)$ の変化を妨げる．開ループ伝達関数 $G(s)K(s)$ の位相余裕を大きくする．→ 出力 $y(t)$ の振動を抑制する．
(3) 高周波ノイズを増幅してしまう．→ 産業界の一部ではタブー視されていて，代わりに不完全微分を用いることが多い．

4.3.4 PID 制御と位相進み遅れ補償

PID 制御は,PI 制御器と PD 制御器を組み合わせたもので,$K(s)$ を図 **4.12** のように設定する。

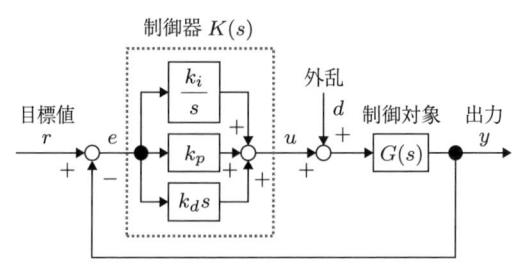

図 **4.12** PID 制御系のブロック線図

$$制御器 \quad K(s) = k_p + \frac{k_i}{s} + k_d s \tag{4.15}$$

$$U(s) = \left(k_p + \frac{k_i}{s} + k_d s\right) E(s) \tag{4.16}$$

$$制御入力 \quad u(t) = k_p e(t) + k_i \int e(t)\,dt + k_d \dot{e}(t) \tag{4.17}$$

$u(t)$ は比例項 $k_p e(t)$,積分項 $k_i \int e(t)\,dt$,微分項 $k_d \dot{e}(t)$ からなる。k_p, k_i, k_d をまとめて **PID ゲイン**という。微分と積分の代わりに,不完全微分と不完全積分を用いたつぎの制御器を**位相進み遅れ補償**とも呼ぶ。

$$K(s) = k_p + \frac{k_i}{s + \omega_\delta} + \frac{k_d s}{T_\delta s + 1}$$
$$制御入力 \; U(s) = \left(k_p + \frac{k_i}{s + \omega_\delta} + \frac{k_d s}{T_\delta s + 1}\right) E(s)$$

PID 制御器のボード線図を**図 4.13** に示す。低周波では PI 制御器または位相遅れ補償,高周波では PD 制御器または位相進み補償の特性をもつ。そのため,定常偏差を小さくし,出力の振動を抑えることができる。

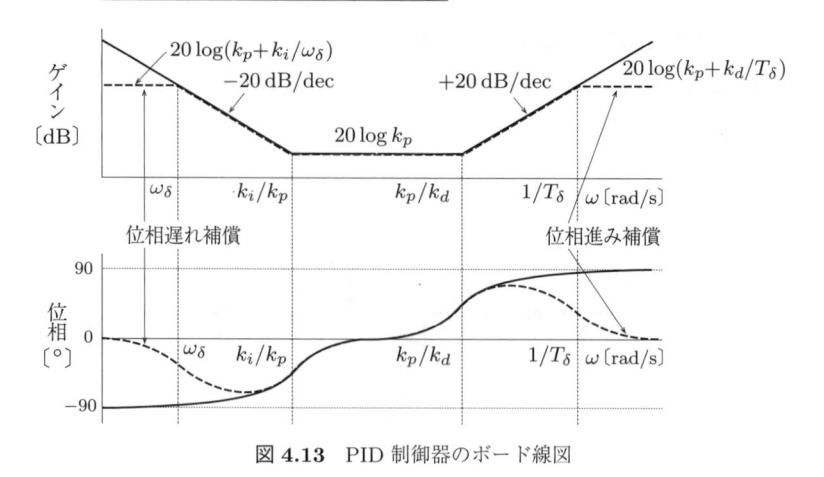

図 4.13 PID 制御器のボード線図

例題 4.2 (1)〜(3) の制御性能の改善に最も効果のある制御器の要素を，比例項，積分項，フィードフォワード制御，微分項の中から選べ．

(1) 目標値と外乱がステップ関数のとき，定常偏差をなくす．
(2) 出力の振動を抑制する．
(3) 目標値応答を改善する．

【解答】 (1) は p.127 より積分項，(2) は p.132 より微分項，(3) は p.115 よりフィードフォワード制御である．比例項は p.120 より (1)〜(3) のすべてに対してある程度の効果があるが，ベストではない． ◇

4.3.5 PID 制御の目標値応答特性の改善策

PID 制御系の目標値応答特性 $G_{yr}(s)$ は，p.119 の式 (4.5) に式 (4.15) の $K(s)$ を代入して

$$G_{yr}(s) = \frac{G(s)K(s)}{1+G(s)K(s)} = \frac{G(s)\left(k_d s + k_p + \dfrac{k_i}{s}\right)}{1+G(s)K(s)} \tag{4.18}$$

となるので，$K(s) = k_d s + k_p + \dfrac{k_i}{s} = 0$ の二つの解を零点としてもつ．p.84 の

4.3 最も広く使われている PID 制御とは

ステップ応答に示すように,零点をもつと初期の応答が上に上がってオーバーシュートしやすい。そこで,この零点をなくしてオーバーシュートを起こりにくくしよう。そのための方法として,図 **4.14** に示す I-PD 制御と PI-D 制御がある。

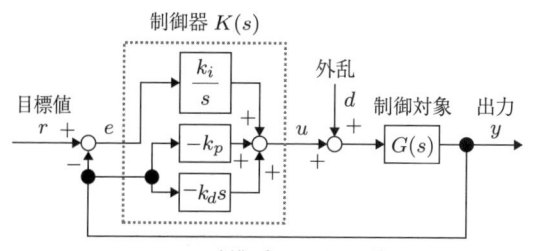

(a) I-PD 制御系のブロック線図

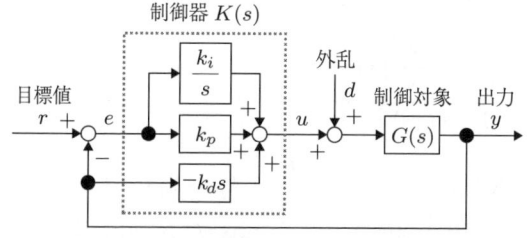

(b) PI-D 制御系のブロック線図

図 **4.14** PID 制御よりもオーバーシュートが起こりにくい I-PD 制御と PI-D 制御

また,目標値応答特性を改善するには p.114 の 2 自由度制御が有効なので,それを PID 制御に適用する手順も説明する。

（1） I-PD 制御 図 4.14 (a) のブロック線図より,制御入力 $U(s)$ は

$$U(s) = \frac{k_i}{s}E(s) - k_p Y(s) - k_d s Y(s), \quad E(s) = R(s) - Y(s)$$

$$\therefore U(s) = \frac{k_i}{s}(R(s) - Y(s)) - (k_p + k_d s)Y(s) \tag{4.19}$$

である。I-PD 制御系の r から y までの伝達関数である目標値応答特性 $G_{yr}(s)$ は,図 (a) よりつぎのようになる（p.201 の 5.4.3 項 (3) を参照）。

$$G_{yr}(s) = \frac{\dfrac{k_i}{s}G(s)}{1 + G(s)K(s)} \tag{4.20}$$

ただし，分母の $K(s)$ は，$K(s) = \dfrac{k_i}{s} + k_p + k_d s$ である．よって，上式と式 (4.18) を比べると，PID 制御器では二つあった $K(s)$ による零点が二つともなくなっている．

(2) PI-D 制御　図 4.14 (b) のブロック線図より，制御入力 $U(s)$ は

$$U(s) = \left(k_p + \frac{k_i}{s}\right) E(s) - k_d s Y(s), \quad E(s) = R(s) - Y(s)$$

$$\therefore U(s) = \left(k_p + \frac{k_i}{s}\right)(R(s) - Y(s)) - k_d s Y(s) \tag{4.21}$$

となる．PI-D 制御系の r から y までの伝達関数である目標値応答特性 $G_{yr}(s)$ は，図 (b) よりつぎのようになる（p.202 の 5.4.3 項 (4) を参照）．

$$G_{yr}(s) = \frac{\left(k_p + \dfrac{k_i}{s}\right) G(s)}{1 + G(s) K(s)} \tag{4.22}$$

ただし，分母の $K(s)$ は，$K(s) = \dfrac{k_i}{s} + k_p + k_d s$ である．よって，上式と式 (4.18) を比べると，PID 制御器では二つあった $K(s)$ による零点が一つに減っている．

(3) 2 自由度制御の適用　2 自由度制御のときの目標値応答特性は，p.165 の式 (5.28) の r を $G_M(s)r$ に置き換えると，つぎのようになる．

$$G_{yr}(s) = \frac{G(s)F(s) + G(s)K(s)}{1 + G(s)K(s)} G_M(s) \tag{4.23}$$

$G(s)$ が不安定零点とむだ時間要素をもたないときは，$F(s) = \dfrac{1}{G(s)}$ と設定すれば

$$G_{yr}(s) = \frac{\dfrac{G(s)}{G(s)} + G(s)K(s)}{1 + G(s)K(s)} G_M(s)$$

$$= \frac{1 + G(s)K(s)}{1 + G(s)K(s)} G_M(s) = G_M(s)$$

となる．$G_M(s)$ は自在に設定できるので，完璧な目標値応答特性が達成できる．$G(s)$ が不安定零点やむだ時間要素をもつときは，p.115 の対策をとる．

また，できるだけシンプルな $G_M(s)$，$F(s)$ を採用して制御器の計算負荷を抑え，安いマイコンを使って製品をコストダウンしたいことがあるだろう。100円コストダウンして100万台売れるとすると，100×100 万円 $= 1$ 億円の儲けになるのだから是非そうしたいところだ。非常にシンプルな方法は

$$F(s) = \frac{1}{G(0)},\ G_M(s) = 1 \tag{4.24}$$

とすることである。これにより，目標値がステップ関数のときの定常偏差はゼロになる（p.202 の 5.4.3 項 (5) を参照）。

4.4　PID 制御を設計するには

　ここでは PID 制御の設計方法をいくつか説明する。ここで説明する設計方法で得られる PID ゲインを使えば，ほどほどの制御性能が得られるだろう。このようにして，まず設計法を用いて PID ゲインを調整することを**初期調整**という。しかし，企業の製品開発ではほどほどの制御性能では許されず，制御対象から引き出しうる限界の性能が要求される。そして，限界の性能を引き出すために，PID ゲインの**再調整**が行われる。いわば調整の仕上げである。これはゲインチューニングとも呼ばれ，現場の制御技術者が泥臭い試行錯誤を繰り返し，大変な労力を割いて行われている。そのため，ゲインチューニングは，経験豊かで熟練した技術者による匠の技ともいうべきものである。この匠の技を理論的に裏付けし，学問的かつ系統的にまとめることは，制御工学の課題といえるだろう。

4.4.1　試行錯誤による調整

　前節で学んだ比例項，積分項，微分項の特徴を考えて，$G(s)$ が安定なときに，PID ゲインを試行錯誤で調整する方法である。PID ゲインを個別に大きくしたときに期待できる効果を**表 4.1** に示す。

表 4.1 PID ゲインを個別に大きくするとどうなるか

	立ち上がり時間	振動	整定時間	定常偏差	安定性
$k_p \to$ 大	○ 減る	× 増える	△ 少し減る	○ 減る	× 劣化
$k_i \to$ 大	○ 減る	× 増える	× 増える	◎ 激減	× 劣化
$k_d \to$ 大	△ 少し減る	○ 減る	○ 減る	△ 変化なし	○（k_p 小のとき）

試行錯誤による初期調整の手順の一例を紹介する。

1) まず，$k_i = 0$, $k_d = 0$ にしておき，k_p をゼロからじわじわ大きくして，目標値に対するステップ応答をチェックする。

2) ゲイン余裕が小さくなって発振条件に近づき，出力が持続的に振動し始めたら，k_p を半分程度に小さくする。小さくする前に k_p を大きくしすぎると，不安定になって，振動が大きくなり続けてしまう。振動で制御対象が壊れないように，注意が必要だ。

3) k_i をじわじわ大きくして，定常偏差が指定した時間内に十分小さくなるようにする。大きくしすぎると，発振条件が満たされて不安定になり，振動が大きくなり続けて発散してしまう。

4) ステップ応答の振動を小さくしたいときや，目標値応答を改善したいときは，k_d をじわじわ大きくする。大きくしすぎると，制御入力が非常に高い周波数で振動することがあり，もっと大きくすると不安定になってしまう。

試行錯誤による初期調整の特徴をまとめる。

- 必要な情報 —— なし
- 制御対象の制約 —— 安定。ただし，不安定でも表 4.1 の指針が当てはまることが多い。
- できること —— 制御技術者の能力によるが，限界まで高性能化できる。
- 調整パラメータ —— PID ゲインそのもの。

つぎに，初期調整した PID ゲインをさらに微調整して性能をもっと高めるための，仕上げのゲインチューニングの手順の一例を紹介する。

1) 表 4.1 を指針に試行錯誤で調整する。

2) 運転中にありうる目標値の範囲，目標値の変化率の範囲，外乱の範囲，制

御対象の特性変動の範囲など，想定しうるすべての運転条件で仕様を満たすかを確認し，満たさなければさらに再調整する．

仕上げの手順は，このあとで説明する各種 PID ゲイン調整法で初期調整したあとにも行うものであり，とても重要である．

4.4.2 限界感度法

安定な制御対象 $G(s)$ に P 制御を行い，比例ゲイン k_p をじわじわ大きくすることを考えよう．開ループ伝達関数 $k_p G(s)$ のゲイン線図は，k_p と $G(s)$ それぞれのゲイン線図を足したものであり，位相も同様である（p.61 を参照）．よって，p.64 の図 2.24 (a) より，定数 k_p の位相は $0°$ なので，$k_p G(s)$ の位相線図は k_p を大きくしても変化しない．また，図より定数 k_p のゲイン線図はどの周波数でも一定な水平の線なので，k_p を大きくすると，水平のまま真上に上がる．すると，$k_p G(s)$ のゲイン線図は k_p と $G(s)$ の和なので，$G(s)$ の形のまま真上に移動する．よって，図 4.15 (a) に示すように，k_p をじわじわ大きくする

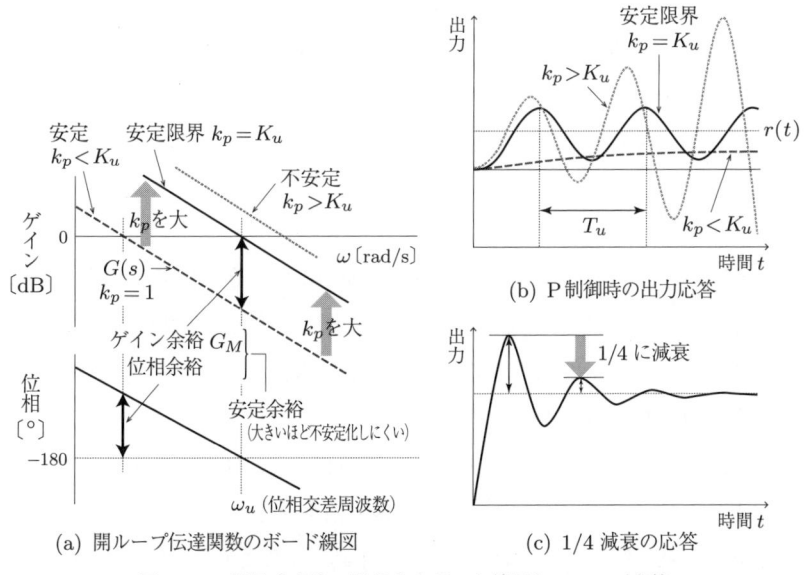

図 4.15 限界感度法に関係するボード線図とステップ応答

と，$k_p G(s)$ の位相線図は変化しないで，ゲイン線図だけが真上にじわじわ上がる。すると，ゲイン余裕がだんだん小さくなり，位相線図がちょうど $-180°$ を下に横切るときの位相交差周波数 ω_u で，ついにゲインが 0 dB になって発振条件（p.72 の図 2.30）を満たし，図 (b) の実線で示すように，出力が一定の振幅で持続的に振動し続けるようになる。そのときの比例ゲイン k_p を限界ゲイン K_u，振動を限界振動と呼び，限界振動の周期 T_u を限界周期と呼ぶ。限界振動の角周波数は図 (a) の発振条件を満たす角周波数 ω_u と同じである。

周波数 f〔Hz〕は 1 秒間に回る回数，角周波数 ω〔rad/s〕は 1 秒間に回る角度〔rad〕である。1 回転は 2π〔rad〕なので，$\omega = 2\pi f$ の関係がある。周期 T は 1 回転するのにかかる時間〔s〕であり，回転回数：時間 $= 1 : T = f : 1$ の比の関係にあるので，$T = \dfrac{1}{f}$ の関係がある。したがって

$$T_u = \frac{2\pi}{\omega_u} \tag{4.25}$$

の関係がある。$G(s)$ のゲイン余裕（p.72 の図 2.30）は，図 4.15 (a) に示したように，$k_p = 1$ および $k_p = K_u$ のときの $k_p G(s)$ のゲイン線図の間の幅 $20\log_{10} K_u - 20\log_{10} 1$〔dB〕である。p.155 の 5.1.2 項より $\log_{10} 1 = \log_{10} 10^0 = 0$ なので，ゲイン余裕 $G_M = 20\log_{10} K_u$〔dB〕となり，この式を K_u について解くと次式を得る。

$$K_u = 10^{G_M/20} \tag{4.26}$$

図 4.15 (c) のように，ステップ応答の振動の山がつぎの山で 1/4 に減衰し，そのつぎの山でさらにその 1/4 に減衰し，以後それを繰り返す応答を，1/4 減衰と呼ぶ。ジーグラーとニコルスは限界ゲイン K_u と限界周期 T_u がわかっているとき，PID 制御系のステップ応答が 1/4 減衰になるようにする PID ゲイン k_p, k_i, k_d の設定方法を多くの実験によって見出した。また，オーバーシュートをもっと小さくしたり，完全になくす設定方法もある。これらの設定方法を**表 4.2** に示す。表より，K_u から初めに k_p を求め，つぎに k_p と T_u から k_i, k_d を求める。このように，K_u と T_u を計測して表 4.2 で PID ゲインを設定する方法

表 4.2 限界感度法による PID ゲインの決定

	k_p	k_i	k_d
Z-N 法（振動が 1/4 減衰）	$\frac{3}{5}K_u$	$2\frac{k_p}{T_u}$	$\frac{1}{8}k_p T_u$
オーバーシュート小さめ	$\frac{1}{3}K_u$	$2\frac{k_p}{T_u}$	$\frac{1}{3}k_p T_u$
オーバーシュートなし	$\frac{1}{5}K_u$	$2\frac{k_p}{T_u}$	$\frac{1}{3}k_p T_u$

を限界感度法という。しかし，限界振動が実際に起こると，機械系の制御対象の場合は激しい騒音や振動が発生してしまうことがある。また，比例ゲイン k_p が少しでも限界ゲイン K_u を超えると，不安定になって図 4.15 (b) の $k_p > K_u$ の点線の出力のように振動の振幅が発散し，最悪の場合，制御対象が壊れてしまうこともある。そのため，限界ゲイン K_u を実験で求めることは難しい場合が多い。このような実験をしなくても，図 4.15 (a) のように，$G(s)$ のボード線図から G_M と ω_u を読み取って式 (4.25), (4.26) に代入すれば，K_u と T_u が求まる。

限界感度法による PID 設計の特徴をまとめる。

- 必要な情報 —— 制御対象 $G(s)$ の限界ゲイン K_u と限界周期 T_u
- 制御対象の制約 —— 不安定でない。限界振動を起こす実験が可能か，または $G(s)$ の周波数特性などから K_u, T_u を求めることができる。
- できること —— 目標値のステップ応答を，1/4 振動や，オーバーシュートなしなどにする。
- 調整パラメータ —— なし

4.4.3 内部モデル制御（ラムダチューニング）

閉ループ伝達関数 $G_{yr}(s) = \dfrac{Y(s)}{R(s)}$ を望ましい伝達関数 $G_M(s)$ に自在に一致させる設計法をモデルマッチングという。内部モデル制御（英語で internal model control といい，その頭文字をとって IMC とも呼ぶ）は，制御器 $K(s)$ の中に制御対象のモデルである伝達関数 $G(s)$ を含ませてモデルマッチングを行う。

図 4.16 (a) に内部モデル制御系のブロック線図を示す．図 (a) より，フィードバック制御器 $K(s)$ が内部にモデル $G(s)$ を含むことがわかる．図 (a) は図 (b) と等価で，$K(s)$ は次式で与えられ，閉ループ伝達関数 $G_{yr}(s)$ が $G_M(s)$ に一致する（p.204 の 5.4.4 項 (2) を参照）．

$$K(s) = \frac{G_M(s)}{1 - G_M(s)} \left(\frac{1}{G(s)} \right) \tag{4.27}$$

設計者は $G_M(s)$ を自在に設定できるので，目標値応答特性を思いどおりに完璧に設計することができる．ただし，制御系が不安定であったり，モデル $G(s)$ が制御対象とずれていたりするときなどは，$G_{yr}(s) = G_M(s)$ が成立しないので注意が必要である．上式より，$K(s)$ が $\dfrac{1}{G(s)}$ を含むので，$K(s)$ と制御対象 $G(s)$ との間で極零相殺を起こす．そのため，$G(s)$ が不安定極または不安定零点をもつときは，不安定な極零相殺が起こってシステムが不安定になってしまう（p.44 を参照．また，p.205 の 5.4.4 項 (3) を参照）．$G(s)$ がむだ時間要素 e^{-Ls} を含むときは，その逆数 $\dfrac{1}{e^{-Ls}} = e^{-(-L)s}$ が $-L$ 秒過去，つまり L 秒未来の信号を出力しなければならず，タイムマシンがなければ実現できない．

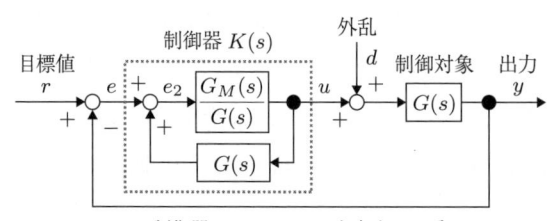

(a) 制御器 $K(s)$ に $G(s)$ を含ませた系

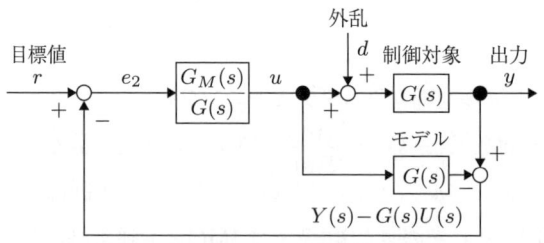

(b) 内部モデル制御系（図(a)と等価）

図 4.16 内部モデル制御系のブロック線図

$G(s)$ が不安定零点や e^{-Ls} をもつときは，p.115 の 2 自由度制御とよく似たつぎの対策によって，$K(s)$ と制御対象の間の相殺を避けることができる．

> $G_M(s)$ に $G(s)$ の不安定零点と e^{-Ls} を含ませて，$K(s)$ 内の割り算 $G_M(s)\left(\dfrac{1}{G(s)}\right)$ によって，あらかじめ相殺させておく．

例えば $G = \dfrac{-0.5s+1}{10s+1}$ のとき，不安定零点 2（$-0.5s+1=0$ の解）をもつので，$G_M(s)$ もこの零点をもつように $G_M(s) = \dfrac{-0.5s+1}{s+1}$ に設定すれば，式 (4.27) より $K(s) = \dfrac{10s+1}{1.5s}$ となって，制御対象 $G(s)$ との間で不安定な極零相殺が起こることを回避できる．また，$G_M(0) = 1$ に設定すると，式 (4.27) より $K(0)$ の分母が 0 になる．つまり，$s=0$ で $K(s)$ の分母多項式 $=0$ となるので，分母多項式は s を含み，$K(s)$ は積分 $\dfrac{1}{s}$ をもつ．

では，内部モデル制御によって PID 制御器を設計しよう．

（1） 制御対象 $G(s)$ が二次遅れ系 $G(s) = \dfrac{K\omega_n^2}{s^2+2\zeta\omega_n s+\omega_n^2}$ のとき望ましい目標値応答特性を $G_M(s) = \dfrac{1}{1+\lambda s}$ に設定する．λ は時定数なので，小さくなるほど速応性が良くなる（p.91 の図 3.3）チューニングパラメータであり，良い制御性能が得られるように試行錯誤で調整する．$G(s)$ と $G_M(s)$ を式 (4.27) に代入して，つぎの PID 制御器を得る（p.205 の 5.4.4 項 (4) を参照）．

$$K(s) = k_d s + k_p + \frac{k_i}{s},\ k_d = \frac{1}{K\omega_n^2 \lambda},\ k_p = \frac{2\zeta}{K\omega_n \lambda},\ k_i = \frac{1}{K\lambda} \tag{4.28}$$

（2） 制御対象 $G(s)$ がむだ時間要素と一次遅れ系 $G(s) = \dfrac{K}{Ts+1}e^{-Ls}$ のとき　　$G(s)$ は，$L=0$ ならば一次遅れ系なので，この設計は一次遅れ系にも使うことができる．p.91, p.107 で説明したように，K, T と L はステップ応答を見ればわかる．$G(s)$ がむだ時間要素 e^{-Ls} を含んでいるので，$G_M(s)$ にも含ませる．

$$G_M(s) = \frac{1}{1+\lambda s} e^{-Ls}$$

λ は良い制御性能が得られるように試行錯誤で調整するチューニングパラメータであり，λ を小さくするほど速応性が良くなる（p.91 の図 3.3）．この $G_M(s)$ を式 (4.27) に代入する．

$$K(s) = \frac{G_M(s)\,G^{-1}(s)}{1 - G_M(s)} = \frac{G^{-1}(s)}{G_M^{-1}(s) - 1} = \frac{(Ts+1)}{Ke^{-Ls}}\frac{1}{\dfrac{1+\lambda s}{e^{-Ls}} - 1}$$

$$\therefore K(s) = \frac{(Ts+1)}{K}\frac{1}{(1+\lambda s) - e^{-Ls}} \tag{4.29}$$

むだ時間系に有効な，スミス法を用いた制御系のブロック線図を図 **4.17** に示す．$G(s) = G_0(s)\,e^{-Ls}$ とおいている．図の $G_0(s)$，$C(s)$ を $G_0(s) = \dfrac{K}{Ts+1}$，$C(s) = \dfrac{1}{G_0(s)\lambda s}$ と設定すると，上の式 (4.29) の制御器を用いたときの制御系と等価になる．確認してほしい．

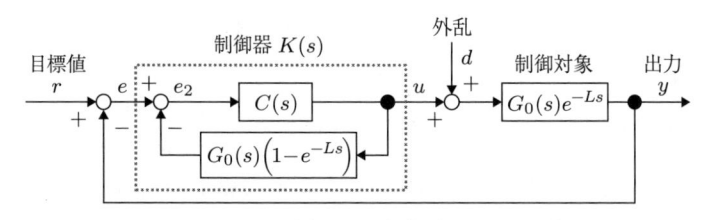

図 4.17 スミス法を用いた制御系のブロック線図

式 (4.29) の e^{-Ls} を 1 次パデ近似（p.108 の式 (3.42)）すると，つぎの PID 制御器を得る（p.205 の 5.4.4 項 (5) を参照）．

$$\begin{aligned}
K(s) &= \frac{k_i}{s} + k_p + k_d\frac{s}{T_\delta s + 1}, \\
k_i &= \frac{1}{K(\lambda + L)}, \\
k_p &= \left(T + \frac{L}{2}(1 - K\lambda k_i)\right)k_i, \\
k_d &= k_i\frac{L}{2}(T - k_p K\lambda), \quad T_\delta = K\lambda\frac{L}{2}k_i
\end{aligned} \tag{4.30}$$

k_d が負になりうるが，そのときは $k_d = 0$ に設定する．なぜなら，$k_d < 0$ のときは $K(s)$ が不安定零点をもつので，p.84 の表に示したように，位相を遅らせ

てしまう。すると，位相余裕が小さくなって不安定化しやすくなる。これを避けるために，$k_d = 0$ に設定して不安定零点をなくすのである。

内部モデル制御による PID 設計の特徴をまとめる。

- 必要な情報 —— 制御対象の伝達関数 $G(s)$
- 制御対象の制約 —— 安定な二次遅れ系であるか，むだ時間要素と安定な一次遅れ系の積であること。
- できること —— 目標値応答特性を $\dfrac{1}{\lambda s + 1} e^{-Ls}$ にすることができる。
- 調整パラメータ —— λ（小さくするほど PID ゲインが大きくなり，速応性が良くなる）
- 特記事項 —— $G(s)$ の安定な極と零点を $K(s)$ で相殺するため，$G(s)$ が遅い極をもつと，外乱除去特性が悪くなる（p.208 の 5.4.4 項 (6) を参照）。

IMC がよく使われる制御対象は，機械系ではなく，エアコンの温度制御や，紙パルプや石油精製などの化学プラントであり，むだ時間 L をもち，ゆっくり反応することが多い。このような制御系を**プロセス制御**といい，温度や化学製品の成分比などを一定値に制御することが多い。また，この用途に使われる制御器をレギュレータと呼ぶこともある。機械系の制御は**サーボ制御**という。ロボットアームや自動車の速度を制御するもので，出力が一定でなく動いては止まるを繰り返すことが多い。また，この用途に使われる制御器をサーボと呼ぶこともある。

4.4.4 極配置法（部分的モデルマッチング）

極は安定性と速応性に密接に関係していて，p.48 の図 2.17 のように，極が s 平面の左半平面にあれば安定になり，虚軸から遠ざかるほど速応性が良くなる。そのため，閉ループ系の伝達関数の極がどこに配置されるかによって，制御性能が大きく変わる。極配置法で設計した制御器 $K(s)$ により，閉ループ系の極を望ましい値に配置することができる。$G(s)$ を二次遅れ系に近似して，極配置法により，PID ゲイン k_p, k_d, k_i を設計することができる。この設計法を，北森の部分的モデルマッチングという。

p.53 の式 (2.65) の制御対象の分子分母を分子で割り，つぎの二次遅れ系に近似する．

$$G(s) = \frac{1}{g_2 s^2 + g_1 s + g_0}$$

$$g_0 = \frac{a_0}{b_0}, \quad g_1 = \frac{a_1 - b_1 g_0}{b_0}, \quad g_2 = \frac{a_2 - b_2 g_0 - b_1 g_1}{b_0} \quad (4.31)$$

制御対象がむだ時間要素を含むときは，それをパデ近似してから近似する．この近似は，低周波になるほどズレが小さくなる（p.208 の 5.4.4 項 (7) を参照）．$G(s)$ が一次遅れ系のときは，$a_2 = b_2 = 0$ である．

極配置法による PID ゲインの設定方法を，二つ説明する．

（1） I-PD 制御時の目標値応答特性 $G_{yr}(s)$ を望ましい特性 $G_M(s)$ に一致させる方法 p.135 の式 (4.20) の，I-PD 制御のときの目標値応答特性

$$G_{yr}(s) = \frac{\dfrac{k_i}{s} G(s)}{1 + G(s) K(s)} \quad (4.32)$$

の極が望ましい特性

$$G_M(s) = \frac{1}{1 + \lambda_1 s + \lambda_2 s^2 + \lambda_3 s^3} \quad (4.33)$$

の極に一致するように，PID ゲインを設計する．$G_M(s)$ の $\lambda_1 \, (>0)$ を，良い性能が得られるように調整するチューニングパラメータとして，λ_2, λ_3 の代表的な設定例とその特徴を**表 4.3** にまとめておく．ちなみに，MATLAB で

```
>> L1=1, L2=L1^2/3, L3=L1^3/3^3, s=tf('s'),
>> step(1/(1+L1*s+L2*s^2+L3*s^3));
```

表 4.3　望ましい目標値応答特性 $G_M(s)$ の λ_2 と λ_3

$G_M(s)$	λ_2	λ_3	特　徴
極が 3 重解	$\dfrac{1}{3}\lambda_1^2$	$\dfrac{1}{3^3}\lambda_1^3$	振動なし
バターワース標準形	$\dfrac{1}{2}\lambda_1^2$	$\dfrac{1}{2^3}\lambda_1^3$	振動あり，速応性が良い
ITAE 最小標準形	$\dfrac{700}{43^2}\lambda_1^2$	$\left(\dfrac{20}{43}\right)^3 \lambda_1^3$	振動あり，$\int_0^\infty t\,\lvert e(t) \rvert \, dt$ が最小

とタイプすれば，表 4.3 の 1 行目に対応する $G_M(s)$ のステップ応答のグラフが表示される（詳細は p.215）。

$G_M(s)$ の極は $\dfrac{1}{\lambda_1}$ に比例し，λ_1 を小さくするほど速応性が良くなる（p.209 の 5.4.4 項 (8) を参照）。$G_{yr}(s)$ は式 (4.32) の分子分母を $\dfrac{k_i}{s} G(s)$ で割ると

$$G_{yr}(s) = \dfrac{1}{\dfrac{1}{k_i}\left(K(s)s + \dfrac{s}{G(s)}\right)}$$

となり，式 (4.31) と $K(s) = k_p + \dfrac{k_i}{s} + k_d s$ を代入すると

$$= \dfrac{1}{\dfrac{1}{k_i}\left((k_i + k_p s + k_d s^2) + s(g_0 + g_1 s + g_2 s^2)\right)}$$

$$\therefore G_{yr}(s) = \dfrac{1}{1 + \dfrac{k_p + g_0}{k_i}s + \dfrac{k_d + g_1}{k_i}s^2 + \dfrac{g_2}{k_i}s^3}$$

となる。$G_M(s) = G_{yr}(s)$ となるように上式と式 (4.33) の分母多項式を係数比較して，つぎの PID ゲインが設計される。

$$k_i = \dfrac{g_2}{\lambda_3},\ k_d = \lambda_2 k_i - g_1,\ k_p = \lambda_1 k_i - g_0 \tag{4.34}$$

例題 4.3 $G(s) = \dfrac{2}{s(s-10)}$ に対して閉ループ系の極をすべて -1 に配置する I-PD 制御器を設計せよ（この制御対象の極は 0, 10 なので不安定である）。

【解答】 $G(s)$ を式 (4.31) の形にする。

$$G(s) = \dfrac{2}{s^2 - 10s} = \dfrac{1}{\dfrac{1}{2}s^2 - 5s + 0}$$

よって，$g_2 = \dfrac{1}{2}$, $g_1 = -5$, $g_0 = 0$ である。閉ループ系の極をすべて -1 に配置するので，式 (4.33) の分母は $(s+1)^3 = s^3 + 3s^2 + 3s + 1$ となり，$\lambda_1 = 3$, $\lambda_2 = 3$, $\lambda_3 = 1$ である。式 (4.34) より，次式の I-PD 制御器の PID ゲイン

は，$k_i = \dfrac{g_2}{\lambda_3} = \dfrac{1}{2} \cdot \dfrac{1}{1} = \dfrac{1}{2}$, $k_d = \lambda_2 k_i - g_1 = 3 \cdot \dfrac{1}{2} - (-5) = \dfrac{3}{2} + 5 = \dfrac{13}{2}$,
$k_p = \lambda_1 k_i - g_0 = 3 \cdot \dfrac{1}{2} - 0 = \dfrac{3}{2}$ となる。 $\diamond$

（2） PID制御時の $G_{yr}(s)$ を分子が定数になるように近似してから $G_M(s)$ に一致させる方法 式 (4.18) より

$$\dfrac{1}{G_{yr}(s)} = \dfrac{1 + G(s)K(s)}{G(s)K(s)} = \dfrac{1}{G(s)} \dfrac{1}{K(s)} + 1$$

$$= \dfrac{g_2 s^2 + g_1 s + g_0}{\dfrac{k_i}{s} + k_p + k_d s} + 1 \quad \leftarrow \text{式 (4.31) より}$$

$$\therefore \dfrac{1}{G_{yr}(s)} = 1 + s\dfrac{g_0 + g_1 s + g_2 s^2}{k_i + k_p s + k_d s^2}$$

となる。最後の式の右辺第2項目の多項式の割り算を計算し，s の3次の項までを式 (4.33) の $G_M(s)$ の分母多項式と係数比較して PID ゲインを求める。この割り算の計算は，式 (4.31) の a_i を g_i に，b_0, b_1, b_2 を k_i, k_p, k_d にそれぞれ置き換えればよい。この計算で得られる式 (4.31) 左辺の g_0, g_1, g_2 をそれぞれ $G_M(s)$ の λ_1, λ_2, λ_3 に一致させるので

$$\lambda_1 = \dfrac{g_0}{k_i}, \ \lambda_2 = \dfrac{g_1 - k_p \lambda_1}{k_i}, \ \lambda_3 = \dfrac{g_2 - k_p \lambda_1 - k_d \lambda_2}{k_i}$$

を得る。各式をそれぞれ k_i, k_p, k_d について解くと，つぎの PID ゲインが設計される。

$$k_i = \dfrac{g_0}{\lambda_1}, \ k_p = \dfrac{g_1 - \lambda_2 k_i}{\lambda_1}, \ k_d = \dfrac{g_2 - k_p \lambda_1 - \lambda_3 k_i}{\lambda_2} \tag{4.35}$$

極配置法（部分的モデルマッチング）による PID 設計手順をまとめる。

1) 制御対象 $G(s)$ を式 (4.31) で近似し，g_0, g_1, g_2 を求める。
2) 式 (4.33) の望ましい目標値応答特性 $G_M(s)$ の λ_2, λ_3 を設定する。
3) 式 (4.33) の λ_1（> 0）が調整パラメータであり，$G_M(s)$ の速応性に関係する。λ_1 をある値に設定し，I-PD 制御のときは式 (4.34) で，PID 制御のときは式 (4.35) で PID ゲインを求める。そのときの制御性能を確かめる。さらに，λ_1 を変更して制御性能を確かめることを繰り返して，λ_1 を最も良い値に設定する。

k_d が負になったときは $k_d = 0$ に設定する（p.144）。

極配置法（部分的モデルマッチング）による PID 設計の特徴をまとめる。

- 必要な情報 —— 制御対象の伝達関数 $G(s)$
- 制御対象の制約 —— 線形（不安定でもよく，むだ時間要素はパデ近似する）
- できること —— I-PD 制御時（または PID 制御時）の目標値応答特性 $G_{yr}(s)$ の極を望ましい特性 $G_M(s)$ の極に一致させる。
- 調整パラメータ —— λ_1（小さくするほど速応性が良くなる）。λ_2 と λ_3 は応答の振動の大きさなどに関係する。

4.4.5 ループ整形

不安定でない制御対象 $G(s)$ と制御器 $K(s)$ の周波数特性と制御系の性能に関して，つぎの事実がある。

F1. <u>$K(s)$ のゲインを大きくすると，目標値応答特性 $G_{yr}(s)$ と外乱除去特性 $S(s)$ が良くなる</u>：理想の制御を思い出すために，p.21 の表 2.1 を見てほしい。フィードバック制御系の性能の指標として，$G_{yr}(s)$，$S(s)$，安定性の三つがある。理想の $G_{yr}(s) = 1$ と $S(s) = 0$ を実現するためには，制御器 $K(s) = \infty$ つまり P 制御で k_p を大きくすればよい。しかし，大きくしすぎると，下の F3 のように制御系が不安定化してしまう。

F2. <u>高周波では $G(s)K(s)$ の位相が $-180°$ を下回り続ける</u>：開ループ伝達関数 $G(s)K(s)$ は，むだ時間要素 e^{-Ls} を含んでしまう（p.107 を参照）。e^{-Ls} の位相は周波数 ω が大きくなると下がり続ける（p.107 のボード線図）。そのため，$G(s)K(s)$ の位相が $-180°$ を下回る位相交差周波数よりも高い高周波では，何度も $-180°$ を下回る（**図 4.18** (a) を参照）。

F3. <u>$G(s)K(s)$ の位相 $-180°$ でゲイン > 1 だと不安定</u>：発振条件（p.71）によると，$G(s)K(s)$ のゲインを大きくすると，ゲイン線図（p.72 の図 2.30）が上に上がってゲイン余裕が小さくなり，そのうち位相が $-180°$ のときのゲインが 1（0 dB）を超えて，制御系が不安定になってしまう（図 4.18

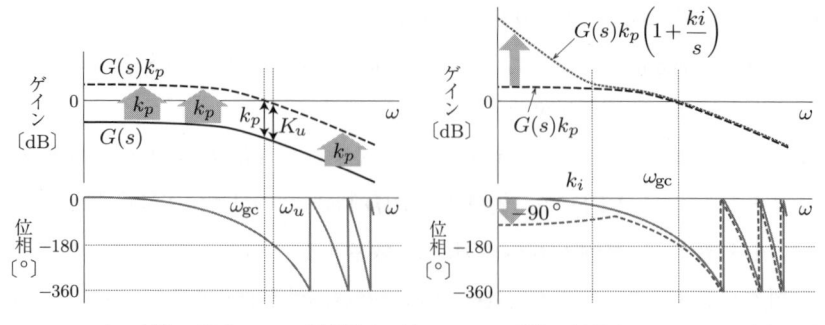

(a) $G(s)$ を P 制御でゲインアップ（手順1), 2)）　　(b) PI 制御で低周波ゲインアップ（手順3)）

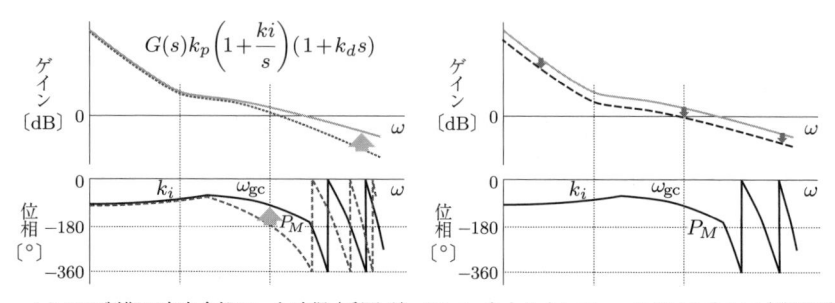

(c) PD 制御で安定余裕 P_M を確保（手順4)）　　(d) k_p を小さくして ω_{gc} のゲインを1に（手順5)）

図 4.18　ループ整形による開ループ伝達関数の整形

(a) を参照)[†]。

F4. <u>ゲインを大きくせずに位相が進む要素は存在しない</u>：微分要素は位相が $+90°$ 進むが，ゲインが高周波ほど大きくなり続ける（p.84 のグラフ）。むだ時間要素は，ゲインを変えないで位相だけを変えることができるが，位相を進めるためには，p.197 の式 (5.95) より，むだ時間 L が負でなければならず，そのためには未来の信号が必要で，タイムマシンがなければ実現できない。つまり，ゲインを大きくせずに位相が進む要素は存在しない。

F5. <u>$G(s)K(s)$ のボード線図は $G(s)$, $K(s)$ それぞれのボード線図の和</u>：p.61 のボード線図の性質 (1) より。

[†]　発振条件が成り立たないケースも稀にある（例えば p.81 の例題 2.9 の点 c）。p.77 のナイキストの安定判別は，完璧な安定判別を行える。

4.4 PID 制御を設計するには

また，p.133 の式 (4.15) の PID 制御器を P 制御，PD 制御と PI 制御に分けて

$$K(s) = k_p \left(1 + \frac{k_i}{s}\right)(1 + k_d s)\left(= k_p\left(1 + k_i k_d\right) + \frac{k_p k_i}{s} + (k_p k_d)s\right) \tag{4.36}$$

のように表す．上式の P ゲインは $k_p(1 + k_i k_d)$，I ゲインは $k_p k_i$，D ゲインは $k_p k_d$ である．このとき，つぎの事実がいえる．

- F6. P 制御 k_p はゲイン線図を垂直に上げ，位相は不変：p.139 の図 4.15 (a) を参照．
- F7. PD 制御 $1 + k_d s$ は高周波（$1/k_d < \omega$）で位相を $+90°$ まで進める：p.131 の図 4.10 を参照．
- F8. PI 制御 $1 + \dfrac{k_i}{s}$ は低周波（$\omega < k_i$）ほどゲインが大きくなって，位相を $-90°$ まで遅らせる：p.129 の図 4.8 を参照．ちなみに，位相は $\omega = k_i$ のとき $-45°$，$\omega = k_i \times 10$ のとき約 $-6°$ 遅れる．

また，望ましいとされる安定余裕を表 4.4 に示しておく．

表 4.4 望ましいとされる安定余裕

	位相余裕	ゲイン余裕
レギュレータ（目標値が一定値）	$20°$ 以上	$3 \sim 10$ dB
サーボ（目標値が変化）	$40 \sim 60°$	$10 \sim 20$ dB

以上の事実を踏まえて，開ループ伝達関数 $G(s)K(s)$ のボード線図を，p.114 の図 4.1 に示す望ましい形に整形することを，ループ整形という．これからループ整形による PID ゲインの設計例を説明する．

1) P 制御を行い，k_p を大きくしていって，発振するとき（$G(s)k_p$ のゲインが 0 dB，位相が $-180°$）の限界周波数 ω_u を求める．ω_u は $G(s)$ の位相線図が $-180°$ と交差するときの位相交差周波数に等しいので，実際に限界振動を起こす実験をしなくても，ボード線図から読み取れる（図 4.18 (a) を参照）．

2) F1, F6 より k_p を大きくすると高性能になるが，F2, F3 より $G(s)$ の位相が $-180°$ になる位相交差周波数 ω_u 以上では，ゲインを 0 dB 以下にしないと不安定になってしまう（図 4.18 (a) を参照）。F4, F5, F7 より PD 制御によって $+90°$ まで位相を進めることができるので，ゲイン交差周波数 $\omega_{\rm gc}$ を ω_u の 1 倍弱に設定し，のちの手順 4) で位相余裕 P_M（$\omega_{\rm gc}$ のときの位相と $-180°$ の差）が表 4.4 の望ましい値になるように，PD 制御で位相を進める（図 4.18 (c) を参照）。

3) PI 制御で低周波のゲインを上げる。F8 より，$\omega_{\rm gc}$ 付近の位相を遅らせないように，上がり始める周波数 k_i を $\omega_{\rm gc}$ の $\dfrac{1}{10}$ 以下に設定する（$\dfrac{1}{10}$ のとき，位相が約 $-6°$ まで遅れる）（図 4.18 (b) を参照）。

4) PD 制御で，位相余裕 P_M（$\omega_{\rm gc}$ のときの $G(s)K(s)$ の位相と $-180°$ の差）が表 4.4 の望ましい値になるように，式 (4.37) より k_d を求める（p.209 の問を参照）（図 4.18 (c) を参照）。

$$k_d = \frac{1}{\omega_{\rm gc}} \tan\left((P_M - 180)\frac{2\pi}{360} - \angle\left(G(j\omega_{\rm gc})\left(1 + \frac{k_i}{j\omega_{\rm gc}}\right)\right)\right) \tag{4.37}$$

5) $G(j\omega_{\rm gc})K(j\omega_{\rm gc})$ のゲインが 0 dB，つまり 1 なので次式が得られ，変形して k_p を式 (4.38) で求める（図 4.18 (d) を参照）。

$$1 = \left|G(j\omega_{\rm gc})k_p\left(1 + \frac{k_i}{j\omega_{\rm gc}}\right)(1 + k_d j\omega_{\rm gc})\right|$$

$$1 = k_p\left|G(j\omega_{\rm gc})\left(1 + \frac{k_i}{j\omega_{\rm gc}}\right)(1 + k_d j\omega_{\rm gc})\right| \quad \leftarrow k_p \text{は定数より}$$

$$\therefore k_p = \frac{1}{\left|G(j\omega_{\rm gc})\left(1 + \dfrac{k_i}{j\omega_{\rm gc}}\right)(1 + k_d j\omega_{\rm gc})\right|} \tag{4.38}$$

6) 式 (4.36) より，k_p, k_i, k_d をそれぞれ

$$k_p(1 + k_i k_d),\ k_p k_i,\ k_p k_d \tag{4.39}$$

に置き換える。

4.4 PID 制御を設計するには

　この設計方針で式 (4.36) の PID 制御器（位相進み遅れ補償）を得る。これでも制御仕様を満足しないときは，設計した開ループ伝達関数を $G(s)$ とみなし，さらに追加で PID 制御器（位相進み遅れ補償）$K(s)$ を加えて，改善を繰り返す。繰り返す分だけ制御器の次数は大きくなる。

　ループ整形による PID 設計の特徴をまとめる。

- 必要な情報 —— 制御対象の位相 $\phi = -180°$ 付近の周波数特性
- 制御対象の制約 —— 不安定でない。
- できること —— 位相余裕 P_M とゲイン交差周波数 ω_{gc}（$< \omega_u$）を自在に指定できる。
- 調整パラメータ —— ゲイン交差周波数 ω_{gc}，PI 制御器の折点周波数 k_i と位相余裕 P_M

― Part II【ナットク編】―

5 【わかる編】を理論的裏付けして「ナットク」する

ここでは，【わかる編】でわかったことをナットクするために，その理論的裏付けをする証明をしたり，問題を解いたりしていこう。そこで，それらの証明や問題の前に，まず制御工学で必要となる高校の数学の復習とその応用について学ぼう。

5.1 高校の数学とその応用を「ナットク」する

本節では，まず高校の数学の tan, log などを復習し，つぎに高校数学を発展させた応用を学んで，最終的には p.45 の式 (2.61) のオイラーの公式をナットクする。

5.1.1 アークタンジェント $\left(\theta = \tan^{-1}\dfrac{b}{a}\right)$ の a と b の符号と θ の範囲

【問題】 p.60 の式 (2.73) の位相 ϕ の範囲と a, b の符号の関係を調べてみよう。

【解答】 図 5.1 (a) の直角三角形が底辺 a，高さ b，偏角 θ のとき，タンジェントは $\tan\theta = \dfrac{b}{a}$ である。つまり，tan は θ から $\dfrac{b}{a}$ を求める関数である。その逆に $\dfrac{b}{a}$ から θ を求める関数を $\tan^{-1}$（アークタンジェント）といい

$$\text{偏角 } \theta = \tan^{-1}\dfrac{\text{高さ }b}{\text{底辺 }a}$$

と表す。図 (b) に直角三角形の底辺 a と高さ b の符号と偏角 θ の範囲の関係を示す。偏角 θ とは，原点を中心として正の横軸を反時計回りに回転させ，直角三角形の斜辺に達するまでの角度であり，三角形が図の第 1 象限から第 4 象限のどの場所にあるかによって，偏角 θ の範囲が異なる。伝達関数から位相を求めるときに（p.60 の式 (2.73)）アークタンジェントを使うが，この関係をしっかり頭に入れておいてほしい。

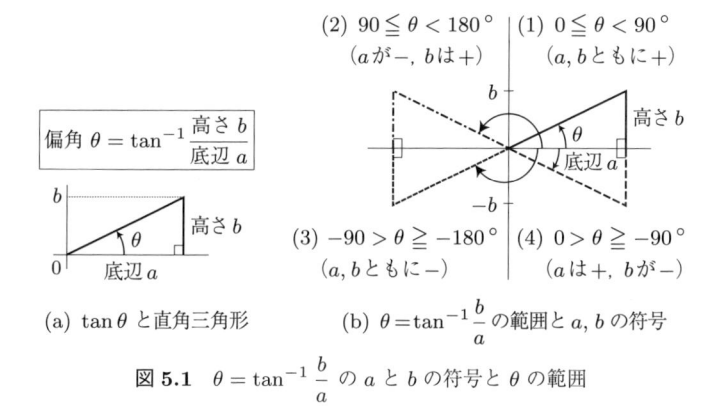

(a) $\tan\theta$ と直角三角形　　(b) $\theta = \tan^{-1}\dfrac{b}{a}$ の範囲と a, b の符号

図 5.1　$\theta = \tan^{-1}\dfrac{b}{a}$ の a と b の符号と θ の範囲

特に，$\tan^{-1}\dfrac{-b}{a}$ と $\tan^{-1}\dfrac{b}{-a}$ とは異なっていて，たがいに $180°$ ずれること，および，$\tan^{-1}\dfrac{b}{a}$ と $\tan^{-1}\dfrac{-b}{-a}$ とは異なっていて，たがいに $180°$ ずれることに注意してほしい。この場合に電卓の `atan(x)` では $x = \dfrac{-b}{a}$ と $x = \dfrac{b}{-a}$，および $x = \dfrac{b}{a}$ と $x = \dfrac{-b}{-a}$ を区別できないので注意が必要である。MATLAB コマンドの `atan2(b, a)` ならば，問題なく b, a の符号を考慮して正しい計算が行われる。　　♢

5.1.2　$\log_{10} x^a = a\log_{10} x$ の証明

【証明】　$x = 10^y$ の両辺を a 乗すると $x^a = (10^y)^a = 10^{ya}$ となる。この対数をとると $\log_{10} x^a = ya$ を得る。これに $x = 10^y$ の対数 $y = \log_{10} x$ を代入すると，$\log_{10} x^a = a\log_{10} x$ を得る。　　♠

5.1.3　$\log_{10} xy = \log_{10} x + \log_{10} y$ の証明

【証明】　$a = \log_{10} x$, $b = \log_{10} y$ とおくと，log の定義から，$x = 10^a$, $y = 10^b$ なので

$$xy = 10^a 10^b = 10^{a+b}$$

となる。両辺の対数をとると

$$\log_{10} xy = \log_{10} 10^{a+b}$$
$$= (a+b)\log_{10} 10 \quad \leftarrow 前問より \log_{10} x^a = a\log_{10} x \text{ なので}$$
$$= a+b \quad \leftarrow \log_{10} 10 = \alpha \text{ とおくと}$$

$10^\alpha = 10$ より $\alpha = 1$ なので

$$\therefore \log_{10} xy = \log_{10} x + \log_{10} y \tag{5.1}$$

♠

5.1.4 $\lim_{i \to \infty} \dfrac{x^i}{i!} = 0$ の証明

【証明】 $R_i = \left| \dfrac{x^i}{i!} \right|$ とおく。

$$\frac{R_{i+1}}{R_i} = \frac{|x^{i+1}/(i+1)!|}{|x^i/i!|} = \left|\frac{x^{i+1} i!}{x^i (i+1)!}\right| = \left|\frac{x}{i+1}\right|$$

i は, $i = 0, 1, 2, \cdots$ と ∞ まで続くので, いつか $i+1$ は $|x|$ よりも大きくなる。そのとき, $\left|\dfrac{x}{i+1}\right| < 1$ なので

$$\frac{R_{i+1}}{R_i} < 1 \quad \therefore R_{i+1} < R_i$$

となる。また, $R_i = \left|\dfrac{x^i}{i!}\right| > 0$ なので

$$R_i > R_{i+1} > R_{i+2} > \cdots > 0$$

が成り立つ。ゆえに R_i は正で, i が大きくなるほど大きさが小さくなり続けるので, ゼロに近づき続ける。つまり, $\dfrac{x^i}{i!}$ の $i = \infty$ の極限はつぎのようになる。

$$\lim_{i \to \infty} \frac{x^i}{i!} = 0 \tag{5.2}$$

♠

5.1.5 テイラー展開

本項では, 高校の数学を発展させた応用であるテイラー展開をナットクしよう。

ある関数 $f(x)$ を $x = a$ 付近で簡単な式で近似したいとき, つぎのテイラー展開が役立つ。

$$f(x) = c_0 + c_1(x-a) + c_2(x-a)^2 + c_3(x-a)^3 + \cdots \tag{5.3}$$

上式の $c_0, c_1, c_2, \cdots$ は次式で与える。

5.1 高校の数学とその応用を「ナットク」する

$$c_0 = f(a), \ c_1 = f^{(1)}(a), \ c_2 = \frac{f^{(2)}(a)}{2}, \ c_3 = \frac{f^{(3)}(a)}{3 \cdot 2},$$

$$c_4 = \frac{f^{(4)}(a)}{4 \cdot 3 \cdot 2}, \ \cdots, \ c_i = \frac{f^{(i)}(a)}{i!}, \ \cdots \tag{5.4}$$

上式の $f^{(n)}(a)$ は，$f(x)$ の n 階微分に $x = a$ を代入したものである．あとで証明するが，$f(x)$ を何度微分しても ∞ にならなければ，テイラー展開（式 (5.3) 右辺）は $f(x)$ に完全に一致する．

例として，図 **5.2** に $\sin(x)$ の $x = 0$ まわりのテイラー展開による近似を示す．$x = 0$ なので $a = 0$ である．図中の 1 次は式 (5.3) の x の 1 次の項までの式 $c_0 + c_1 x$，3 次は $c_0 + c_1 x + c_2 x^2 + c_3 x^3$，5 次は $c_0 + c_1 x + c_2 x^2 + c_3 x^3 + c_4 x^4 + c_5 x^5$ の式である．図より $x = 0$ 付近で，高次になるほど $\sin(x)$ をうまく近似していることがわかる．指数関数 e^x や，$\sin x$，$\cos x$ は，何度微分しても ∞ にならないので，式 (5.4) のテイラー展開の項を増やせば増やすほど右辺が $f(x)$ に近づき，項を無限大まで増やすと，右辺が $f(x)$ に完全に一致する．

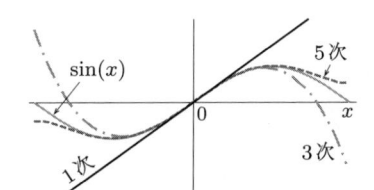

図 **5.2** $\sin(x)$ の $x = 0$ まわりのテイラー展開による近似

工学でよく使う近似は，$f(x)$ を式 (5.3) の第 2 項までで打ち切り，3 項目以降をゼロとみなして

$$f(x) \simeq f(a) + f^{(1)}(a)(x - a) \tag{5.5}$$

と表す．これをテイラーの 1 次近似と呼ぶ．例えば，1.01 の 5 乗の 1 次近似を求めるには，$f(x) = x^5$，$a = 1$，$x = 1.01$ として，$\dfrac{d}{dx} x^5 = 5x^4$ なので，これらを式 (5.5) に代入して，つぎのように計算すればよい．

$$1.01^5 = 1^5 + (5 \cdot 1^4) \cdot (1.01 - 1)$$

この結果は，$1 + 5 \cdot 0.01 = 1.05$ となる．正確には $1.05^5 = 1.0510101$ なので，良い近似になっている．

ではここで，式 (5.3), (5.4) のテイラー展開を証明してみよう．

【証明】 関数の積の微分公式は，$\dfrac{d}{dt}(p(t)q(t)) = \dot{p}(t)q(t) + p(t)\dot{q}(t)$ である．この両辺を積分して移項すると，つぎの置換積分の公式を得る．

$$\int_x^a \dot{p}(t)q(t)\,dt = [p(t)q(t)]_x^a - \int_x^a p(t)\dot{q}(t)\,dt$$

積分の基本定理より，$\displaystyle\int_x^a \dot{f}(t)\,dt = [f(t)]_x^a = f(a) - f(x)$ の関係があるので，次式が成り立つ．

$$f(x) - f(a) = \underline{\int_x^a -1 \cdot \dot{f}(t)\,dt}$$

$p(t) = (x-t)$, $q(t) = \dot{f}(t)$ とおいて，下線部を置換積分する．

$$f(x) - f(a) = \left[(x-t)\dot{f}(t)\right]_x^a - \int_x^a (x-t)\ddot{f}(t)\,dt \quad \leftarrow \dot{p}(t) = -1 \text{ より}$$

$$= \left\{(x-a)\dot{f}(a) - (x-x)\dot{f}(x)\right\} - \int_x^a (x-t)\ddot{f}(t)\,dt$$

$$= (x-a)\dot{f}(a) + \underline{\int_x^a -(x-t)\ddot{f}(t)\,dt}$$

$p(t) = \dfrac{(x-t)^2}{2}$, $q(t) = \ddot{f}(t)$ とおいて，下線部を置換積分する．

$$= (x-a)\dot{f}(a) + \left[\dfrac{(x-t)^2}{2}\ddot{f}(t)\right]_x^a - \int_x^a \dfrac{(x-t)^2}{2} f^{(3)}(t)\,dt$$

$$\uparrow \dot{p}(t) = -(x-t) \text{ より}$$

$$= (x-a)\dot{f}(a) + \dfrac{(x-a)^2}{2}\ddot{f}(a) + \underline{\int_x^a -\dfrac{(x-t)^2}{2} f^{(3)}(t)\,dt}$$

$p(t) = \dfrac{(x-t)^3}{3 \cdot 2}$, $q(t) = f^{(3)}(t)$ とおいて，下線部を置換積分する．以下，同じように $p(t) = \dfrac{(x-t)^i}{i!}$, $q(t) = f^{(i)}(t)$ とおいて置換積分を続けると，次式が導かれる．

$$f(x) - f(a) = (x-a)\dot{f}(a) + \dfrac{(x-a)^2}{2}\ddot{f}(a) + \cdots$$

$$+ \underline{\int_x^a -\dfrac{(x-t)^i}{i!} f^{(i+1)}(t)\,dt}$$

i が大きくなるほど下線部（剰余項という）がゼロに近づくとき，両辺に $f(a)$ を足して，式 (5.3), (5.4) が導かれる．$i = 0, 1, 2, \cdots$ のすべてにおいて $f^{(i)}(t)$ が ∞ にならなければ（つまり $f(x)$ を何度微分しても ∞ にならなければ），式 (5.2) より $\lim_{i \to \infty} \frac{(x-t)^i}{i!} = 0$ なので，下線部はゼロに収束し，テイラー展開は $f(x)$ に完全に一致する． ♠

（1） 指数関数 e^x のテイラー展開

【問題】 指数関数 e^x の $x = 0$ まわりのテイラー展開を求めてみよう．

【解答】 e^x は何回微分しても e^x のまま $\left(\frac{d^n}{dx^n} e^x = e^x \right)$ なので，式 (5.3), (5.4) より

$$e^x = e^0 + e^0 (x-0) + \frac{e^0}{2} (x-0)^2 + \frac{e^0}{3 \cdot 2} (x-0)^3 + \cdots$$

$$\therefore e^x = 1 + x + \frac{1}{2} x^2 + \frac{1}{3 \cdot 2} x^3 + \frac{1}{4 \cdot 3 \cdot 2} x^4 + \frac{1}{5 \cdot 4 \cdot 3 \cdot 2} x^5 + \cdots \qquad (5.6)$$

となる． ◇

（2） $\sin(x)$ のテイラー展開

【問題】 $\sin x$ の $x = 0$ まわりのテイラー展開を求めてみよう．

【解答】 $\sin x$ と $\cos x$ は

$$\frac{d}{dx} \sin x = \cos x, \ \frac{d}{dx} \cos x = - \sin x \qquad (5.7)$$
$$\sin 0 = 0, \ \cos 0 = 1$$

の関係がある．これらを式 (5.3), (5.4) に代入すると

$$\sin x = \sin 0 + \cos 0 \cdot (x-0) - \frac{\sin 0}{2} \cdot (x-0)^2 - \frac{\cos 0}{3 \cdot 2} \cdot (x-0)^3 + \cdots$$

$$\therefore \sin x = x - \frac{1}{3 \cdot 2} x^3 + \frac{1}{5 \cdot 4 \cdot 3 \cdot 2} x^5 - \frac{1}{7 \cdot 6 \cdot 5 \cdot 4 \cdot 3 \cdot 2} x^7 + \cdots \qquad (5.8)$$

となる． ◇

（3） $\cos(x)$ のテイラー展開

【問題】 $\cos x$ の $x = 0$ まわりのテイラー展開を求めてみよう．

【解答】 式 (5.7) を，式 (5.3), (5.4) に代入すると

$$\cos x = \cos 0 - \sin 0 \cdot (x-0) - \frac{\cos 0}{2} \cdot (x-0)^2 + \frac{\sin 0}{3 \cdot 2} \cdot (x-0)^3 + \cdots$$

$$\therefore \cos x = 1 - \frac{1}{2} x^2 + \frac{1}{4 \cdot 3 \cdot 2} x^4 - \frac{1}{6 \cdot 5 \cdot 4 \cdot 3 \cdot 2} x^6 + \cdots \qquad (5.9)$$

となる． ◇

5.1.6 オイラーの公式 $e^{j\theta} = \cos(\theta) + j\sin(\theta)$ の証明

p.45 の式 (2.61) のオイラーの公式 $e^{j\theta} = \cos(\theta) + j\sin(\theta)$ を証明しよう。

【証明】 $e^{j\theta}$, $\cos(\theta)$, $\sin(\theta)$ をそれぞれ $\theta = 0$ のまわりでテイラー展開 (p.156 を参照) すると, 式 (5.6), (5.8), (5.9) より

$$e^{j\theta} = 1 + (j\theta) + \frac{(j\theta)^2}{2} + \frac{(j\theta)^3}{3 \cdot 2} + \frac{(j\theta)^4}{4 \cdot 3 \cdot 2} + \cdots$$

$$= 1 + (j\theta) - \frac{\theta^2}{2} - j\frac{\theta^3}{3 \cdot 2} + \frac{\theta^4}{4 \cdot 3 \cdot 2} + \cdots \quad \leftarrow j^2 = \sqrt{-1}^2 = -1 \text{ より}$$

$$= 1 - \frac{\theta^2}{2} + \frac{\theta^4}{4 \cdot 3 \cdot 2} + \cdots + j\left(\theta - \frac{\theta^3}{3 \cdot 2} + \frac{\theta^5}{5 \cdot 4 \cdot 3 \cdot 2} \cdots\right)$$

となる。ここで, 式 (5.8), (5.9) より

$$\cos(\theta) = 1 - \frac{\theta^2}{2} + \frac{\theta^4}{4 \cdot 3 \cdot 2} + \cdots$$

$$\sin(\theta) = \theta - \frac{\theta^3}{3 \cdot 2} + \frac{\theta^5}{5 \cdot 4 \cdot 3 \cdot 2} \cdots$$

なので, これらを代入すると, $e^{j\theta} = \cos(\theta) + j\sin(\theta)$ が成り立つ。 ♠

(1) $\cos(\theta) = \dfrac{e^{j\theta} + e^{-j\theta}}{2}$ の証明

【証明】 p.45 の式 (2.61) のオイラーの公式に, $\theta = -\theta$ を代入する。

$$e^{-j\theta} = \cos(-\theta) + j\sin(-\theta) = \cos(\theta) - j\sin(\theta) \tag{5.10}$$

(式 (2.61) + 式 (5.10)) ÷ 2 を計算して証明される。

$$\frac{e^{j\theta} + e^{-j\theta}}{2} = \frac{(\cos(\theta) + j\sin(\theta)) + (\cos(\theta) - j\sin(\theta))}{2} = \cos(\theta)$$

$$\therefore \cos(\theta) = \frac{e^{j\theta} + e^{-j\theta}}{2} \tag{5.11}$$

♠

(2) $\sin(\theta) = \dfrac{e^{j\theta} - e^{-j\theta}}{2j}$ の証明

【証明】 (式 (2.61) − 式 (5.10)) ÷ $2j$ を計算して証明される。

$$\frac{e^{j\theta} - e^{-j\theta}}{2j} = \frac{(\cos(\theta) + j\sin(\theta)) - (\cos(\theta) - j\sin(\theta))}{2} = \sin(\theta)$$

$$\therefore \sin(\theta) = \frac{e^{j\theta} - e^{-j\theta}}{2j} \tag{5.12}$$

♠

5.2　2章の制御システムの解析を「ナットク」する

2章の内容を，証明したり問題を解いたりして，ナットクしよう。

5.2.1　ブロック線図のフィードバック接続の公式の証明

p.17 の図 2.4 (c) のフィードバック接続の公式を証明しよう。

【証明】　図 2.4 (c) の y に図 2.3 (a) のブロック線図の「ブロック」のルールを適用すると，$y = Ge$ を得る。図の「引き出し点」のルールより K のブロックの入力は y なので，「ブロック」のルールよりその出力は Ky である。図の「加え合わせ点」のルールより $e = x - Ky$ である。これを $y = Ge$ に代入する。

$$y = G(x - Ky)$$
$$(1+GK)y = Gx \quad \leftarrow 両辺 + GKy$$
$$\therefore y = \frac{G}{1+GK}x \quad \leftarrow 両辺 \div (1+GK)$$

よって証明された。　　　　　　　　　　　　　　　　　　　　　　　　♠

例題 5.1　p.20 の図 2.6 のブロック線図で表されるシステムの伝達関数を求めよ。

【解答】　このシステムにはフィードバックループが二つあるので，p.19 の注意 (1) に従い，まず点線の枠内の内側のフィードバックループについて，p.18 のブロック線図から伝達関数を求める手順 1) 〜 5) を行う。

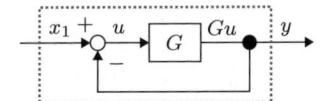

1) 図 2.6 の点線の枠内にある内側のフィードバックループの入力と出力を見つける。信号線が点線の枠の外から入り込んでいる信号が入力である。その信号には名前が付いていないので，**図 5.3** に示すように x_1 と名付ける。また，出力は点線の枠から外に飛び出す信号である。その信号線は引き出し点（●印）を二つ通って信号線 y とつながっている。図 2.3 より，引き出し点を通る信号線はすべて同じ信号なので，けっきょく出力は y とわかる。

図 5.3　図 2.6 の点線の枠内にある内側のフィードバックループ

2) 加え合わせ点（○印）が一つあり，その出力にはすでに名前 u が付けられているので，新たに付ける必要はない．

3) ブロック G の出力は，図 2.3 (a) より，ブロックの中身 G とブロックへの入力 u との積 Gu である．図 5.3 のように，ブロック G の出力信号線の上に Gu と記入する．

4) ブロック G から出る信号線上には引き出し点（●印）がある．図 2.3 (a) より引き出し点を通る信号はすべて同じ信号である．その一つがシステムの出力 y なので，次式を得る．

$$y = Gu \tag{5.13}$$

加え合わせ点は一つだけで，その出力は u，入力は x_1 と y であるが，y にはマイナスの符号が付いているので，図 2.3 (a) より次式を得る．

$$u = x_1 - y \tag{5.14}$$

5) 式 (5.13) にシステムの入力でも出力でもない信号 u が含まれるので，u を消去するために上式を代入する．

$$y = G(x_1 - y) \tag{5.15}$$

この式には左辺にも右辺にも y があるので，右辺の y の項を左辺に移項し，両辺を $1 + G$ で割る．

$$y = \frac{G}{1+G} x_1 \tag{5.16}$$

これが内側のフィードバックループのシステムの入出力の関係式である．

図 2.3 (a) のブロックの性質より，式 (5.16) はブロック $\frac{G}{1+G}$ に x_1 を入力して，y を出力するとみなせるので，図 2.6 は**図 5.4** のように書ける．

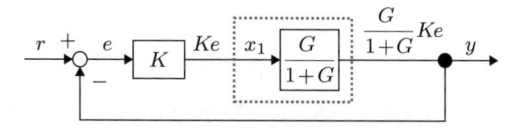

図 5.4 図 2.6 と等価なブロック線図

では，図 5.4 のシステム全体の伝達関数を求めよう．

1) システム全体の入力と出力を見つける．信号線 y は終点がどこにもつながっていないので出力，r は始点がつながっていないので入力である．

2) 加え合わせ点（○印）が一つあり，その出力にはすでに名前 e が付けられているので，新たに付ける必要はない。

3) 加え合わせ点に近いブロック K から考える。ブロック K には e が入っているので，出力は Ke である。出力の信号線上に Ke と書く。その信号線には x_1 の名前が付いているので $x_1 = Ke$ である。つぎに，ブロック $\frac{G}{1+G}$ の出力は，ブロックの中身 $\frac{G}{1+G}$ と，ブロックへの入力 $x_1 = Ke$ との積 $\frac{G}{1+G}Ke$ である。ブロック $\frac{G}{1+G}$ の出力の信号線の上に $\frac{G}{1+G}Ke$ と記入する。

4) ブロック G から出る信号線には，引き出し点（●印）がある。図 2.3 (a) より，引き出し点を通る信号はすべて同じ信号である。その一つがシステムの出力 y なので，次式を得る。

$$y = \frac{G}{1+G}Ke \tag{5.17}$$

加え合わせ点は一つだけで，その出力は e，入力は r と y であるが，y にはマイナスの符号が付いているので，図 2.3 (a) より $e = r - y$ を得る。

5) 式 (5.17) にシステムの入力でも出力でもない信号 e が含まれるので，これを消去するために $e = r - y$ を代入し，次式のように変形して，システム全体のフィードバックループのシステムの入出力の関係式を得る。

$$\begin{aligned}
y &= \frac{G}{1+G}K(r-y) &&\leftarrow e = r-y \text{ を代入} \\
(1+G)y &= GK(r-y) &&\leftarrow \text{両辺} \times (1+G) \\
(1+G+GK)y &= GKr &&\leftarrow \text{両辺} + GKy \\
\therefore y &= \frac{GK}{1+G+GK}r &&\leftarrow \text{両辺} \div (1+G+GK)
\end{aligned} \tag{5.18}$$

6) 伝達関数は $\dfrac{y}{r} = \dfrac{GK}{1+G(1+K)}$ である。

$\diamondsuit$

例題 5.2 p.20 の図 2.7 のブロック線図で表されるシステムの伝達関数を求めよ。

【解答】 図 2.7 より，このシステムにはフィードバックループが一つしかないので，p.19 の注意 (1) より，いきなり全体のシステムの伝達関数を求めればよい。では，p.18 のブロック線図から伝達関数を求める手順 1) 〜 6) をやってみよう。

1) システム全体の入力と出力を見つける.信号線 y は終点がどこにもつながっていないので,出力である.r, d, n は始点がつながっていないので,入力である.
2) 加え合わせ点が四つある.それらの出力に適当に名前を付ける(図 5.5 の e, u, y_1).右上の加え合わせ点の出力線は,引き出し点を通って y とすでに名付けられている.

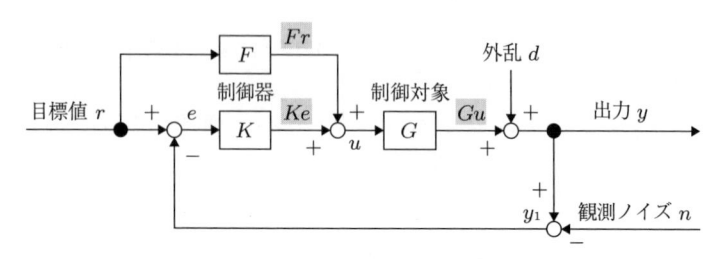

図 5.5 図 2.7 のブロック線図

3) 各ブロックの出力を求める.それらの出力は図 2.3 (a) より,ブロックとその入力をかけたものである(図 5.5 の Fr, Ke, Gu).
4) システムの出力 y について式を立てる.図 5.5 より,y は加え合わせ点の出力なので,次式を得る.

$$y = d + Gu \tag{5.19}$$

各加え合わせ点について,図 5.5 より,式を立てる.

$$u = Fr + Ke \tag{5.20}$$

$$e = r - y_1 \tag{5.21}$$

$$y_1 = y - n \tag{5.22}$$

5) 「出力 $y = \cdots$」の式は式 (5.19) である.この式の中の u はシステムの入力でも出力でもないので消去する.そのために式 (5.20) を代入しよう.

$$y = d + G(Fr + Ke) \tag{5.23}$$

この式の中の e はシステムの入出力ではないので,消去するために式 (5.21) を代入する.

$$y = d + GFr + GK(r - y_1) \tag{5.24}$$

この式の中の y_1 はシステムの入出力ではないので，消去するために式 (5.22) を代入する．

$$y = d + GFr + GKr - GK(y - n) \tag{5.25}$$

この式には左辺も右辺も y を含むので，右辺の y の項を左辺に移項して y でくくる．

$$(1 + GK)y = d + GFr + GKr + GKn \tag{5.26}$$

$$\therefore y = \frac{1}{1+GK}d + \frac{GF+GK}{1+GK}r + \frac{GK}{1+GK}n \quad \leftarrow 両辺 \div (1+GK)$$

$$= \frac{GF+GK}{1+GK}r + \frac{1}{1+GK}d + \frac{GK}{1+GK}n \tag{5.27}$$

この式がシステム全体の入出力の関係式である．

6) 入力 r から出力 y までの伝達関数 G_{yr} は，r 以外の入力 d, n をゼロにして得られる．つまり，式 (5.27) に $d = 0$, $n = 0$ を代入する．

$$G_{yr} = \frac{y}{r} = \frac{GF+GK}{1+GK} \quad \leftarrow 目標値応答特性 G_{yr} と呼ぶ \tag{5.28}$$

入力 d から出力 y までの伝達関数 S は，d 以外の入力をゼロにして得られる．つまり式 (5.27) に $n = 0$, $r = 0$ を代入する．

$$S = \frac{y}{d} = \frac{1}{1+GK} \quad \leftarrow 感度関数 S と呼ぶ \tag{5.29}$$

入力 n から出力 y までの伝達関数 T は，n 以外の入力をゼロにして得られる．つまり式 (5.27) に $r = 0$, $d = 0$ を代入する．

$$T = \frac{y}{n} = \frac{GK}{1+GK} \quad \leftarrow 相補感度関数 T と呼ぶ \tag{5.30}$$

こうして三つの伝達関数が求まった． ◇

5.2.2 閉ループ系の伝達関数 G_{yr}, S, T がすべて同じ特性方程式をもつことの証明

p.23 の式 (2.7) について，$F = 0$ のとき G_{yr}, S, T (p.165 の式 (5.28), (5.29), (5.30) を参照) がすべて同じ分母多項式をもつこと，つまり分母多項式 $= 0$ の式である特性方程式が同じであることを証明しよう．

【証明】 $F = 0$ を p.165 の式 (5.28) に代入すると，式 (5.30) と同じになるので $G_{yr} = T$ を得る．G と K を，$G = \dfrac{G_n}{G_d}$, $K = \dfrac{K_n}{K_d}$ のように多項式の分数で表し，p.165 の式 (5.29), (5.30) に代入する．

$$S = \frac{1}{1 + \dfrac{G_n K_n}{G_d K_d}} = \frac{G_d K_d}{G_n K_n + G_d K_d} \quad \leftarrow 分子分母 \times (G_d K_d)$$

$$T = \frac{\dfrac{G_n K_n}{G_d K_d}}{1 + \dfrac{G_n K_n}{G_d K_d}} = \frac{G_n K_n}{G_n K_n + G_d K_d} \quad \leftarrow 分子分母 \times (G_d K_d)$$

よって，S と $G_{yr} = T$ の分母多項式はともに $G_n K_n + G_d K_d$ で一致するので，分母多項式 $= 0$ の式である特性方程式も一致する。　　　　　　　　　　　　　♠

5.2.3　ラプラス変換の公式の証明

（1）微分公式　ラプラス変換の微分公式（p.28 の式 (2.17) ～ (2.19)）を証明しよう。

【証明】　$x(t)e^{-st}$ を時間 t で微分するために，$\dfrac{d}{dt}(x(t)y(t)) = \dot{x}(t)y(t) + x(t)\dot{y}(t)$ の公式に $y(t) = e^{-st}$ を代入する。

$$\frac{d}{dt}\left(x(t)e^{-st}\right) = \dot{x}(t)e^{-st} - sx(t)e^{-st} \quad \leftarrow \frac{d}{dt}e^{at} = ae^{at} \text{ より} \tag{5.31}$$

上式の両辺を $t = 0 \sim \infty$ の範囲で t で積分する。左辺は $\int_a^b \dfrac{d}{dt}f(t)\,dt = [f(t)]_a^b$ の公式を用いる。

$$\left[x(t)e^{-st}\right]_0^\infty = \int_0^\infty \dot{x}(t)e^{-st}dt - s\int_0^\infty x(t)e^{-st}dt$$

$$x(\infty)e^{-s\times\infty} - x(0)e^{-s\times 0} = \mathcal{L}[\dot{x}(t)] - sX(s) \quad \leftarrow \text{p.26 の式 (2.14) より}$$

ラプラス変換の定義式（p.26 の式 (2.14)）の s は $X(s)$ が ∞ にならないように適当に選べばよい。そこで，$\mathrm{Re}[s] > 0$ と選ぶと，$e^{-s\times\infty} = \dfrac{1}{e^\infty} \simeq \dfrac{1}{2.72^\infty} = 0$ となる。これと $e^{-s\times 0} = e^0 = 1$ を上式に代入して次式が得られ，式 (2.17) が証明される。

$$\mathcal{L}[\dot{x}(t)] = sX(s) - x(0)$$

つぎに，p.28 の式 (2.18) を証明するために，式 (5.31) の $x(t)$ を $\dot{x}(t)$ に置き換える。

$$\frac{d}{dt}\left(\dot{x}(t)e^{-st}\right) = \ddot{x}(t)e^{-st} - s\dot{x}(t)e^{-st} \tag{5.32}$$

両辺を $t = 0 \sim \infty$ の範囲で t で積分する。

$$\left[\dot{x}(t)e^{-st}\right]_0^\infty = \int_0^\infty \ddot{x}(t)e^{-st}dt - s\int_0^\infty \dot{x}(t)e^{-st}dt$$

5.2 2章の制御システムの解析を「ナットク」する

$$\dot{x}(\infty)e^{-s\times\infty} - \dot{x}(0)e^{-s\times 0} = \mathcal{L}[\ddot{x}(t)] - s\mathcal{L}[\dot{x}(t)] \quad \leftarrow \text{p.26 の式 (2.14) より}$$

s を $\mathrm{Re}[s] > 0$ と選ぶと, $e^{-s\times\infty} = \dfrac{1}{e^{\infty}} \simeq \dfrac{1}{2.72^{\infty}} = 0$, $e^{-s\times 0} = e^{0} = 1$ より

$$\mathcal{L}[\ddot{x}(t)] = s\mathcal{L}[\dot{x}(t)] - \dot{x}(0)$$

$$\mathcal{L}[\ddot{x}(t)] = s(sX(s) - x(0)) - \dot{x}(0)$$

$$\uparrow \text{式 (2.17) の } \mathcal{L}[\dot{x}(t)] = sX(s) - x(0) \text{ より}$$

$$\therefore \mathcal{L}[\ddot{x}(t)] = s^2 X(s) - sx(0) - \dot{x}(0)$$

となる。よって, 式 (2.18) の微分公式が証明された。この手順を繰り返すと, 式 (2.19) が得られる。♠

(2) 積分公式 つぎのラプラス変換の積分公式を証明しよう。

$$\mathcal{L}\left[\int_0^t x(t)\,dt\right] = \frac{1}{s}X(s) \tag{5.33}$$

【証明】 微分のラプラス変換公式（式 (2.17)) は, $\mathcal{L}[\dot{z}(t)] = sZ(s) - z(0)$ であった。$z(t) = \int_0^t x(t)\,dt$ とおいて両辺を微分すると $\dot{z}(t) = x(t)$ となるので, これを代入する。

$$\mathcal{L}[x(t)] = s\mathcal{L}\left[\int_0^t x(t)\,dt\right] - z(0)$$

上式に, $z(0) = \int_0^0 x(t)\,dt = 0$ (p.15 の図 2.2 より底辺ゼロ, 高さ $x(0)$ の面積なのでゼロ) を代入して式 (5.33) を得る。♠

(3) 線形性の公式 ラプラス変換の線形性の公式（p.28 の式 (2.20)) を証明しよう。

【証明】

$$\mathcal{L}[ax(t) + by(t)] = \int_0^{\infty} (ax(t) + by(t))e^{-st}\,dt \quad \leftarrow \text{p.26 の式 (2.14) より}$$

$$= \int_0^{\infty} \left(ax(t)e^{-st} + by(t)e^{-st}\right) dt$$

$$= \int_0^{\infty} (au(t) + bv(t))\,dt$$

とおく。ただし, $u(t) = x(t)e^{-st}$, $v(t) = y(t)e^{-st}$ である。p.15 の図 2.2 より積分は面積である。よって, $(au(t) + bv(t))$ の面積は, $au(t)$ の面積と $bv(t)$ の面積の和なので

$$\int_0^\infty (au(t) + bv(t))\, dt = \int_0^\infty au(t)\, dt + \int_0^\infty bv(t)\, dt$$

となる。さらに，$au(t)$ の面積は，$u(t)$ の面積の a 倍なので

$$\int_0^\infty au(t)\, dt + \int_0^\infty bv(t)\, dt = a\int_0^\infty u(t)\, dt + b\int_0^\infty v(t)\, dt$$

となる。ゆえに，$u(t)$, $v(t)$ を元に戻して式 (2.20) が証明される。

$$a\int_0^\infty u(t)\, dt + b\int_0^\infty v(t)\, dt = a\int_0^\infty x(t)e^{-st} dt + b\int_0^\infty y(t)e^{-st} dt$$
$$= aX(s) + bY(s) \quad \leftarrow \text{式 (2.14) より}$$

式 (2.21) は上の計算を逆にたどれば証明される。 ♠

(4) **最終値の定理**　　p.50 の式 (2.63) の最終値の定理を証明しよう。
【証明】　$y(t)$ の時間微分 $\dot{y}(t)$ を，p.27 の式 (2.15) に代入してラプラス変換する。

$$\mathcal{L}[\dot{y}(t)] = \int_0^\infty \dot{y}(t)e^{-st} dt \tag{5.34}$$

ラプラス変換の微分公式（p.28 の式 (2.17)）より，$\mathcal{L}[\dot{y}(t)] = sY(s) - y(0)$ である。これを式 (5.34) に代入する。

$$sY(s) - y(0) = \int_0^\infty \dot{y}(t)e^{-st} dt \tag{5.35}$$

$\lim_{s\to 0}\left[\int_0^\infty \dot{y}(t)e^{-st} dt\right] = \int_0^\infty \dot{y}(t)e^{-0t} dt = \int_0^\infty \dot{y}(t)\, dt$ が ∞ にならないためには，$\dot{y}(t)$ が ∞ にならないことと，p.15 の図 2.2 より積分は面積なので $\lim_{t\to\infty}\dot{y}(t) = 0$ になることが必要である。これらは，$\dot{y}(t)$ が安定なことと等価なので，そのラプラス変換 $\mathcal{L}[\dot{y}(t)] = sY(s) - y(0)$ が安定でなければならない。つまり，$sY(s)$ が安定ならば，式 (5.35) の $s = 0$ の極限が存在する。

$$\lim_{s\to 0}[sY(s) - y(0)] = \int_0^\infty \dot{y}(t)\, dt$$
$$\therefore \lim_{s\to 0}[sY(s)] - \lim_{s\to 0}[y(0)] = \int_0^\infty \dot{y}(t)\, dt$$

上式の左辺の $y(0)$ は定数なので $\lim_{s\to 0}[y(0)] = y(0)$ であり，右辺は $\int \dot{y}(t)\, dt = y(t)$ なので

$$\lim_{s\to 0}[sY(s)] - y(0) = [y(t)]_0^\infty$$
$$= y(\infty) - y(0)$$

$$\lim_{s \to 0} [sY(s)] = y(\infty) \quad \leftarrow \text{両辺に } y(0) \text{ を足した}$$

$$\therefore \lim_{s \to 0} [sY(s)] = \lim_{t \to \infty} y(t) \quad \leftarrow y(\infty) = \lim_{t \to \infty} y(t) \text{ より}$$

となる。よって，$sY(s)$ が安定ならば上式の最終値の定理が成立することが証明された。 ♠

（5） **微分方程式と伝達関数の関係式** p.30 の式 (2.26), (2.28) の微分方程式が，それぞれ式 (2.27), (2.29) の伝達関数になることを証明しよう。

【証明】 伝達関数は初期値を扱えないので，$y(0)$, $\dot{y}(0)$ などの $t = 0$ のときの値をすべて 0 とおくと，式 (2.19) の微分公式は $\mathcal{L}\left[x^{(i)}(t)\right] = s^i X(s)$ となる。つぎの式 (2.28) をラプラス変換して，$\mathcal{L}\left[x^{(i)}(t)\right] = s^i X(s)$ の公式を代入し，$Y(s)$, $U(s)$ でくくる。

$$y^{(i)}(t) + a_{i-1} y^{(i-1)}(t) + a_{i-2} y^{(i-2)}(t) + \cdots + a_2 \ddot{y}(t) + a_1 \dot{y}(t) + a_0 y(t)$$
$$= b_i u^{(i)}(t) + b_{i-1} u^{(i-1)}(t) + \cdots + b_2 \ddot{u}(t) + b_1 \dot{u}(t) + b_0 u(t)$$
$$\left(s^i + a_{i-1} s^{i-1} + a_{i-2} s^{i-2} + \cdots + a_2 s^2 + a_1 s + a_0\right) Y(s)$$
$$= \left(b_i s^i + b_{i-1} s^{i-1} + b_{i-2} s^{i-2} + \cdots + b_2 s^2 + b_1 s + b_0\right) U(s)$$

上式より式 (2.29) を得る。式 (2.27) は式 (2.29) に $i = 2$, $b_2 = 0$ を代入して得られる。 ♠

5.2.4 さまざまな関数のラプラス変換の証明

ここではさまざまな関数のラプラス変換 $X(s) = \mathcal{L}[x(t)]$ を証明しよう。この証明の計算手順を逆にたどると，その関数の逆ラプラス変換 $x(t) = \mathcal{L}^{-1}[X(s)]$ が証明される。

（1） **インパルス関数のラプラス変換の証明** インパルス関数 $\delta(t)$ について $\mathcal{L}[\delta(t)] = 1$ （p.33 の式 (2.31)）を証明しよう。

【証明】 インパルス関数 $\delta(t)$ は，$t = 0$ のとき $\delta(t) = \infty$, $t \neq 0$ のとき $\delta(t) = 0$ （p.33 の式 (2.30)）となる性質をもつことを示そう。$\delta(t)$ の定義は

$$\int_{-\infty}^{\infty} \delta(t) f(t) dt = f(0) \tag{5.36}$$

である。p.15 の図 2.2 より積分は面積なので，上式の積分が $f(0)$ になるということは，$t \neq 0$ のときに積分される関数 $\delta(t) f(t)$ がゼロでなければならない。よって，

$f(t)$ は任意の関数なので，$t \neq 0$ のとき $\delta(t) = 0$ である．上式に $f(t) = 1$ を代入すると

$$\int_{-\infty}^{\infty} \delta(t)\, dt = 1$$

となる．積分を面積で考えると，$t \neq 0$ のとき $\delta(t) = 0$ なので，高さ $\delta(0)$ で底辺が 0 の長方形の面積が 1 となっている．つまり，$\delta(0) \times 0 = 1$ より，$\delta(0) = \dfrac{1}{0} = \infty$ である．以上より，$\delta(t)$ を式 (2.30) で表せることがわかる．

　式 (5.36) より $\mathcal{L}[\delta(t)] = 1$ (式 (2.31)) を導く．式 (5.36) の積分区間を負の $-\infty \leq t < 0$ と，ゼロ以上の $0 \leq t < \infty$ とに分けると，$t = 0$ はゼロ以上に含まれるので，式 (5.36) は

$$\int_{-\infty}^{-0} \delta(t) f(t)\, dt = 0 \quad \text{と} \quad \int_{0}^{\infty} \delta(t) f(t)\, dt = f(0)$$

に分けられる．上式の右の式に $f(t) = e^{-st}$ を代入する．

$$\int_{0}^{\infty} \delta(t) e^{-st} dt = e^{-s0} = e^{0} = 1$$

よって，p.26 の式 (2.14) より上式左辺は $\mathcal{L}[\delta(t)]$ なので，式 (2.31) が導かれた．♠

（2） インパルス関数の時間積分がステップ関数になることの証明

【証明】 式 (5.36) は，積分区間が $-\infty$ から t までのとき

$$-\infty < t < 0 \text{ のとき} \int_{-\infty}^{-0} \delta(t) f(t)\, dt = 0 \quad \text{と}$$

$$0 \leq t \text{ のとき} \int_{0}^{t} \delta(t) f(t)\, dt = f(0)$$

に分けられる．上式に $f(t) = 1$ を代入すると

$$-\infty < t < 0 \text{ のとき} \int_{-\infty}^{-0} \delta(t)\, dt = 0 \quad \text{と}$$

$$0 \leq t \text{ のとき} \int_{0}^{t} \delta(t)\, dt = f(0) = 1$$

となり，ステップ関数を定義する式（p.33 の式 (2.32)）と一致するので，インパルス関数の時間積分 $\int_{-\infty}^{t} \delta(t)\, dt$ はステップ関数である．♠

（3） ステップ関数の時間積分がランプ関数になることの証明

【証明】 ステップ関数 $u(t)$ を積分区間 $-\infty$ から t まで積分する。

$$\begin{aligned}
\int_{-\infty}^{t} u(t)\,dt &= \int_{-\infty}^{-0} u(t)\,dt + \int_{0}^{t} u(t)\,dt \\
&= \int_{-\infty}^{-0} 0\,dt + \int_{0}^{t} 1\,dt \quad \leftarrow \text{p.33 の式 (2.32) より} \\
&= 0 + [t]_{0}^{t} \\
&= t
\end{aligned}$$

よって，上式は p.34 の式 (2.36) のランプ関数 t と一致する。　♠

（4） ステップ関数のラプラス変換の証明

【証明】 ラプラス変換の定義式（p.26 の式 (2.14)）の $x(t)$ に，ステップ関数の式（p.33 の式 (2.32)）を代入する。

$$\begin{aligned}
\int_{0}^{\infty} 1 \times e^{-st}\,dt &= \left[\frac{1}{-s}e^{-st}\right]_{0}^{\infty} = \frac{1}{-s}\left(e^{-s\times\infty} - e^{-s\times 0}\right) \\
&= \frac{1}{-s}\left(\frac{1}{e^{s\times\infty}} - e^{0}\right) \\
&= \frac{1}{-s}(0 - 1) \quad \leftarrow \text{Re}[s] > 0 \text{ のとき } e^{s\times\infty} = \infty \text{ なので} \\
&= \frac{1}{s} \tag{5.37}
\end{aligned}$$

よって，式 (2.33) が証明された。ラプラス変換の定義式の s はラプラス変換が ∞ にならないように適当に選べばよいことを用いた。　♠

（5） 指数関数 e^{-at} のラプラス変換の証明

【証明】 ラプラス変換の定義式（p.26 の式 (2.14)）の $x(t)$ に，指数関数 e^{-at} を代入する。

$$\int_{0}^{\infty} e^{-at}e^{-st}\,dt = \int_{0}^{\infty} e^{-(s+a)t}\,dt$$

$\uparrow \alpha^{x}\alpha^{y} = \alpha^{x+y}$ より（例：$2^{1}2^{2} = 8 = 2^{1+2}$）

上式は，式 (5.37) の s を $(s+a)$ に置き換えたものに等しいので，式 (5.37) の導出と同じ計算を行って上式 $= \dfrac{1}{s+a}$ を得る。よって，p.34 の式 (2.34) が証明された。　♠

(6) $\dfrac{t^{n-1}}{(n-1)!}e^{-at}$ のラプラス変換の証明

【証明】 $x_n(t) = t^{n-1}e^{-at}$ を微分すると，積の微分の公式 $(\dot{xy}) = \dot{x}y + x\dot{y}$ より

$$\dot{x}_n(t) = \frac{d}{dt}\left(t^{n-1}\right) \times e^{-at} + t^{n-1} \times \frac{d}{dt}e^{-at}$$
$$= (n-1)t^{n-2}e^{-at} + (-a)t^{n-1}e^{-at}$$
$$= (n-1)t^{n-2}e^{-at} - ax_n(t) \quad \leftarrow x_n(t) = t^{n-1}e^{-at} \text{ より}$$
$$\therefore \dot{x}_n(t) + ax_n(t) = (n-1)t^{n-2}e^{-at} \quad \leftarrow ax(t) \text{ を移項} \tag{5.38}$$

となる。また，$x_n(t)$ の初期値 $x_n(0) = 0^{n-1}e^{-a \times 0} = 0$ である。

$n=2$ のとき，$x_2(t) = t^1 e^{-at}$ であり，式 (5.38) より $\dot{x}_2(t) + ax_2(t) = e^{-at}$ となる。この式をラプラス変換すると p.34 の式 (2.34) より，$sX_2(s) + aX_2(s) = \dfrac{1}{s+a}$ となるので，次式を得る。

$$\mathcal{L}\left[te^{-at}\right] = X_2(s) = \frac{1}{(s+a)^2} \tag{5.39}$$

$n=3$ のとき，$x_3(t) = t^2 e^{-at}$ であり，式 (5.38) より $\dot{x}_3(t) + ax_3(t) = 2te^{-at}$ となる。この式をラプラス変換すると，式 (5.39) より $sX_3(s) + aX_3(s) = \dfrac{2}{(s+a)^2}$ となるので，次式を得る。

$$\mathcal{L}\left[t^2 e^{-at}\right] = X_3(s) = \frac{2}{(s+a)^3} \tag{5.40}$$

$n=4$ のとき，$x_4(t) = t^3 e^{-at}$ であり，式 (5.38) より $\dot{x}_4(t) + ax_4(t) = 3t^2 e^{-at}$ となる。この式をラプラス変換すると，式 (5.40) より $sX_4(s) + aX_4(s) = \dfrac{3 \times 2}{(s+a)^3}$ となるので，次式を得る。

$$\mathcal{L}\left[t^3 e^{-at}\right] = X_4(s) = \frac{3 \times 2}{(s+a)^4} \tag{5.41}$$

この手順を繰り返すと，次式を得て式 (2.35) が導ける。

$$\mathcal{L}\left[t^{n-1}e^{-at}\right] = X_n(s) = \frac{(n-1) \times \cdots \times 3 \times 2}{(s+a)^n} = \frac{(n-1)!}{(s+a)^n}$$
$$\therefore \mathcal{L}\left[\frac{t^{n-1}}{(n-1)!}e^{-at}\right] = \frac{1}{(s+a)^n}$$

（7） ランプ関数のラプラス変換の証明

【証明】 p.34 のランプ関数 t は $t = \int_0^t 1 dt$，つまり p.33 のステップ関数 1 の積分である。ラプラス変換の積分公式（p.167 の式 (5.33)）に，$x(t) =$ ステップ関数 $= 1$ を代入する。

$$\mathcal{L}\left[\int_0^t 1 dt\right] = \frac{1}{s}X(s) = \frac{1}{s^2} \quad \leftarrow 式 (2.33) よりステップ関数は X(s) = \frac{1}{s}$$

よって，式 (2.36) が証明された。 ♠

（8） 三角関数のラプラス変換の証明

【証明】 $\mathcal{L}\left[e^{-j\omega t}\right]$ と $\mathcal{L}\left[e^{j\omega t}\right]$ は，p.34 の式 (2.34) の a にそれぞれ $j\omega$ と $-j\omega$ を代入して

$$\mathcal{L}\left[e^{-j\omega t}\right] = \frac{1}{s+j\omega}, \ \mathcal{L}\left[e^{j\omega t}\right] = \frac{1}{s-j\omega} \tag{5.42}$$

となる。p.160 の式 (5.12) をラプラス変換して，式 (5.42) を代入する。

$$\mathcal{L}[\sin(\omega t)] = \mathcal{L}\left[\frac{e^{j\omega t} - e^{-j\omega t}}{2j}\right] = \frac{\dfrac{1}{s-j\omega} - \dfrac{1}{s+j\omega}}{2j} = \frac{(s+j\omega)-(s-j\omega)}{2j(s-j\omega)(s+j\omega)}$$

$$\therefore = \frac{\omega}{s^2 + \omega^2}$$

また，式 (5.11) をラプラス変換して，式 (5.42) を代入する。

$$\mathcal{L}[\cos(\omega t)] = \mathcal{L}\left[\frac{e^{j\omega t} + e^{-j\omega t}}{2}\right] = \frac{\dfrac{1}{s-j\omega} + \dfrac{1}{s+j\omega}}{2} = \frac{(s+j\omega)+(s-j\omega)}{2(s-j\omega)(s+j\omega)}$$

$$\therefore = \frac{s}{s^2 + \omega^2}$$

よって p.34 の式 (2.37) が証明された。 ♠

5.2.5 部分分数展開で便利な留数定理の証明

p.38 の式 (2.49) の留数定理を証明しよう。

【証明】 式 (2.47) の両辺に $(s + a_i)$ をかける。

$$(s+a_i)Y(s) = (s+a_i)\left(\frac{k_1}{s+a_1} + \frac{k_2}{s+a_2} + \cdots + \frac{k_i}{s+a_i} + \cdots\right)$$
$$= (s+a_i)\left(\frac{k_1}{s+a_1} + \frac{k_2}{s+a_2} + \cdots\right) + (s+a_i)\frac{k_i}{s+a_i}$$

$$+ (s + a_i)\left(\frac{k_{i+1}}{s + a_{i+1}} + \cdots\right)$$

$$= (s + a_i)\left(\frac{k_1}{s + a_1} + \frac{k_2}{s + a_2} + \cdots\right) + k_i + (s + a_i)\left(\frac{k_{i+1}}{s + a_{i+1}} + \cdots\right)$$

$s = -a_i$ の極限をとる（つまり $s = -a_i$ を代入する）。

$$\lim_{s \to -a_i}(s + a_i)Y(s)$$

$$= (-a_i + a_i)\left(\frac{k_1}{-a_i + a_1} + \frac{k_2}{-a_i + a_2} + \cdots\right) + k_i$$

$$+ (-a_i + a_i)\left(\frac{k_{i+1}}{s + a_{i+1}} + \cdots\right)$$

$$= 0 \times \left(\frac{k_1}{-a_i + a_1} + \frac{k_2}{-a_i + a_2} + \cdots\right) + k_i + 0 \times \left(\frac{k_{i+1}}{s + a_{i+1}} + \cdots\right)$$

$$= k_i$$

よって，式 (2.49) が証明された。　　　　　　　　　　　　　　　　　　　♠

5.2.6 極による安定判別が n 重解の極でも成り立つことの証明

p.43 の極 p_i の符号と安定性の関係が，極が n 重解のときにも同じように成り立つことを証明しよう。

【証明】　p.32 のラプラス変換表より，$\dfrac{1}{(s-p_i)^n}$ を逆ラプラス変換すると $\dfrac{1}{(n-1)!}t^{n-1}e^{p_i t}$ となる．式 (2.62) より，極の虚部は安定性に関係しないので，極の実部だけを取り上げて安定性を考える．

(1) $p_i = 0$ のとき

$$t^{n-1}e^{p_i t} = t^{n-1}e^{0t} = t^{n-1}e^0 = t^{n-1} \quad \leftarrow e^0 = 1 \text{ より}$$

となる．よって，$p_i = 0$ ならば発散するので安定でない．

(2) $p_i > 0$ のとき，$t \to \infty$ ならば，t^{n-1} と $e^{p_i t}$ はともに ∞ になるので，それらの積 $t^{n-1}e^{p_i t}$ も ∞ となる．したがって，不安定である．

(3) $p_i < 0$ のとき，$t \to \infty$ ならば $t^{n-1} \to \infty$ だが，$e^{p_i t} \to 0$ となるので，それらの積 $t^{n-1}e^{p_i t}$ がどうなるのかはすぐにはわからない．そこで，詳しく見ていこう．まず，$x = -p_i t$ とおくと

$$t^{n-1}e^{p_i t} = \left(\frac{-p_i t}{-p_i}\right)^{n-1} e^{-x} = \left(\frac{x}{-p_i}\right)^{n-1}\frac{1}{e^x} = \frac{x^{n-1}}{e^x}\left(\frac{1}{-p_i}\right)^{n-1}$$
(5.43)

5.2　2章の制御システムの解析を「ナットク」する

となる。$\left(\dfrac{1}{-p_i}\right)^{n-1}$ は ∞ にも 0 にもならないので、下線部 $\dfrac{x^{n-1}}{e^x}$ が 0 になるかどうかを見てみよう。下線部に e^x のテイラー展開の式 (5.6)（p.159）を代入すると

$$\dfrac{x^{n-1}}{e^x} = \dfrac{x^{n-1}}{1 + x + \dfrac{1}{2}x^2 + \cdots + \dfrac{1}{(n-1)(n-2)\cdots}x^{n-1} + \dfrac{1}{n(n-1)\cdots}x^n + \cdots}$$

となる。右辺の分子分母を x^{n-1} で割ろう。

$$= \dfrac{1}{\dfrac{1}{x^{n-1}} + \dfrac{1}{x^{n-2}} + \dfrac{1}{2}\dfrac{1}{x^{n-3}} + \cdots + \dfrac{1}{(n-1)(n-2)\cdots} + \dfrac{1}{n(n-1)\cdots}x + \cdots}$$

$p_i < 0$ なので、$t \to \infty$ ならば、$x = -p_i t \to \infty$ になる。これを上式に代入する。

$$= \dfrac{1}{\dfrac{1}{\infty^{n-1}} + \dfrac{1}{\infty^{n-2}} + \dfrac{1}{2}\dfrac{1}{\infty^{n-3}} + \cdots + \dfrac{1}{(n-1)(n-2)\cdots} + \dfrac{1}{n(n-1)\cdots}\infty + \cdots}$$

$$= \dfrac{1}{0 + 0 + 0 + \cdots + \dfrac{1}{(n-1)(n-2)\cdots} + \infty + \cdots} = \dfrac{1}{\infty} = 0$$

よって、$\dfrac{x^{n-1}}{e^x} = 0$ となり、これを式 (5.43) に代入すると $t^{n-1}e^{p_i t}$ も 0 になる。ゆえに、$p_i < 0$ のときに最終値はゼロになるので、安定である。

♠

5.2.7　複素数の極が複素共役の対をなすことの証明

　複素数の極をもつとき、その極は $\sigma \pm j\omega$（つまり $\sigma + j\omega$ と $\sigma - j\omega$）のように複素共役の対をなすこと（p.48）を証明しよう。

【証明】　極は、p.40 の式 (2.55) の伝達関数 $G(s)$ の分母多項式 = 0 の解である。$G(s)$ が複素数の極 $\sigma_i + j\omega_i$ と $\sigma_k + j\omega_k$ をもつとき、分母多項式は

$$(s - (\sigma_i + j\omega_i))(s - (\sigma_k + j\omega_k)) \tag{5.44}$$

を含む。これを展開したとき、$G(s)$ の分母多項式の s の係数はすべて実数なので、上式の s の係数がすべて実数とならなければならない。上式を展開して、$j^2 = \sqrt{-1}^2 = -1$ を代入する。

$$s^2 - (\sigma_i + \sigma_k)s - j(\omega_i + \omega_k)s + (\sigma_i + j\omega_i)(\sigma_k + j\omega_k)$$
$$= s^2 - (\sigma_i + \sigma_k)s - j(\omega_i + \omega_k)s + (\sigma_i\sigma_k + j\sigma_i\omega_k + j\omega_i\sigma_k + j^2\omega_i\omega_k)$$
$$= s^2 - (\sigma_i + \sigma_k)s + (\sigma_i\sigma_k - \omega_i\omega_k) - j\underline{(\omega_i + \omega_k)}s + j\underline{(\omega_i\sigma_k + \sigma_i\omega_k)}$$

上式の虚部の s の係数(下線部)がすべてゼロでなくてはならないので

$$-(\omega_i + \omega_k) = 0 \quad \leftarrow 3\text{項目の}s^1\text{の係数} \tag{5.45}$$
$$(\omega_i\sigma_k + \sigma_i\omega_k) = 0 \quad \leftarrow 4\text{項目の}s^0\text{の係数} \tag{5.46}$$

となる。式 (5.45) より

$$\omega_k = -\omega_i \tag{5.47}$$

を得て,これを式 (5.46) に代入して

$$\omega_i\sigma_k - \sigma_i\omega_i = 0$$
$$\therefore \sigma_k = \sigma_i \tag{5.48}$$

を得る。ゆえに複素数の極 $\sigma_i + j\omega_i$ をもつとき,式 (5.47), (5.48) より,虚部が負の共役複素数 $\sigma_i - j\omega_i$ も極となる。 ♠

5.2.8 定数×信号または定数×信号の時間微分の項だけをもつ微分方程式で表されるシステムが線形時不変系であることの証明

次式(p.52 の式 (2.64))のように,定数×信号または定数×信号の時間微分の項だけをもつ微分方程式で表されるシステムが線形時不変系(p.53)であることを証明しよう。

$$y^{(i)}(t) + a_{i-1}y^{(i-1)}(t) + \cdots + a_1\dot{y}(t) + a_0y(t)$$
$$= b_iu^{(i)}(t) + b_{i-1}u^{(i-1)}(t) + \cdots + b_1\dot{u}(t) + b_0u(t)$$

【証明】 上式の入力 $u(t)$ が $u_1(t)$, 出力 $y(t)$ が $y_1(t)$ のとき

$$y_1^{(i)}(t) + a_{i-1}y_1^{(i-1)}(t) + \cdots + a_1\dot{y}_1(t) + a_0y_1(t)$$
$$= b_iu_1^{(i)}(t) + b_{i-1}u_1^{(i-1)}(t) + \cdots + b_1\dot{u}_1(t) + b_0u_1(t) \tag{5.49}$$

となる。また,入力が $u_2(t)$, 出力が $y_2(t)$ のとき

$$y_2{}^{(i)}(t) + a_{i-1} y_2{}^{(i-1)}(t) + \cdots + a_1 \dot{y}_2(t) + a_0 y_2(t)$$
$$= b_i u_2{}^{(i)}(t) + b_{i-1} u_2{}^{(i-1)}(t) + \cdots + b_1 \dot{u}_2(t) + b_0 u_2(t) \tag{5.50}$$

となる．定数 c_1, c_2 を用いて，$c_1 u_1(t) + c_2 u_2(t)$ を入力したときに，$c_1 y_1(t) + c_2 y_2(t)$ が出力されると線形時不変（p.53）である．$c_1 \times$ 式 (5.49) $+ c_2 \times$ 式 (5.50) を計算する．

$$\left(c_1 y_1{}^{(i)}(t) + c_2 y_2{}^{(i)}(t) \right) + a_{i-1} \left(c_1 y_1{}^{(i-1)}(t) + c_2 y_2{}^{(i-1)}(t) \right) + \cdots$$
$$+ a_1 \left(c_1 \dot{y}_1(t) + c_2 \dot{y}_2(t) \right) + a_0 \left(c_1 y_1(t) + c_2 y_2(t) \right)$$
$$= b_i \left(c_1 u_1{}^{(i)}(t) + c_2 u_2{}^{(i)}(t) \right) + b_{i-1} \left(c_1 u_1{}^{(i-1)}(t) + c_2 u_2{}^{(i-1)}(t) \right) + \cdots$$
$$+ b_1 \left(c_1 \dot{u}_1(t) + c_2 \dot{u}_2(t) \right) + b_0 \left(c_1 u_1(t) + c_2 u_2(t) \right)$$

$u_3 = c_1 u_1(t) + c_2 u_2(t)$, $y_3 = c_1 y_1(t) + c_2 y_2(t)$ とおくと，上式は

$$y_3{}^{(i)}(t) + a_{i-1} y_3{}^{(i-1)}(t) + \cdots + a_1 \dot{y}_3(t) + a_0 y_3(t)$$
$$= b_i u_3{}^{(i)}(t) + b_{i-1} u_3{}^{(i-1)}(t) + \cdots + b_1 \dot{u}_3(t) + b_0 u_3(t) \tag{5.51}$$

となる．このシステムは $u_3 = c_1 u_1(t) + c_2 u_2(t)$ を入力すると，$y_3 = c_1 y_1(t) + c_2 y_2(t)$ を出力しているので線形時不変である．さらに，c_1 と c_2 が定数なので時不変でもある． ♠

5.2.9 $G(s)$ からゲイン K と位相 ϕ を求める公式の証明

p.60 の安定な伝達関数 $G(s)$ からゲイン K，位相 ϕ を求める公式 (2.72)，(2.73) を証明しよう．

【証明】 伝達関数 $G(s)$ に

$$u(t) = \cos(\omega t) + j \sin(\omega t) \tag{5.52}$$
$$= e^{j\omega t} \quad \leftarrow \text{p.45 のオイラーの公式より} \tag{5.53}$$

を入力することを考える．$u(t)$ をラプラス変換するために，式 (5.53) に p.34 の公式 (2.34) を使う．

$$U(s) = \mathcal{L}\left[e^{j\omega t} \right] = \frac{1}{s - j\omega} \tag{5.54}$$

ここで，$G(s)$ の分母多項式を因数分解すると

$$G(s) = \frac{b_0 + b_1 s + b_2 s^2 + \cdots}{(s - p_1)(s - p_2) \cdots}$$

と表せる。よって出力は

$$Y(s) = G(s)U(s) = \frac{b_0 + b_1 s + b_2 s^2 + \cdots}{(s-p_1)(s-p_2)\cdots}\left(\frac{1}{s-j\omega}\right) \tag{5.55}$$

となり，部分分数展開すると

$$Y(s) = \frac{K_0}{s-j\omega} + \frac{K_1}{s-p_1} + \frac{K_2}{s-p_2} + \cdots \tag{5.56}$$

となる。上式を逆ラプラス変換する。

$$\begin{aligned}y(t) &= \mathcal{L}^{-1}\left[\frac{K_0}{s-j\omega} + \frac{K_1}{s-p_1} + \frac{K_2}{s-p_2} + \cdots\right] \\ &= K_0 e^{j\omega t} + K_1 e^{p_1 t} + K_2 e^{p_2 t} + \cdots \quad \leftarrow 式(2.34)の公式より\end{aligned}$$

ところが，$G(s)$ は安定なので，$\mathrm{Re}[p_1] < 0$，$\mathrm{Re}[p_2] < 0$，$\cdots$ である。そのため，$e = 2.72\cdots > 1$ なので，十分時間が経った定常状態 $(t \to \infty)$ では，$e^{p_1 t} \to e^{-\infty} = \frac{1}{e^{\infty}} = \frac{1}{(2.72\cdots)^{\infty}} \to \frac{1}{\infty} \to 0$，$e^{p_2 t} \to e^{-\infty} \to 0$，$\cdots$ となるので，上式は定常状態ではつぎのようになる。

$$y(t) = K_0 e^{j\omega t} \tag{5.57}$$

つぎに，K_0 を求める。式 (5.56) の両辺に $(s-j\omega)$ をかける。

$$(s-j\omega)Y(s) = (s-j\omega)\frac{K_0}{s-j\omega} + (s-j\omega)\left(\frac{K_1}{s-p_1} + \frac{K_2}{s-p_2} + \cdots\right)$$

$Y(s) = G(s)U(s)$ を代入する。

$$(s-j\omega)G(s)U(s) = K_0 + (s-j\omega)\left(\frac{K_1}{s-p_1} + \frac{K_2}{s-p_2} + \cdots\right)$$
$$G(s) = K_0 + (s-j\omega)\left(\frac{K_1}{s-p_1} + \frac{K_2}{s-p_2} + \cdots\right) \quad \leftarrow 式(5.54)より$$

上式に $s = j\omega$ を代入する。

$$G(j\omega) = K_0 + (j\omega - j\omega)\left(\frac{K_1}{s-p_1} + \frac{K_2}{s-p_2} + \cdots\right)$$
$$\therefore G(j\omega) = K_0$$

よって，式 (5.57) に代入して

$$y(t) = G(j\omega)e^{j\omega t} \tag{5.58}$$

を得る.上式の $G(j\omega)$ を p.59 の図 2.23 (b) のように複素ベクトルで表すと

$$G(j\omega) = K(\cos\phi + j\sin\phi) \tag{5.59}$$

$$\therefore G(j\omega) = Ke^{j\phi} \quad \leftarrow \text{オイラーの公式より} \tag{5.60}$$

となる.ここでベクトルの大きさ K,偏角 ϕ は,それぞれ式 (2.72) の $K = |G(j\omega)| = \sqrt{\text{Re}[G(j\omega)]^2 + \text{Im}[G(j\omega)]^2}$,式 (2.73) の $\phi = \angle G(j\omega) = \tan^{-1}\dfrac{\text{Im}[G(j\omega)]}{\text{Re}[G(j\omega)]}$ で与えられる.式 (5.58) に代入する.

$$\begin{aligned}
y(t) &= Ke^{j\phi}e^{j\omega t} \\
&= Ke^{j(\omega t+\phi)} \quad \leftarrow x^a x^b = x^{a+b} \text{ より}\\
&\quad\quad\quad\quad\quad (\text{例}: x^1 x^2 = x\cdot x\cdot x = x^3 = x^{1+2})\\
\therefore y(t) &= K(\cos(\omega t+\phi) + j\sin(\omega t+\phi)) \quad \leftarrow \text{オイラーの公式より}
\end{aligned} \tag{5.61}$$

$G(s)$ はもともと微分方程式 (2.64) で表されるシステムなので (p.52),入力 $u(t)$ や出力 $y(t)$ の時間微分と実数定数との積の和で表される.したがって,入力 $u_1(t)$ が実数のとき,その時間微分も実数,実数定数をかけても実数のままなので,出力 $y_1(t)$ も実数となる.同様に,入力 $ju_2(t)$ が虚数のとき,その時間微分も虚数,実数定数をかけても虚数のままなので,出力 $jy_2(t)$ も虚数となる.これより,入力が複素数 $u(t) = u_1(t) + ju_2(t)$ のとき,出力は $y(t) = y_1(t) + jy_2(t)$ となる.ゆえに,$u(t)$ が式 (5.52),$y(t)$ が式 (5.61) なので

$\cos(\omega t)$ が入力されたときの出力は $K\cos(\omega t+\phi)$ (5.62)

$\sin(\omega t)$ が入力されたときの出力は $K\sin(\omega t+\phi)$ (5.63)

となる.ゆえに,ゲインと位相の定義式 (2.68), (2.67) から,K, ϕ はゲインと位相であることが証明された.♠

5.2.10 $G(-j\omega) = \overline{G(j\omega)}$ の証明

$G(s)$ が $G(s) = \dfrac{b_m s^m + b_{m-1}s^{m-1} + \cdots + b_1 s + b_0}{s^n + a_{n-1}s^{n-1} + \cdots + a_1 s + a_0}e^{-Ls}$ で与えられ,L, $b_0, b_1, \cdots, a_1, a_2, \cdots$ が実数のとき,$G(-j\omega) = \overline{G(j\omega)}$ を証明しよう.また,共役複素数は虚部の正負が反対になるので,図 5.6 に示すように $G(j\omega)$ と $\overline{G(j\omega)}$ とは実軸で折り返すと重なる実軸対称の関係にある.

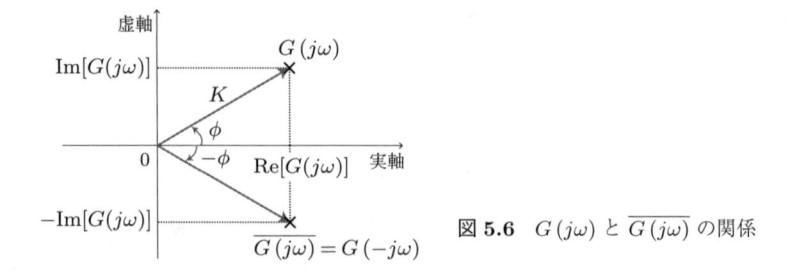

図 5.6 $G(j\omega)$ と $\overline{G(j\omega)}$ の関係

【証明】 $s = \sigma + j\omega$ とし，$G(\bar{s}) = \overline{G(s)}$ を証明し，$\sigma = 0$ を代入すれば証明が完了する．複素数 $z_1 = x_1 + jy_1$, $z_2 = x_2 + jy_2$ の和に関し，次式が成り立つ．

$$\overline{z_1 + z_2} = \overline{(x_1 + x_2) + j(y_1 + y_2)} = (x_1 + x_2) - j(y_1 + y_2)$$
$$= (x_1 - jy_1) + (x_2 - jy_2)$$
$$\therefore \overline{z_1 + z_2} = \overline{z_1} + \overline{z_2} \tag{5.64}$$

同様に z_1 と z_2 の積に関し，次式が成り立つ．

$$\overline{z_1 z_2} = \overline{(x_1 + jy_1)(x_2 + jy_2)} = \overline{x_1 x_2 + j(x_1 y_2 + y_1 x_2) - y_1 y_2}$$
$$= x_1 x_2 - j(x_1 y_2 + y_1 x_2) - y_1 y_2 = (x_1 - jy_1)(x_2 - jy_2)$$
$$\therefore \overline{z_1 z_2} = \overline{z_1} \cdot \overline{z_2} \tag{5.65}$$

上式より，$\overline{\left(\dfrac{z_1}{z_2}\right)} \cdot \overline{z_2} = \overline{\left(\dfrac{z_1}{z_2} \cdot z_2\right)} = \overline{z_1}$ となるので，両辺を $\overline{z_2}$ で割る．

$$\therefore \overline{\left(\dfrac{z_1}{z_2}\right)} = \dfrac{\overline{z_1}}{\overline{z_2}} \tag{5.66}$$

$G(s)$ の分子の多項式を $G_n(s)$，分母多項式を $G_d(s)$ とおく．式 (5.64) より

$$\overline{G_n(s)} = \overline{b_m s^m + b_{m-1} s^{m-1} + \cdots} = \overline{b_m s^m} + \overline{b_{m-1} s^{m-1}} + \cdots$$
$$= \overline{b_m} \cdot \overline{s^m} + \overline{b_{m-1}} \cdot \overline{s^{m-1}} + \cdots \quad \leftarrow 式 (5.65) より$$
$$= b_m \cdot \overline{s^m} + b_{m-1} \cdot \overline{s^{m-1}} + \cdots \quad \leftarrow b_0, b_1, \cdots が実数なので$$
$$= b_m \bar{s}^m + b_{m-1} \bar{s}^{m-1} + \cdots \quad \leftarrow 式 (5.65) より$$
$$\therefore \overline{G_n(s)} = G_n(\bar{s}) \tag{5.67}$$

を得る．同様にして $\overline{G_d(s)} = G_d(\bar{s})$ が成り立つ．これらと式 (5.66) より

$$\overline{\left(\dfrac{G_n(s)}{G_d(s)}\right)} = \dfrac{\overline{G_n(s)}}{\overline{G_d(s)}} = \dfrac{G_n(\bar{s})}{G_d(\bar{s})} \tag{5.68}$$

が導かれる。また，$s = \sigma + j\omega$ とおくと

$$\overline{e^{-Ls}} = \overline{e^{-L(\sigma+j\omega)}} = \overline{e^{-L\sigma} \cdot e^{-jL\omega}}$$
$$= \overline{e^{-L\sigma}(\cos(-L\omega) + j\sin(-L\omega))} \quad \leftarrow \text{p.45 のオイラーの公式より}$$
$$= \overline{e^{-L\sigma}} \cdot \overline{\cos(-L\omega) + j\sin(-L\omega)} \quad \leftarrow \text{式 (5.65) より}$$
$$= e^{-L\sigma} \cdot \overline{\cos(L\omega) - j\sin(L\omega)}$$
$$\uparrow \cos(-\theta) = \cos\theta,\ \sin(-\theta) = -\sin\theta$$
$$= e^{-L\sigma} \cdot (\cos(L\omega) + j\sin(L\omega))$$
$$= e^{-L\sigma} \cdot e^{jL\omega} \quad \leftarrow \text{p.45 のオイラーの公式より}$$
$$= e^{-L(\sigma-j\omega)}$$
$$\therefore \overline{e^{-Ls}} = e^{-L\bar{s}} \tag{5.69}$$

となる。よって，$G(s)$ について

$$\overline{G(s)} = \overline{\frac{G_n(s)}{G_d(s)} e^{-Ls}}$$
$$= \overline{\left(\frac{G_n(s)}{G_d(s)}\right)} \cdot \overline{e^{-Ls}} \quad \leftarrow \text{式 (5.65) より}$$
$$= \frac{G_n(\bar{s})}{G_d(\bar{s})} e^{-L\bar{s}} \quad \leftarrow \text{式 (5.68), (5.69) より}$$
$$\therefore \overline{G(s)} = G(\bar{s})$$

が導かれ，$s = j\omega$ を代入すると証明される。 ♠

5.2.11 ラウス・フルビッツの安定判別の証明

p.68 の表 2.4 のラウス・フルビッツの安定判別の条件が成り立つとき，伝達関数が安定，つまり極の実部の最大値が負になること（p.43 の極と安定性より）を証明しよう。

【証明】

（1）**分母多項式 $= s + a_0$ のとき** 極は分母多項式 $= 0$ の s の解なので，$s + a_0 = 0$ を解いて極 $= -a_0$ である。安定条件 $a_0 > 0$ を満たすとき，極 $= -a_0 < 0$ となるので，安定である。

（2）**分母多項式 $= s^2 + a_1 s + a_0$ のとき** $s^2 + a_1 s + a_0 = 0$ を解いて，極 $= \dfrac{-a_1 \pm \sqrt{a_1^2 - 4a_0}}{2}$ を得る。$D = a_1^2 - 4a_0$ とおくと，$\sqrt{D}$ が虚数ならば極の実

部の最大値は $-\dfrac{a_1}{2}$, 実数ならば $\dfrac{-a_1+\sqrt{D}}{2}$ である。安定条件 $a_1 > 0,\ a_0 > 0$ を満たすときを考える。このとき

$$D = a_1^2 - 4a_0 < a_1^2 \tag{5.70}$$

がいえる。$D \geqq 0$ のときは，式 (5.70) のルートをとると $\sqrt{D} < a_1$ となるので，極の実部の最大値 $\dfrac{-a_1+\sqrt{D}}{2} < 0$ がいえて，安定である。$D < 0$ のときは $\sqrt{D}$ が虚数となり，極の実部の最大値 $-\dfrac{a_1}{2} < 0$ がいえて，安定である。以上より，安定条件を満たせば安定である。

　（3）　分母多項式 $= s^3 + a_2 s^2 + a_1 s + a_0$ のとき　　3 次のときは，つぎのように因数分解できる。

$$s^3 + a_2 s^2 + a_1 s + a_0 = (s+b)(s^2 + c_1 s + c_0) \tag{5.71}$$

上式の $b,\ c_1,\ c_0$ は実数である。これまでに証明したとおり，$s+b$ と $s^2 + c_1 s + c_0$ の極の実部がすべて負となる条件は

$$b > 0,\ c_1 > 0,\ c_0 > 0 \tag{5.72}$$

である。これから安定条件を満たせば，上式が成り立って安定であることを示す。

　式 (5.71) 右辺を展開する。

$$(s+b)(s^2 + c_1 s + c_0) = s^3 + (b + c_1) s^2 + (bc_1 + c_0) s + bc_0$$

式 (5.71) 左辺と係数比較する。

$$a_2 = b + c_1,\ a_1 = bc_1 + c_0,\ a_0 = bc_0 \tag{5.73}$$

$a_2 a_1 - a_0$ に式 (5.73) を代入する。

$$\begin{aligned}
a_2 a_1 - a_0 &= (b + c_1)(bc_1 + c_0) - bc_0 = b^2 c_1 + bc_0 + bc_1^2 + c_0 c_1 - bc_0 \\
&= b^2 c_1 + bc_1^2 + c_0 c_1 = (b^2 + bc_1 + c_0) c_1 \\
&= (b^2 + a_1) c_1 \quad \leftarrow 式 (5.73) の a_1 = bc_1 + c_0
\end{aligned}$$

安定条件より，$a_1 > 0,\ a_2 a_1 - a_0 > 0$ なので，$b^2 \geqq 0$ より上式から $c_1 > 0$ を得る。式 (5.73) の $a_0 = bc_0$ と安定条件 $a_0 > 0$ より，b と c_0 はともに正，またはともに負である。式 (5.73) の $a_1 = bc_1 + c_0$ と安定条件 $a_1 > 0$，および求めた $c_1 > 0$ より，b と c_0 はともに負でないので，$b > 0,\ c_0 > 0$ である。以上より，安定条件を満たすと式 (5.72) が成り立つので安定である。本証明では安定条件 $a_2 > 0$ を用いていないので，安定条件で $a_2 > 0$ のチェックは不要であるが，$a_1 > 0,\ a_0 > 0$ のときに $a_2 a_1 - a_0 > 0$ を変形すると $a_2 > \dfrac{a_0}{a_1}$ なので，$a_2 > 0$ が導かれる。

（4） 分母多項式 $= s^4 + a_3 s^3 + a_2 s^2 + a_1 s + a_0$ のとき　　4次のときは，つぎのように因数分解できる。

$$s^4 + a_3 s^3 + a_2 s^2 + a_1 s + a_0 = \left(s^2 + b_1 s + b_0\right)\left(s^2 + c_1 s + c_0\right) \tag{5.74}$$

上式の b_1, b_0, c_1, c_0 は実数である。これまでに証明したとおり，$s^2 + b_1 s + b_0$ と $s^2 + c_1 s + c_0$ の極の実部がすべて負となる条件は

$$b_1 > 0, \ b_0 > 0, \ c_1 > 0, \ c_0 > 0$$

である。ラウス・フルビッツの安定条件が満たされるときに，上式が満足されて安定となることを示す。式 (5.74) 右辺を展開する。

$$\left(s^2 + b_1 s + b_0\right)\left(s^2 + c_1 s + c_0\right)$$
$$= s^4 + (b_1 + c_1) s^3 + (b_0 + b_1 c_1 + c_0) s^2 + (b_1 c_0 + b_0 c_1) s + b_0 c_0$$

よって，式 (5.74) 左辺と係数比較すると

$$a_3 = b_1 + c_1, \ a_2 = b_0 + b_1 c_1 + c_0, \ a_1 = b_1 c_0 + b_0 c_1, \ a_0 = b_0 c_0 \tag{5.75}$$

を得る。ラウス・フルビッツの安定条件に式 (5.75) を代入して，変形する。この変形は少し複雑である。

$$a_1 (a_3 a_2 - a_1) - a_3^2 a_0 = b_1 c_1 \left((b_0 - c_0)^2 + a_3 a_1\right) > 0$$

安定条件 $a_3 > 0$, $a_1 > 0$ より $a_3 a_1 > 0$ である。2乗するとゼロ以上なので $(b_0 - c_0)^2 \geqq 0$ である。よって上式より

$$b_1 c_1 > 0$$

が導かれる。これより，b_1 と c_1 が同符号でなければならない。もしもどちらもマイナスと仮定すると，式 (5.75) より，$a_3 = b_1 + c_1 < 0$ となり，安定条件 $a_3 > 0$ と矛盾する。したがって，b_1 と c_1 はともにプラスでなければならない。

$$\therefore b_1 > 0, \ c_1 > 0 \tag{5.76}$$

安定条件 $a_0 > 0$ より，式 (5.75) から $a_0 = b_0 c_0 > 0$ となるので，b_0 と c_0 が同符号でなければならない。もしもどちらもマイナスと仮定すると，式 (5.76) より $b_1 > 0$, $c_1 > 0$ なので，式 (5.75) より $a_1 = b_1 c_0 + b_0 c_1 < 0$ となり，安定条件 $a_1 > 0$ と矛盾する。したがって，b_0 と c_0 はともにプラスでなければならない。

$$\therefore b_0 > 0, \ c_0 > 0$$

以上より，ラウス・フルビッツの安定判別が成り立てば，$b_1 > 0$, $b_0 > 0$, $c_1 > 0$, $c_0 > 0$ となって，すべての極の実部が負となることが示された．この証明では安定条件 $a_2 > 0$ を利用してないが，式 (5.75) より安定ならば $a_2 > 0$ となる．

（5）分母多項式にプラス以外の係数が含まれていると安定ではないことの証明 これまでに証明したとおり，分母多項式が 1 次 $(s + a_0)$ と 2 次 $(s^2 + a_1 s + a_0)$ のときに安定になるための条件は，すべての係数がプラスであることであった．どの次数の分母多項式であっても，因数分解すると

$$(s + \alpha_1)(s + \alpha_2) \cdots (s^2 + \beta_1 s + \gamma_1)(s^2 + \beta_2 s + \gamma_2) \cdots$$

のように，1 次と 2 次のかけ算で表せる（α はアルファ，β はベータ，γ はガンマと読む）．よって，$\alpha_1, \alpha_2, \cdots, \beta_1, \beta_2, \cdots, \gamma_1, \gamma_2, \cdots$ がすべてプラスであれば安定である．上式を展開すると，その s の係数は $\alpha_1, \alpha_2, \cdots, \beta_1, \beta_2, \cdots, \gamma_1, \gamma_2, \cdots$ の積と足し算で計算されるので，プラスになる．つまり，プラス以外の係数が含まれていると安定ではない．ただし，係数がすべてプラスでも，3 次以上では不安定になることがある．例えば 3 次で $a_2 a_1 - a_0 < 0$ のときである． ♠

5.2.12 ナイキストの安定判別の証明

p.79 のナイキストの安定判別を証明しよう．

【証明】 p.69 の図 2.27 の $G(s)$ と $K(s)$ それぞれの分子分母を s の多項式で表す．

$$G(s) = \frac{G_n(s)}{G_d(s)}, \quad K(s) = \frac{K_n(s)}{K_d(s)}$$

それぞれを閉ループ系の伝達関数 $G_{\mathrm{cl}}(s)$（p.21 の表 2.1）に代入する．

$$\begin{aligned}
G_{\mathrm{cl}}(s) &= \frac{G(s)K(s)}{1 + G(s)K(s)} = \frac{\dfrac{G_n(s)}{G_d(s)}\dfrac{K_n(s)}{K_d(s)}}{1 + \dfrac{G_n(s)}{G_d(s)}\dfrac{K_n(s)}{K_d(s)}} \\
&= \frac{G_n(s)K_n(s)}{G_d(s)K_d(s) + G_n(s)K_n(s)} \quad \leftarrow \text{分子分母} \times G_d(s)K_d(s)
\end{aligned}$$
(5.77)

伝達関数の分母多項式 $= 0$ の s の解が極であり，すべての極の実部が負ならば安定であった（p.43 を参照）．$1 + G(s)K(s)$ を変形してみよう．

$$1 + G(s)K(s) = 1 + \frac{G_n(s)}{G_d(s)}\frac{K_n(s)}{K_d(s)}$$

$$= \frac{G_d(s)K_d(s) + G_n(s)K_n(s)}{G_d(s)K_d(s)} \quad \leftarrow 1 = \frac{G_d(s)K_d(s)}{G_d(s)K_d(s)} \text{より} \quad (5.78)$$

上式の分子と式 (5.77) の分母多項式が一致するので，閉ループ伝達関数 $G_{cl}(s)$ の極は，$1 + G(s)K(s)$ の零点（分子多項式 $= 0$ の s の解）に一致する．さらに上式の分母多項式は $G(s)K(s)$ の分母多項式と同じなので，開ループ伝達関数 $G(s)K(s)$ の極は，$1 + G(s)K(s)$ の極に一致する．また，$1 + G(j\omega)K(j\omega)$ のナイキスト軌跡は，$G(j\omega)K(j\omega)$ のナイキスト軌跡に 1 を足したもの，つまり図 **5.7** のように複素平面上で実軸の右方向に 1 ずらしたものなので，$1 + G(j\omega)K(j\omega)$ が原点 $0 + 0j$ を回る回数は，$G(j\omega)K(j\omega)$ が点 $-1 + 0j$ を回る回数に等しい．

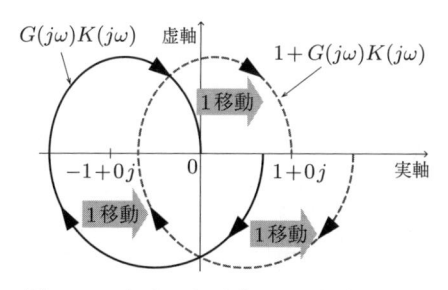

図 5.7 $G(j\omega)K(j\omega)$ と $1 + G(j\omega)K(j\omega)$ のナイキスト軌跡

まとめると

n_{cl} = 閉ループ伝達関数 $G_{cl}(s)$ の不安定または安定限界な極の数

　　= $1 + G(s)K(s)$ の不安定または安定限界な零点の数

n_{op} = 開ループ伝達関数 $G(s)K(s)$ の不安定な極の数

　　= $1 + G(s)K(s)$ の不安定な極の数

n = 開ループ伝達関数 $G(s)K(s)$ が点 $-1 + 0j$ を時計回りに回る回数

　 = $1 + G(s)K(s)$ が点 $0 + 0j$ を時計回りに回る回数

の関係がある．n_{cl} と n_{op} の下付き文字 cl と op はそれぞれ閉ループと開ループの英語 "closed loop" と "open loop" の頭文字である．

これから，p.80 の式 (2.83)

$$n = n_{cl} - n_{op}$$

つまり

$(G(s)K(s)$ が点 $-1+0j$ を時計回りに回る回数 $n)$
$= (G_{\text{cl}}(s)$ の不安定な極の数 $n_{\text{cl}}) - (G(s)K(s)$ の不安定な極の数 $n_{\text{op}})$

が成り立つことを示す。一般に，$G(s)K(s)$ の分子多項式 $G_n(s)K_n(s)$ の次数は，分母多項式 $G_d(s)K_d(s)$ の次数と同じか小さい[†]。よって，式(5.78) より，$1+G(s)K(s)$ の分子分母の多項式の次数は，どちらも $G_d(s)K_d(s)$ の次数と等しくなるので，その次数を N とする。$1+G(s)K(s)$ の分子分母を因数分解する。

$$1 + G(s)K(s) = k\frac{(s-p_{\text{cl}1})(s-p_{\text{cl}2})(s-p_{\text{cl}3})\cdots(s-p_{\text{cl}N})}{(s-p_{\text{op}1})(s-p_{\text{op}2})(s-p_{\text{op}3})\cdots(s-p_{\text{op}N})} \quad (5.79)$$

k は定数，$p_{\text{cl}1}, p_{\text{cl}2}, \cdots$ は $G_{\text{cl}}(s)$ の極，$p_{\text{op}1}, p_{\text{op}2}, \cdots$ は $G(s)K(s)$ の極である。p.61 の位相の性質 (1), (2) より，伝達関数の積は各位相の和，逆数はマイナスの位相になるので，上式より $s=j\omega$ を代入すると

$$\begin{aligned}\angle(1 + G(j\omega)K(j\omega)) \\ = \angle k &+ \angle(j\omega - p_{\text{cl}1}) + \angle(j\omega - p_{\text{cl}2}) + \cdots + \angle(j\omega - p_{\text{cl}N}) \\ &- \angle(j\omega - p_{\text{op}1}) - \angle(j\omega - p_{\text{op}2}) - \cdots - \angle(j\omega - p_{\text{op}N})\end{aligned} \quad (5.80)$$

が成り立つ。k は定数なので，位相も一定値のまま動かない。

周波数 ω が $-\infty$ から ∞ まで変化したときを考える。$(j\omega - p_{\text{cl}1})$ を

$$\begin{aligned}j\omega - p_{\text{cl}1} &= j\omega - (\text{Re}[p_{\text{cl}1}] + j\,\text{Im}[p_{\text{cl}1}]) \\ \therefore &= -\text{Re}[p_{\text{cl}1}] + j(\omega - \text{Im}[p_{\text{cl}1}])\end{aligned} \quad (5.81)$$

と表す。$(j\omega - p_{\text{cl}1})$ の位相は，p.60 の式 (2.73) に上式を代入して

$$\angle(j\omega - p_{\text{cl}1}) = \tan^{-1}\frac{\text{Im}[j\omega - p_{\text{cl}1}]}{\text{Re}[j\omega - p_{\text{cl}1}]} = \tan^{-1}\frac{\omega - \text{Im}[p_{\text{cl}1}]}{-\text{Re}[p_{\text{cl}1}]} \quad (5.82)$$

となる。p.155 の図 5.1 (b) のアークタンジェントの関係から，$p_{\text{cl}1}$ が安定な極 ($\text{Re}[p_{\text{cl}1}] < 0$) のとき，**図 5.8** の $(s-p_{\text{cl}1})$ のナイキスト軌跡の位相を考える。$\text{Re}[p_{\text{cl}1}] < 0$ なので，式 (5.82) の分母はプラスの定数になる。

まず，$\omega = -\infty$ のとき，式 (5.82) の位相は $\tan^{-1}\dfrac{-\infty}{\text{プラスの定数}} = -90°$ となる。ω

[†] この性質をプロパーといい，次数が同じでなく小さいときは厳密にプロパーという。プロパーでない場合，分子のほうが分母よりも多項式の次数が高くなるので，ω が ∞ になると $G(j\omega)K(j\omega)$ も ∞ になる。このとき，入力を速く振動させるほど，出力が大きく変動するのだが，そのようなことは自然界では起こらない。例えば，車のアクセルを超高速で開け閉めしても，速度はほとんど変動しない。

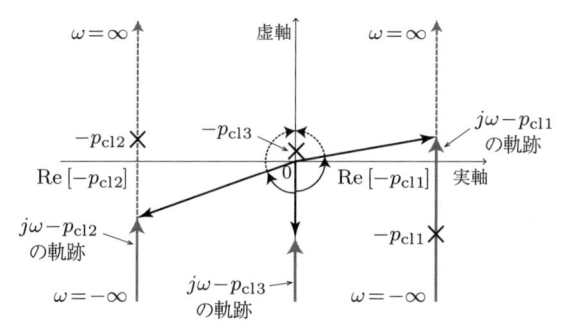

5.2 2章の制御システムの解析を「ナットク」する

図 5.8 $s-p_{c l 1}$ などのナイキスト軌跡

が大きくなって $\omega=\mathrm{Im}\,[p_{c l 1}]$ になったとき，位相は $\tan^{-1}\dfrac{0}{\text{プラスの定数}}=0°$ となる。ω がさらに大きくなって $\omega=\infty$ になったとき，位相は $\tan^{-1}\dfrac{+\infty}{\text{プラスの定数}}=+90°$ となる。つまり，位相は $-90°\to 0°\to +90°$ と反時計回りに 0.5 回転する。同じようにして，$p_{c l 2}$ が不安定な極 $(\mathrm{Re}\,[p_{c l 2}]>0)$ のときの，$(s-p_{c l 2})$ のナイキスト軌跡の位相を考える。$\mathrm{Re}\,[p_{c l 2}]>0$ なので，式 (5.82) の分母はマイナスの定数になる。まず，$\omega=-\infty$ のとき，式 (5.82) の位相は $\tan^{-1}\dfrac{-\infty}{\text{マイナスの定数}}=-90°$ となる。ω が大きくなって $\omega=\mathrm{Im}\,[p_{c l 2}]$ になったとき，位相は $\tan^{-1}\dfrac{0}{\text{マイナスの定数}}=-180°$ となる。ω がさらに大きくなって $\omega=\infty$ になったとき，位相は $\tan^{-1}\dfrac{+\infty}{\text{マイナスの定数}}=-270°$ となる。つまり，位相は $-90\to -180°\to -270°$（360°足すと，$+270°\to +180°\to +90°$）と時計回りに 0.5 回転する。安定限界 $(\mathrm{Re}\,[p_{c l 3}]=0)$ のとき式 (5.82) の分母は 0 になり，$\omega=-\infty$ のとき位相は $\tan^{-1}\dfrac{-\infty}{0}=-90°$ になる。$\omega=\mathrm{Im}\,[p_{c l 3}]$ のとき $j\omega-p_{c l 3}=0$ なので，軌跡が原点を通り，$\omega=\infty$ のとき位相は $\tan^{-1}\dfrac{\infty}{0}=90°$ になる。したがって，$1+G(s)\,K(s)$ の軌跡が原点を通るとき，つまり $G(s)\,K(s)$ の軌跡が点 $-1+0j$ を通るときは，$G_{c l}(s)$ が安定限界の極をもつ。このとき，軌跡が不安定と同じく時計回りに 0.5 回転したとみなす。こうすることで，$n=n_{c l}-n_{op}$ の関係式の $n_{c l}$ に安定限界の極の数を含ませることができる。まとめると，つぎのようになる。

(1) 安定 $(\mathrm{Re}\,[p_{c l 1}]<0)$ のとき，$(s-p_{c l 1})$ の位相 $\angle(j\omega-p_{c l 1})$ は，反時計回りに 0.5 回転する。

(2) 安定でない $(\mathrm{Re}\,[p_{c l 2}]>0,\ \mathrm{Re}\,[p_{c l 3}]=0)$ のとき，$(s-p_{c l 2})$ や $(s-p_{c l 3})$ の位相は，時計回りに 0.5 回転する。

式 (5.80) の $(s-p_{c l 1})$ の位相，$(s-p_{c l 2})$ の位相 $\cdots$ のすべてについても，この関係

を当てはめよう。閉ループの極 $p_{\text{cl}1}, p_{\text{cl}2}, \cdots$ は N 個あり，そのうち n_{cl} 個が不安定または安定限界なので，$N - n_{\text{cl}}$ 個は安定である。よって，つぎの関係が導かれる。

(1) $(s - p_{\text{cl}1})(s - p_{\text{cl}2}) \cdots (s - p_{\text{cl}N})$ の位相は，反時計回りに $0.5(N - n_{\text{cl}})$ 回転し，時計回りに $0.5 n_{\text{cl}}$ 回転する。つまり，時計回りに $-0.5(N - n_{\text{cl}}) + 0.5 n_{\text{cl}} = -0.5N + n_{\text{cl}}$ 回転する。

つぎに $(s - p_{\text{op}1})(s - p_{\text{op}2}) \cdots (s - p_{\text{op}N})$ の位相を考える。式 (5.80) より，位相にマイナスの符号が付いているので，軌跡が原点を回る方向が逆になる。これを関係 (1) に当てはめ，回転する数にマイナスを付けると，つぎの関係が導かれる。

(2) $(s - p_{\text{op}1})(s - p_{\text{op}2}) \cdots (s - p_{\text{op}N})$ の位相は，反時計回りに $-0.5(N - n_{\text{op}})$ 回転し，時計回りに $-0.5 n_{\text{op}}$ 回転する。つまり，時計回りに $0.5(N - n_{\text{op}}) - 0.5 n_{\text{op}} = 0.5N - n_{\text{op}}$ 回転する。

ただし，$p_{\text{op}1}$ が安定限界（$\text{Re}\,[p_{\text{op}1}] = 0$）のとき，$\omega = \text{Im}\,[p_{\text{op}1}]$ で $(s - p_{\text{op}1})$ の大きさ $|j\omega - p_{\text{op}1}|$ はゼロとなるが，$(s - p_{\text{op}1})$ が式 (5.79) の分母なので，軌跡の大きさ $|1 + G(j\omega) K(j\omega)|$ が ∞ になる。そのときの位相の変化は，p.155 の図 5.1 (b) のアークタンジェントの関係から，実部（底辺）がゼロのまま虚部（高さ）の符号が変わるので，180°である。つまり，軌跡の大きさ（原点から軌跡までの距離）は ∞ となり，180°ずれた ∞ まで飛ぶ。n_{op} には安定限界の極の数を含めていないので，安定なときに回る方向に飛んだとすれば，つじつまが合う。p_{cl} が安定なときの回転方向は反時計回りだったが，p_{op} ではマイナスの符号を付けるので，時計回りが安定なときの回転方向である。したがって，<u>軌跡が ∞ となって 180°飛んだとき，安定な方向，つまり時計回りに飛んだとみなすと，正しく安定判別を行える</u>。

関係 (1) と関係 (2) より，式 (5.80) から，ω を $-\infty$ から ∞ まで変化させたとき

$G(s)K(s)$ が点 $-1 + 0j$ を時計回りに回る回数 n

$= (-0.5N + n_{\text{cl}}) + (0.5N - n_{\text{op}})$

$= n_{\text{cl}} - n_{\text{op}}$

が成り立つ。あとは，ω を 0 から ∞ まで変化させたときの $G(s)K(s)$ が $-1 + 0j$ を時計回りに回る回数を 2 倍したものが n に一致することを示せば，p.80 の式 (2.83) が証明されるので，このことを以下に示す。

p.179 の 5.2.10 項より，$G(j\omega) K(j\omega)$ の共役複素数 $\overline{G(j\omega) K(j\omega)}$ について

$G(-j\omega) K(-j\omega) = \overline{G(j\omega) K(j\omega)}$

が成り立つので

ω を $-\infty$ から 0 まで変化させたときの $G(j\omega)K(j\omega)$ のナイキスト軌跡
$= \omega$ を ∞ から 0 まで変化させたときの
$$G(-j\omega)K(-j\omega)\left(=\overline{G(j\omega)K(j\omega)}\right) \text{の軌跡}$$
となる。$\overline{G(j\omega)K(j\omega)}$ は，$G(j\omega)K(j\omega)$ の虚部をマイナスにしたものなので，その軌跡は横軸を中心として $G(j\omega)K(j\omega)$ のナイキスト軌跡を上下反転した軌跡となり，また，ω を ∞ から 0 まで変化させるので，軌跡が進む向きは逆になる。よって

(ω を $-\infty$ から 0 まで変化させたときの $G(j\omega)K(j\omega)$ のナイキスト軌跡)
 $=$ (ω を 0 から ∞ まで変化させたときの $G(j\omega)K(j\omega)$ の軌跡を，
   横軸を中心として上下反転し，進む向きを逆にした軌跡)

となる。この関係を図 **5.9** に示す。

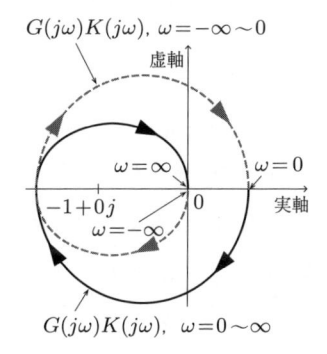

図 5.9 $\omega = 0 \sim \infty$ と $\omega = -\infty \sim 0$ の $G(j\omega)K(j\omega)$ のナイキスト軌跡

図より，ω を $0 \sim \infty$ の間で変化させたときの $G(s)K(s)$ が $-1+0j$ を時計回りに回る回数を 2 倍したものが，n に一致することがわかる。ちなみに，図では軌跡が $-1+0j$ を時計回りに 2 回転しているので，$n=2$ である。 ♠

5.3　3 章の制御対象の把握を「ナットク」する

3 章の内容を，証明したり問題を解いたりして，ナットクしよう。

5.3.1　微分要素 s と積分要素 $\dfrac{1}{s}$ のボード線図の折れ線近似の作図

【問題】　微分要素 s のボード線図を作図してみよう。

【解答】　p.63 のボード線図を描く手順 3) より，$\dfrac{1}{s}$ のボード線図を上下反転する（ゲ

インと位相に -1 をかける）と s のボード線図になる。よって，前問の $\frac{1}{s}$ のボード線図より，s のゲイン線図は傾き $+20$ dB/dec で $\omega = 1$ のときに 0 dB となり，位相線図は $+90°$ 一定となる。つまり，p.84 のグラフのようになる。 ◇

【問題】 積分要素 $\frac{1}{s}$ のボード線図を作図してみよう。

【解答】 p.65 の網掛け内の $\frac{1}{Ts}$ のボード線図の性質より，$T = 1$ で $\frac{1}{s}$ なので，そのゲイン線図は傾き -20 dB/dec で $\omega = \frac{1}{|T|} = 1$ のときに 0 dB となり，位相線図は $-90°$ 一定となる。つまり，p.84 のグラフのようになる。 ◇

5.3.2 一次遅れ系

（1） **一次遅れ系が安定になる条件の証明**　　p.91 の一次遅れ系が安定になる条件が $T \geqq 0$ であることを証明しよう。

【証明】 極と安定性の関係（p.43）より，すべての極の実部が負のとき，そのときに限り安定であった。ただし，極は伝達関数の特性方程式（分母多項式 $= 0$）の解であった。したがって，式 (3.11) の特性方程式 $Ts + 1 = 0$ を解いて，極は $-\frac{1}{T}$ である。すべての極の実部が負のときに安定なので，$-\frac{1}{T} < 0$ を得る。両辺に T^2 をかけて，$T > 0$ ならば安定とわかる。また，$T = 0$ のときは $\frac{K}{Ts + 1} = K$ となり，定数 K は比例要素であり，そのステップ応答は発散しないので安定である。まとめて，$T \geqq 0$ のとき安定である。 ♠

（2） **一次遅れ系のステップ応答の性質の証明**　　一次遅れ系のステップ応答の性質（p.92 の性質 3.2）(1), (2) を証明しよう。

【証明】 まず，(1) の証明を行う。p.32 のラプラス変換表より，ステップ関数のラプラス変換は $U(s) = \frac{1}{s}$ である。$Y(s) = G(s)U(s)$ に，式 (3.11) の $G(s)$ と $U(s) = \frac{1}{s}$ を代入する。

$$Y(s) = \frac{K}{Ts + 1}\left(\frac{1}{s}\right) \tag{5.83}$$

よって，$sY(s) = \frac{K}{Ts + 1}$ は $T < 0$ のときは不安定となり，最終値は存在しない。$T \geqq 0$ のときには安定になるので，p.50 の最終値の定理を使うことができ，次式により最終値 K を得る。

$$\lim_{t \to \infty} y(t) = \lim_{s \to 0} sY(s) = \lim_{s \to 0} s\frac{K}{Ts + 1}\left(\frac{1}{s}\right) = \lim_{s \to 0} \frac{K}{Ts + 1}$$

5.3 3章の制御対象の把握を「ナットク」する

$$\therefore \lim_{t \to \infty} y(t) = K \tag{5.84}$$

または，別の証明方法として，微分方程式を解いて $y(t)$ を求め，その最終値を直接求める方法もある．このあと求める式 (5.88) より，$y(t) = K\left(1 - e^{-t/T}\right)$ となる．その最終値は

$$\lim_{t \to \infty} y(t) = \lim_{t \to \infty} K\left(1 - e^{-t/T}\right) = K - K \lim_{t \to \infty} e^{-t/T}$$

である．上式に $e^{-t/T} = \dfrac{1}{e^{t/T}}$ を代入し，$e^{\infty} \simeq 2.72^{\infty} = \infty$ を用いる．

$$= K - K \lim_{t \to \infty} \frac{1}{e^{t/T}} = K - K\frac{1}{\infty} = K$$

よって，先に求めた結果と同じく，最終値は K になった．

つぎに (2) の証明を行う．まず $y(t)$ の解を求め，$y(t) = K\left(1 - e^{-t/T}\right)$ となることを証明する．式 (5.83) より

$$Y(s) = \frac{K}{s(Ts+1)} \tag{5.85}$$

である．部分分数に展開するために

$$Y(s) = \frac{A}{s} + \frac{B}{Ts+1} \tag{5.86}$$

とおく．式 (5.86) を通分する．

$$Y(s) = \frac{(AT+B)s + A}{s(Ts+1)} \tag{5.87}$$

式 (5.85) と式 (5.87) は等しいので，それらの分子について等式 $(AT+B)s + A = 0 \times s + K$ が立つ．この等式は $s = 0, 1, 2, \cdots$ のあらゆる s で成立するので，s の各係数が等しくなければならず，次式が成り立つ．

$$\begin{cases} AT + B = 0 & \leftarrow s^1 (= s) \text{の係数} \\ A = K & \leftarrow s^0 (= 1) \text{の係数} \end{cases}$$

この連立方程式を解いて $B = -KT$ を得る．A, B を式 (5.86) に代入し，p.32 のラプラス変換表を用いて逆ラプラス変換して，ステップ応答 $y(t)$ を得る．

$$y(t) = \mathcal{L}^{-1}\left[\frac{A}{s} + \frac{B}{Ts+1}\right] = A\mathcal{L}^{-1}\left[\frac{1}{s}\right] + \frac{B}{T}\mathcal{L}^{-1}\left[\frac{1}{s+1/T}\right]$$

$$= A \times 1 + \frac{B}{T}e^{-t/T}$$

$$\therefore y(t) = K\left(1 - e^{-t/T}\right) \tag{5.88}$$

つぎに上式に $t=T$ を代入する。

$$y(T) = K\left(1 - e^{-1}\right) \quad \leftarrow e \simeq 2.72 \text{ を代入する}$$

$$\therefore \simeq 0.632K$$

式 (5.84) より，K は最終値なので，$t=T$ において $y(t)$ は最終値の 0.632 倍，つまり 63.2％になることが証明された。　♠

5.3.3　二　次　遅　れ　系

（1） 二次遅れ系の伝達関数から K，ω_n，ζ を求める

【問題】　p.94 の式 (3.23) を導出してみよう。

【解答】　$\dfrac{b_0}{s^2+a_1s+a_0} = \dfrac{K\omega_n^2}{s^2+2\zeta\omega_n s+\omega_n^2}$ なので，つぎのように係数比較して，式 (3.23) の右辺を計算すると，式 (3.23) の左辺に一致することがわかる。

$$b_0 = K\omega_n^2,\ a_0 = \omega_n^2 \text{ より } \frac{b_0}{a_0} = \frac{K\omega_n^2}{\omega_n^2} = K$$

$$a_0 = \omega_n^2 \text{ より } \sqrt{a_0} = \sqrt{\omega_n^2} = |\omega_n| = \omega_n \quad \leftarrow \omega_n > 0 \text{ より}$$

$$a_1 = 2\zeta\omega_n,\ \omega_n = \sqrt{a_0} \text{ より } \frac{a_1}{2\sqrt{a_0}} = \frac{a_1}{2\omega_n} = \frac{2\zeta\omega_n}{2\omega_n} = \zeta$$

◇

（2） 二次遅れ系が安定になる条件の証明　　二次遅れ系が安定になる条件（p.98 の性質 3.4）が $\zeta > 0$ であること証明しよう。

【証明】　ラウス・フルビッツの安定判別（p.68）より，伝達関数の分母多項式が 2 次のときはすべての係数が正のときに安定である。したがって，$2\zeta\omega_n > 0$，$\omega_n^2 > 0$ のときに安定である。ω_n は $\omega_n > 0$ なので，$\zeta > 0$ のときに安定になる。$\zeta = 0$ のときは $G(s) = \dfrac{K\omega_n^2}{s^2+\omega_n^2}$ となり，極は $\pm j\omega_n$ なので，実部がゼロになって安定限界である。　♠

（3） 二次遅れ系のステップ応答の性質の証明　　二次遅れ系のステップ応答の性質（p.99 の性質 3.5）(1)〜(3) を証明しよう。

【証明】　まず，(1) を証明する。p.32 のラプラス変換表より，ステップ関数のラプラス変換は $U(s) = \dfrac{1}{s}$ である。$Y(s) = G(s)U(s)$ に，式 (3.22) の $G(s)$ と $U(s) = \dfrac{1}{s}$ を代入する。p.50 の最終値の定理より

$$\lim_{t\to\infty} y(t) = \lim_{s\to 0} sY(s)$$

5.3 3章の制御対象の把握を「ナットク」する

$$= \lim_{s \to 0} sG(s)U(s)$$
$$= \lim_{s \to 0} s \frac{K\omega_n^2}{s^2 + 2\zeta\omega_n s + \omega_n^2}\left(\frac{1}{s}\right) \quad \leftarrow s と \frac{1}{s} を約分して s = 0 を代入$$
$$\therefore = K \tag{5.89}$$

を得る。よって，最終値が K になることがわかった。ただし，下記の (2) の証明より $\zeta < 0$ のときは発散する。

つぎに (2) を証明する。極と安定性の関係（p.43）より，すべての極の実部が負のとき，そのときに限り安定であった。ただし，極は伝達関数の特性方程式（分母多項式 $= 0$）の解であった。したがって，式 (3.22) の特性方程式

$$s^2 + 2\zeta\omega_n s + \omega_n^2 = 0$$

を解いて，極は 2 次方程式の解より

$$-\zeta\omega_n \pm \sqrt{(\zeta\omega_n)^2 - \omega_n^2} = \omega_n\left(-\zeta \pm \sqrt{\zeta^2 - 1}\right) \tag{5.90}$$

となる。$1 \leq \zeta$ よりルートの中の $\zeta^2 - 1 \geq 0$ となるので，極は実数である。極を $p_1 = \omega_n\left(-\zeta + \sqrt{\zeta^2 - 1}\right)$，$p_2 = \omega_n\left(-\zeta - \sqrt{\zeta^2 - 1}\right)$ とおくと，$G(s)$ は

$$G(s) = K\frac{\omega_n^2}{(s - p_1)(s - p_2)}$$

と書ける。出力 $y(t) = \mathcal{L}^{-1}[G(s)U(s)]$ は

$$y(t) = \mathcal{L}^{-1}\left[K\frac{\omega_n^2}{(s - p_1)(s - p_2)}\left(\frac{1}{s}\right)\right]$$

となる。部分分数展開して，p.32 のラプラス変換表より，逆ラプラス変換する。

$$上式 = \mathcal{L}^{-1}\left[\frac{A}{s} + \frac{B}{s - p_1} + \frac{C}{s - p_2}\right] \quad \leftarrow A, B, C は定数$$
$$\therefore = A + Be^{p_1 t} + Ce^{p_2 t} \tag{5.91}$$

よって，$y(t)$ は定数 A と指数関数 $Be^{p_1 t}$，$Ce^{p_2 t}$ の足し算となる（線形和という）。$\zeta > 0$ より安定なので，実数 p_1，p_2 はともに負になり，p.48 の図 2.17 から $e^{p_1 t}$ と $e^{p_2 t}$ は単調減少関数となる。したがって，$y(t)$ は振動的にならず，オーバーシュートも発生しない。

つぎに，(3) を証明する。式 (5.90) の極は $0 \leq \zeta < 1$ より $\zeta^2 - 1 < 0$ なので，つぎの複素数になる。

$$\omega_n\left(-\zeta \pm j\sqrt{1 - \zeta^2}\right)$$

ここで $j=\sqrt{-1}$ は虚数単位である。$p_1=x_1+jx_2$ とおくと,$e^{p_1 t}$ は

$$e^{(x_1+jx_2)t} = e^{x_1 t}e^{jx_2 t}$$
$$= e^{x_1 t}(\cos(x_2 t) + j\sin(x_2 t)) \quad \leftarrow \text{p.45 のオイラーの公式より}$$

となる。よって,出力 $y(t)$ は $\cos(x_2 t)$ を含むので,振動してオーバーシュートが起こる。振動の周波数は $x_2=\omega_n\sqrt{1-\zeta^2}$ であるが,$\sqrt{1-\zeta^2}$ は $\zeta=0, 0.2, 0.5$ のときそれぞれ $1, 0.98, 0.87$ となって,ほぼ 1 に近似できるので,振動の周波数はほぼ ω_n〔rad/s〕である。出力 $y(t)$ の虚数部はもう一つの極 x_1-jx_2 の $e^{(x_1-jx_2)t}$ によって打ち消され,完全な実数になることを,式 (5.91) を計算して確かめてほしい。♠

(4) 二次遅れ系のボード線図の性質の証明　二次遅れ系のボード線図の性質(p.100 の性質 3.6)(1)〜(3)を証明しよう。

【証明】

(a) 性質 (1)　p.60 の式 (2.72), (2.73) によって $G(s)$ のゲインと位相を求める。$G(s)$ に $s=j\omega$ を代入する。

$$G(j\omega) = \frac{K\omega_n^2}{-\omega^2+2\zeta\omega_n(j\omega)+\omega_n^2} \quad \leftarrow j^2=\sqrt{-1}^2=-1\ \text{より} \quad (5.92)$$
$$= \frac{K}{-\left(\frac{\omega}{\omega_n}\right)^2+2\zeta\left(\frac{\omega}{\omega_n}\right)j+1} \quad \leftarrow \text{分子分母を}\ \omega_n^2\ \text{で割った}$$

$\omega \ll \omega_n$ の両辺を ω_n で割ると,$\frac{\omega}{\omega_n} \ll 1$ になる。この意味は,ω も ω_n もプラスなので,$\frac{\omega}{\omega_n}$ の大きさが 1 よりも非常に小さい,つまり,1 に比べてゼロとみなせるくらい小さいということなので,上式の分母は 1 に近似できる (p.64 の図 2.25 を参照)。

$$\therefore G(j\omega) \simeq K$$

よって,実部 $a \simeq K$,虚部 $b \simeq 0$ である。ゲイン公式 (2.72) より,ゲイン $=\sqrt{a^2+b^2} \simeq K$ となり,デシベルにすると,$20\log_{10} K$〔dB〕である。また,位相公式 (2.73) と,p.155 のアークタンジェントの性質より,位相 $=\tan^{-1}\left(\frac{b}{a}\right) \simeq \tan^{-1}\left(\frac{0}{K}\right) = 0°$ である。

(b) 性質 (2)　式 (5.92) に,$\omega=\omega_n$ を代入する。

$$G(j\omega_n) = \frac{K\omega_n^2}{-\omega_n^2+2j\zeta\omega_n^2+\omega_n^2} = \frac{K}{2\zeta j}$$
$$= -\frac{K}{2\zeta}j \quad \leftarrow \text{分子分母に}\ j\ \text{をかけて}\ j^2=-1\ \text{を代入した}$$

5.3 3章の制御対象の把握を「ナットク」する

よって，$\mathrm{Re}\left[G\left(j\omega_n\right)\right]=0,\ \mathrm{Im}\left[G\left(j\omega_n\right)\right]=-\dfrac{K}{2\zeta}$ であり，これらをゲイン公式 (2.72) に代入する。

$$|G\left(j\omega_n\right)|=\sqrt{\mathrm{Re}\left[G\left(j\omega_n\right)\right]^2+\mathrm{Im}\left[G\left(j\omega_n\right)\right]^2}=\sqrt{0^2+\left(-\dfrac{K}{2\zeta}\right)^2}=\dfrac{K}{2\zeta} \tag{5.93}$$

ζ が分母なので，$|G\left(j\omega_n\right)|=\dfrac{K}{2\zeta}$ は ζ が 0 に近づくほど急激に大きくなる。

また，位相公式 (2.73) と p.155 のアークタンジェントの性質より，位相は

$$\angle G\left(j\omega_n\right)=\tan^{-1}\dfrac{\mathrm{Im}\left[G\left(j\omega_n\right)\right]}{\mathrm{Re}\left[G\left(j\omega_n\right)\right]}=\tan^{-1}\dfrac{-\dfrac{K}{2\zeta}}{0}=\tan^{-1}\dfrac{-\infty}{1}=-90°$$

となる。また，p.61 のボード線図の性質 (2) より，式 (5.92) の位相は $\angle G\left(j\omega_n\right)=-\angle\left(\dfrac{1}{G\left(j\omega_n\right)}\right)=-\tan^{-1}\dfrac{2\zeta(\omega/\omega_n)}{1-(\omega/\omega_n)^2}$ である。よって，ω が $\omega=\omega_n$ から少しずれて，底辺 $1-(\omega/\omega_n)^2$ がゼロからやや離れても，高さ $2\zeta(\omega/\omega_n)$ が大きければ $-90°$ からあまりずれない。高さは ζ に比例して大きくなるので，ζ が大きいほど，ω が $\omega=\omega_n$ からずれても位相の変化は小さい。逆にいうと，ζ が小さいほど，ω が $\omega=\omega_n$ からずれると急激に位相が変化する。

(c) 性質 (3) 式 (5.92) の分子分母を ω^2 で割り，分子分母に -1 をかける。

$$G\left(j\omega_n\right)=\dfrac{K\left(\dfrac{\omega_n}{\omega}\right)^2}{-1+2\zeta\left(\dfrac{\omega_n}{\omega}\right)j+\left(\dfrac{\omega_n}{\omega}\right)^2}=\dfrac{-K\left(\dfrac{\omega_n}{\omega}\right)^2}{1-2\zeta\left(\dfrac{\omega_n}{\omega}\right)j-\left(\dfrac{\omega_n}{\omega}\right)^2}$$

$\omega_n \ll \omega$ の両辺を ω で割ると，$\dfrac{\omega_n}{\omega}\ll 1$ になる。この意味は，ω も ω_n もプラスなので，この不等式より $\dfrac{\omega_n}{\omega}$ の大きさが 1 よりも非常に小さい，つまり 1 に比べてゼロとみなせるくらい小さいということなので，上式の分母は 1 に近似でき

$$G\left(j\omega\right)\simeq -K\left(\dfrac{\omega_n}{\omega}\right)^2$$

を得る。よって，実部 $a \simeq -K\left(\dfrac{\omega_n}{\omega}\right)^2$，虚部 $b \simeq 0$ である。ゲイン公式 (2.72) より，ゲイン $=\sqrt{a^2+b^2}\simeq K\left(\dfrac{\omega_n}{\omega}\right)^2$ であり，デシベルにすると

$$20\log_{10}\left(K\dfrac{\omega_n^2}{\omega^2}\right)=20\log_{10}\dfrac{1}{\omega^2}+20\log_{10}\left(K\omega_n^2\right)$$

$\uparrow$ p.155 の log の公式 (5.1.3項) より

$$=20\log_{10}\omega^{-2}+c \quad \leftarrow 定数\ c=20\log_{10}K\omega_n^2\ とおいた$$

$$= -40\log_{10}\omega + c \quad \leftarrow \text{p.155 の log の公式 (5.1.2 項) より}$$

となる。ボード線図の横軸は対数軸 (p.60 を参照) なので，横軸を $x = \log_{10}\omega$，縦軸を y とおくと，上式は $y = -40x + c$ と書ける。これは直線で，傾きが -40 である。また，位相公式 (2.73) と p.155 のアークタンジェントの性質より，位相 $= \tan^{-1}\left(\dfrac{b}{a}\right) = \tan^{-1}\dfrac{0}{-K\left(\dfrac{\omega_n}{\omega}\right)^2} = -180°$ である。 ♠

5.3.4 零点の性質の証明

（1） 非最小位相系は位相が遅れることの証明 $\dfrac{T_n s + 1}{T_d s + 1}$ は，$T_n < 0$ のときに位相が $-180°$ まで遅れることを証明しよう (p.105 を参照)。

【証明】 $s = j\omega$ を代入し，分母の共役複素数を分子分母にかけて分母を有理化する。

$$\begin{aligned}
\dfrac{T_n(j\omega) + 1}{T_d(j\omega) + 1} &= \dfrac{jT_n\omega + 1}{jT_d\omega + 1}\left(\dfrac{-jT_d\omega + 1}{-jT_d\omega + 1}\right) \\
&= \dfrac{(jT_n\omega + 1)(-jT_d\omega + 1)}{-(jT_d\omega)^2 + jT_d\omega - jT_d\omega + 1^2} \\
&= \dfrac{-j^2 T_n T_d \omega^2 + jT_n\omega - jT_d\omega + 1^2}{-(jT_d\omega)^2 + 1} \\
&= \dfrac{(T_n T_d \omega^2 + 1) + j\omega(T_n - T_d)}{(T_d\omega)^2 + 1} \quad \leftarrow j^2 = \sqrt{-1}^2 = -1 \text{ より}
\end{aligned}$$

p.60 の位相の公式 (2.73) より，位相 $= \tan^{-1}\dfrac{\omega(T_n - T_d)}{T_n T_d \omega^2 + 1}$ となるので，$\omega = 0$ のとき，位相 $= \tan^{-1}\dfrac{0}{1} = 0°$ を得る。$\tan^{-1}$ の分子分母を ω で割ると，位相 $= \tan^{-1}\dfrac{T_n - T_d}{T_n T_d \omega + 1/\omega}$ となるので，$\omega = \infty$ のとき，$T_n < 0$ より

$$\text{位相} = \tan^{-1}\dfrac{T_n - T_d}{T_n T_d \infty + 1/\infty} = \tan^{-1}\dfrac{\text{マイナスの定数}}{-\infty} = -180°$$

を得る。ゆえに，$T_n < 0$ のとき，位相は $0°$ から $-180°$ まで遅れる。 ♠

（2） 零点が虚数 $\pm j\omega_n$ のとき $\sin(\omega_n t)$ を遮断することの証明

零点が虚数 $\pm j\omega_n$ のとき，つまり分子 $= s^2 + \omega_n^2$ のとき，$\sin(\omega_n t)$ を遮断する，つまり通さないことを証明しよう (p105 を参照)。

【証明】 分子 $s^2 + \omega_n^2$ に $s = \pm j\omega$ を代入する。

$$(\pm j\omega)^2 + \omega_n^2 = -\omega^2 + \omega_n^2 \quad \leftarrow j^2 = \sqrt{-1}^2 = -1 \text{ より}$$

よって，$\omega = \omega_n$ のとき，伝達関数の分子 $= 0$ となる．出力 $=$ 伝達関数 $\times$ 入力なので，伝達関数がゼロだと出力もゼロになる．つまり，$\omega = \omega_n$ の入力 $\sin(\omega t)$ を定常状態では通さない．♠

5.3.5 むだ時間要素のボード線図の性質の証明

むだ時間要素のボード線図の性質（p.107）を証明しよう．

【証明】 p.45 のオイラーの公式（式 (2.61)）より

$$G(j\omega) = e^{-jL\omega} = \cos(-L\omega) + j\sin(-L\omega) = \cos(L\omega) - j\sin(L\omega)$$

を得る．p.60 の式 (2.72) よりゲインは

$$|G(j\omega)| = \sqrt{\text{Re}\,[G(j\omega)]^2 + \text{Im}\,[G(j\omega)]^2} = \sqrt{\cos^2(L\omega) + (-\sin(L\omega))^2}$$
$$= \sqrt{\cos^2(L\omega) + \sin^2(L\omega)} = 1 \tag{5.94}$$

となる．よって，ゲインは $20\log_{10} 1 = 0$ 〔dB〕である．

p.60 の式 (2.73) より位相は

$$\angle G(j\omega) = \tan^{-1}\frac{\text{Im}\,[G(j\omega)]}{\text{Re}\,[G(j\omega)]} = \tan^{-1}\frac{-\sin(L\omega)}{\cos(L\omega)}$$
$$= \tan^{-1}(-\tan(L\omega)) = \tan^{-1}(\tan(-L\omega)) = -L\omega \tag{5.95}$$

である．よって，位相は $-L\omega$ 〔rad〕なので，ω が大きくなるほどマイナスに大きく，つまり下がり続ける．♠

5.4　4章の制御器の設計を「ナットク」する

4章の内容を，証明したり問題を解いたりして，ナットクしよう．

5.4.1　2自由度制御

（１）目標値応答特性は完璧だが外乱には無力な性質の証明　　p.114 の図 4.2 のブロック線図のように，$F(s) = G^{-1}(s)$ と設計して $G_{yr}(s)$ が安定なとき，目標値応答特性 $G_{yr}(s) = G_M(s)$ になることと，外乱除去特性 $S(s)$ が $F(s)$ を含まないことを証明しよう．

【証明】 p.165 の式 (5.27) のシステム (p.20 の図 2.7) は，r を $G_M r$ で置き換えると図 4.2 のシステムになるので，次式が成り立つ．

$$y = \frac{GF + GK}{1 + GK} G_M r + \frac{1}{1 + GK} d + \frac{GK}{1 + GK} n \tag{5.96}$$

式 (5.28), (5.29), (5.30) より，G_{yr}, S, T は，$y = G_{yr} r + Sd + Tn$ の関係があるので，次式を得る．

$$G_{yr} = \frac{GF + GK}{1 + GK} G_M, \ S = \frac{1}{1 + GK}, \ T = \frac{GK}{1 + GK} \tag{5.97}$$

よって，S は F を含まないことが証明された．また，n から y までの相補感度関数 T も F を含まないので，F はロバスト安定性 (p.74) とも無関係とわかる．G_{yr} に $F = G^{-1}$ を代入すると

$$G_{yr} = \frac{GG^{-1} + GK}{1 + GK} G_M = \frac{1 + GK}{1 + GK} G_M = G_M$$

となる．よって，G_{yr} が安定なとき $G_{yr} = G_M$ となって完璧になる．G_{yr} が安定になるのは，つぎの (2) で示すように，$F(s)$ が安定で，$K(s)$ によって $G(s)$ を安定化したときである． ♠

(2) $G(s)$ は $K(s)$ で安定化できるが $F(s)$ が不安定だと安定化できないことの証明 p.115 の $G(s)$ が不安定でも，$K(s)$ によって y から r までの伝達関数 $G_{yr}(s)$ を安定化できるが，$F(s)$ を不安定に設定してしまうと $K(s)$ をどのように選んでも $G_{yr}(s)$ が不安定になってしまうことを証明しよう．

【証明】 式 (5.97) の r から y までの伝達関数 $G_{yr} = \dfrac{GF + GK}{1 + GK} G_M$ の F, G, K の分子分母多項式に添字 n, d を付けて，$G = \dfrac{G_n}{G_d}$ のように表す．

$$G_{yr} = \frac{GF + GK}{1 + GK} G_M = \frac{\dfrac{G_n}{G_d}\dfrac{F_n}{F_d} + \dfrac{G_n}{G_d}\dfrac{K_n}{K_d}}{1 + \dfrac{G_n}{G_d}\dfrac{K_n}{K_d}} G_M$$

$$= \frac{G_n K_d \dfrac{F_n}{F_d} + G_n K_n}{G_d K_d + G_n K_n} G_M \quad \leftarrow \text{分子分母} \times G_d K_d$$

$$= \frac{G_n K_d F_n + G_n K_n F_d}{F_d (G_d K_d + G_n K_n)} G_M \quad \leftarrow \text{分子分母} \times F_d$$

よって，G_{yr} の分母多項式は $F_d(G_d K_d + G_n K_n)$ と G_M の分母多項式の積である．規範モデル G_M の分母多項式は安定な極をもつように設定しているので，残りの

$F_d(G_d K_d + G_n K_n)$ を考える。これは K をどのように選んでも F_d を含むので,F が不安定な極をもつと G_{yr} も同じ極をもって不安定になってしまい,出力 y は発散する。また,残りの $G_d K_d + G_n K_n$ は,$K = \dfrac{K_n}{K_d}$ をうまく設計すれば安定な極をもたせることができるので,G が不安定でも K によって安定化できる。♠

5.4.2 内部モデル原理の証明

p.116 の内部モデル原理を証明しよう。

【証明】 $r(t)$, $d(t)$ がステップ関数,ランプ関数や正弦波関数を含んで発散しない(不安定でない)とき,そのラプラス変換 $R(s)$, $D(s)$ は安定な伝達関数 $R_0(s)$ と $D_0(s)$ を用いて

$$R(s) = \frac{R_0(s)}{s^n (s^2 + \omega_p^2)^m}, \quad D(s) = \frac{D_0(s)}{s^n (s^2 + \omega_p^2)^m} \tag{5.98}$$

と表せる[†]。開ループ伝達関数 $G(s)K(s)$ の分母多項式が,$r(t)$, $d(t)$ のラプラス変換の安定限界な極をもつとき

$$G(s)K(s) = \frac{G_0(s) K_0(s)}{s^n (s^2 + \omega_p^2)^m} \tag{5.99}$$

と表せる。ここで,$G_0(s) K_0(s)$ は $\dfrac{1}{s^n (s^2 + \omega_p^2)^m}$ との間で約分しないように設定している。偏差 $E(s) = R(s) - Y(s)$ は,p.165 の式 (5.27) より,$F(s) = 0$, 観測ノイズ $N(s) = 0$ のとき

$$\begin{aligned}
E(s) &= R(s) - \left(\frac{G(s)K(s)}{1 + G(s)K(s)} R(s) + \frac{1}{1 + G(s)K(s)} D(s) \right) \\
&= \frac{1}{1 + G(s)K(s)} (R(s) - D(s)) \\
&= \frac{1}{1 + \dfrac{G_0(s) K_0(s)}{s^n (s^2 + \omega_p^2)^m}} \left(\frac{R_0(s) - D_0(s)}{s^n (s^2 + \omega_p^2)^m} \right) \\
&\qquad \uparrow \text{式 (5.98), (5.99) より} \\
&= \frac{s^n (s^2 + \omega_p^2)^m}{s^n (s^2 + \omega_p^2)^m + G_0(s) K_0(s)} \left(\frac{R_0(s) - D_0(s)}{s^n (s^2 + \omega_p^2)^m} \right) \\
\therefore &= \frac{1}{s^n (s^2 + \omega_p^2)^m + G_0(s) K_0(s)} (R_0(s) - D_0(s)) \quad \leftarrow \text{約分した}
\end{aligned}$$

[†] $R_0(s)$, $D_0(s)$ は分子に s や $s^2 + \omega_p^2$ を含んでもよいので,$R(s)$ と $D(s)$ の分母は異なってもよい。

となる。上式の $(R_0(s) - D_0(s))$ は $R_0(s)$, $D_0(s)$ が安定なので安定である。上式の残りの $\dfrac{1}{s^n(s^2+\omega_p^2)^m + G_0(s)K_0(s)}$ は，安定と仮定しているフィードバック制御系 $\dfrac{1}{1+G(s)K(s)}$ の分子から $\left(s^n(s^2+\omega_p^2)^m\right)$ を取り除いた関数なので，極は変わらず安定のままである。したがって，$E(s)$ は安定である。よって $sE(s)$ が安定となり，p.50 の最終値の定理が使えて，定常偏差は次式のようにゼロになる。

$$\begin{aligned}\lim_{t\to\infty}e(t) &= \lim_{s\to 0}sE(s)\\ &= \lim_{s\to 0}s\frac{1}{s^n(s^2+\omega_p^2)^m + G_0(s)K_0(s)}(R_0(s)-D_0(s))\\ &= 0\times\frac{1}{0+G_0(0)K_0(0)}(R_0(0)-D_0(0)) = 0\end{aligned}$$

♠

5.4.3 PID 制御

（1） PI 制御器のボード線図の作図

【問題】 p.129 の図 4.8 の PI 制御器のボード線図の折れ線近似を求めてみよう。

【解答】 p.62 のボード線図の折れ線近似を手書きする手順に沿って，p.128 の式 (4.13) の $K(s) = k_p + \dfrac{k_i}{s+\omega_\delta}$ のボード線図を描く。p.129 より，積分項の特徴は定常ゲインが大きいことなので，$\omega = 0$ 付近で $|k_p| \ll \left|\dfrac{k_i}{j\omega+\omega_\delta}\right|$ になるように ω_δ は設定される。多くの場合，$k_p > 0$, $k_i > 0$ と設定するので $\omega = 0$ を代入して，$k_p \ll \dfrac{k_i}{\omega_\delta}$ となり，両辺に ω_δ をかけて次式が導かれる。

$$k_p\omega_\delta \ll k_i \quad \therefore k_p\omega_\delta + k_i \simeq k_i \tag{5.100}$$

よって，$K(s) = k_p + \dfrac{k_i}{s+\omega_\delta} = \dfrac{k_p s + k_i + k_p\omega_\delta}{s+\omega_\delta} \simeq \dfrac{k_p s + k_i}{s+\omega_\delta}$ を得る。

手順 1) より，$K(s)$ を変形する。

$$K(s) = \left(\frac{k_i}{\omega_\delta}\right)\frac{(k_i/k_p)^{-1}s+1}{\omega_\delta^{-1}s+1} \tag{5.101}$$

手順 2), 3), 4) より，図 4.8 を得る。低周波では定数 $\dfrac{k_i}{\omega_\delta}$ の特性，$\omega = \omega_\delta \sim \dfrac{k_i}{k_p}$ では積分特性，高周波では定数 k_p の特性をもつ。

♢

（2） PD 制御器のボード線図の作図

【問題】 p.131 の図 4.10 の PD 制御器のボード線図の折れ線近似を求めてみよう。

【解答】 p.62 のボード線図の折れ線近似を手書きする手順に沿って，p.130 の式 (4.14) の $K(s) = k_p + \dfrac{k_d s}{T_\delta s + 1}$ のボード線図を描く。手順 1) より，$K(s)$ を変形する。

$$K(s) = k_p \frac{(k_d/k_p + T_\delta)s + 1}{T_\delta s + 1} \tag{5.102}$$

手順 2), 3), 4) より，図 4.10 を得る。同図より，微分項の特徴は位相を $+90°$ 進めることである。しかし，$\omega = (k_d/k_p + T_\delta)^{-1}$ から T_δ^{-1} までの幅が十分広くなければ位相があまり進まないので，$(k_d/k_p + T_\delta)^{-1} \ll T_\delta^{-1}$ となるように設定する。両辺の逆数をとって $k_d/k_p + T_\delta \gg T_\delta$ がいえ，$k_d/k_p + T_\delta \simeq k_d/k_p$ が導かれる。ゆえに $K(s) \simeq k_p \dfrac{k_d/k_p s + 1}{T_\delta s + 1}$ となり，図 4.10 のように，低周波では定数 k_p の特性，$\omega = \dfrac{k_p}{k_d} \sim T_\delta$ では微分特性，高周波では定数 $\dfrac{k_d}{T_\delta}$ の特性をもつ。　　◇

（3） I-PD 制御の目標値応答特性 $G_{yr}(s)$ と外乱除去特性 $G_{yd}(s)$ の導出

【問題】 I-PD 制御の目標値応答特性 $G_{yr}(s)$ と外乱除去特性 $G_{yd}(s)$ を導出してみよう。

【解答】 p.135 の式 (4.19) より，$U(s) = \dfrac{k_i}{s}(R(s) - Y(s)) - (k_p + k_d s)Y(s) = \dfrac{k_i}{s}R(s) - \left(\dfrac{k_i}{s} + k_p + k_d s\right)Y(s)$ となり，$K(s) = \dfrac{k_i}{s} + k_p + k_d s$ を代入すると $U(s) = \dfrac{k_i}{s}R(s) - K(s)Y(s)$ となる。p.135 の図 4.14 (a) の I-PD 制御系のブロック線図より，$Y(s) = G(s)(D(s) + U(s))$ である。この式の $U(s)$ に上式を代入する。

$$Y(s) = G(s)\left(D(s) + \frac{k_i}{s}R(s) - K(s)Y(s)\right)$$

$$(1 + G(s)K(s))Y(s) = G(s)\left(D(s) + \frac{k_i}{s}R(s)\right) \quad \leftarrow Y(s) \text{ の項を移項}$$

$$\therefore Y(s) = \frac{G(s)}{1 + G(s)K(s)}D(s) + \frac{\dfrac{k_i}{s}G(s)}{1 + G(s)K(s)}R(s)$$

$\uparrow$ 両辺 $\div (1 + G(s)K(s))$

よって，$G_{yr}(s) = \dfrac{\dfrac{k_i}{s}G(s)}{1 + G(s)K(s)}$ なので，式 (4.20) が導出された。また，$G_{yd}(s) = $

$\dfrac{Y(s)}{D(s)} = \dfrac{G(s)}{1+G(s)K(s)}$ は,p.119 の式 (4.5) の PID 制御系の $G_{yd}(s)$ と同じである。 ◇

(4) PI-D 制御の目標値応答特性 $G_{yr}(s)$ と外乱除去特性 $G_{yd}(s)$ の導出

【問題】 PI-D 制御の目標値応答特性 $G_{yr}(s)$ と外乱除去特性 $G_{yd}(s)$ を導出してみよう。

【解答】 p.136 の式 (4.21) より,$U(s) = \left(k_p + \dfrac{k_i}{s}\right)(R(s) - Y(s)) - k_d s Y(s)$
$= \left(k_p + \dfrac{k_i}{s}\right) R(s) - \left(\dfrac{k_i}{s} + k_p + k_d s\right) Y(s)$ となり,$K(s) = \dfrac{k_i}{s} + k_p + k_d s$ を代入すると $U(s) = \left(k_p + \dfrac{k_i}{s}\right) R(s) - K(s) Y(s)$ となる。p.135 の PI-D 制御器のブロック線図の図 4.14 (b) より,$Y(s) = G(s)(D(s) + U(s))$ となる。この式の $U(s)$ に代入する。

$$Y(s) = G(s)\left(D(s) + \left(k_p + \dfrac{k_i}{s}\right) R(s) - K(s) Y(s)\right)$$

$$(1 + G(s) K(s)) Y(s) = G(s)\left(D(s) + \left(k_p + \dfrac{k_i}{s}\right) R(s)\right)$$
$\uparrow Y(s)$ の項を移項

$$\therefore Y(s) = \dfrac{G(s)}{1+G(s)K(s)} D(s) + \dfrac{\left(k_p + \dfrac{k_i}{s}\right) G(s)}{1+G(s)K(s)} R(s)$$
$\uparrow$ 両辺 $\div (1 + G(s) K(s))$

よって,$G_{yr}(s) = \dfrac{Y(s)}{R(s)} = \dfrac{(k_p + k_i/s) G(s)}{1 + G(s) K(s)}$ であり,p.136 の式 (4.22) が導出された。また,$G_{yd}(s) = \dfrac{Y(s)}{D(s)} = \dfrac{G(s)}{1 + G(s) K(s)}$ は,p.119 の式 (4.5) の PID 制御系の $G_{yd}(s)$ と同じである。 ◇

(5) 2 自由度制御の $F(s) = \dfrac{1}{G(0)}$,$G_M(s) = 1$ によって定常偏差がゼロになることの証明 2 自由度制御 (p.114 の図 4.2) のフィードフォワード制御器 $F(s)$ と $G_M(s)$ を,p.137 の式 (4.24) の $F(s) = \dfrac{1}{G(0)}$,$G_M(s) = 1$ に設定すると,目標値 r がステップ関数で外乱 $d = 0$ のときの定常偏差がゼロになることを証明しよう。

【証明】 最終値の定理より,出力 $y(t)$ の最終値を求める。

$$\lim_{t \to \infty} y(t) = \lim_{s \to 0} s Y(s) = \lim_{s \to 0} s G_{yr}(s) R(s)$$

$$= \lim_{s \to 0} s \frac{G(s) F(s) + G(s) K(s)}{1 + G(s) K(s)} G_M(s) R(s)$$

$$\uparrow 式 (4.23),\ d = 0\ より$$

$$= \lim_{s \to 0} s \frac{\dfrac{G(s)}{G(0)} + G(s) K(s)}{1 + G(s) K(s)} \left(\frac{1}{s}\right)$$

$$\uparrow F(s) = \frac{1}{G(0)},\ G_M(s) = 1,\ R(s) = \frac{1}{s} を代入$$

$$= \frac{\dfrac{G(0)}{G(0)} + G(0) K(0)}{1 + G(0) K(0)}$$

$$\uparrow s と \frac{1}{s} を約分して\ s = 0\ を代入$$

$$= \frac{1 + G(0) K(0)}{1 + G(0) K(0)} = 1$$

よって,ステップ関数 $r(t)$ の最終値も 1 なので,定常偏差 $\lim_{t \to \infty}(r(t) - y(t)) = 1 - 1 = 0$ となる。 ♠

5.4.4 PID 制御の設計

(1) 限界ゲイン K_u と限界周期 T_u

【問題】 開ループ伝達関数が $\dfrac{R}{s} e^{-Ls}$ のときの限界ゲイン K_u と限界周期 T_u を求めてみよう。

【解答】 p.61 の性質 (1) より,$\dfrac{R}{s} e^{-Ls}$ のゲインは $\dfrac{R}{s}$ と e^{-Ls} のゲインの積で,位相はそれぞれの和である。$\dfrac{R}{s}$ は p.60 のゲインと位相の公式 (2.72), (2.73) より,ゲイン $\dfrac{R}{\omega}$,位相 $-\pi/2$ 〔rad〕$(= -90°)$ である。e^{-Ls} は p.108 より,ゲイン 1,位相 $-L\omega$ 〔rad〕である。したがって,次式を得る。

$$|G(j\omega)| = \frac{R}{\omega} \times 1 = \frac{R}{\omega} \tag{5.103}$$

$$\angle G(j\omega) = -\frac{\pi}{2} - L\omega \tag{5.104}$$

P ゲインが K_u のときに,$\omega = \omega_u$ で開ループ伝達関数のゲインが 1,位相が $-\pi$ 〔rad〕になって限界振動が起こる。ゲインは $K_u > 0$ より,$|K_u G(j\omega_u)| = K_u |G(j\omega_u)| = 1$ である。位相は p.61 の性質 (1) より $\angle K_u = 0$ なので,$\angle(K_u G(j\omega_u)) = \angle K_u + \angle G(j\omega_u) = \angle G(j\omega_u) = -\pi$ 〔rad〕$(= -180°)$ である。よって,式 (5.104) に $\omega = \omega_u$ を代入すると $-\pi$ 〔rad〕になるので,$\angle G(j\omega_u) = -\dfrac{\pi}{2} - L\omega_u = -\pi$ と

なり，変形して $L\omega_u = \dfrac{\pi}{2}$ を得る。式 (4.25) を代入して，$L\dfrac{2\pi}{T_u} = \dfrac{\pi}{2}$ となり，変形して $T_u = 4L$ が導かれる。$K_u |G(j\omega_u)| = 1$ に式 (5.103) と $\omega = \omega_u$ を代入すると，$K_u |G(j\omega_u)| = K_u \dfrac{R}{\omega_u} = 1$ となるので，$C_u = \dfrac{\omega_u}{R}$ を得る。これに式 (4.25) と $T_u = 4L$ を代入して，$K_u = \dfrac{2\pi}{4L}\dfrac{1}{R} = \dfrac{\pi}{2}\dfrac{1}{RL} \simeq \dfrac{1.6}{RL}$ が導かれる。以上より，$\dfrac{R}{s}e^{-Ls}$ の限界ゲイン K_u と限界周期 T_u は，つぎのとおりである。

$$K_u = \frac{\pi}{2}\frac{1}{RL} \simeq \frac{1.6}{RL},\ T_u = 4L \tag{5.105}$$

◇

（2） 内部モデル制御器と制御系の性質　p.142 の図 4.16 (a) の内部モデル制御系のブロック線図は図 (b) と等価で，制御器 $K(s)$ は式 (4.27) で与えられ，閉ループ伝達関数 $G_{yr}(s)$ が $G_M(s)$ に一致することを証明しよう。

【証明】 図 (a) より次式を得る。

$$U(s) = \frac{G_M(s)}{G(s)}E_2(s) \tag{5.106}$$

$$E_2(s) = E(s) + G(s)U(s) \tag{5.107}$$

式 (5.107) に $E(s) = R(s) - Y(s)$ を代入すると

$$E_2(s) = R(s) - Y(s) + G(s)U(s) = R(s) - (Y(s) - G(s)U(s)) \tag{5.108}$$

となるので，図 (a) は図 (b) に変形できることがわかる。上式より，$E_2(s)$ は，出力 $Y(s)$ とモデルの出力 $G(s)U(s)$ とが一致すれば $E_2(s) = R(s)$ となる。これを式 (5.106) に代入すると，$U(s) = \dfrac{G_M(s)}{G(s)}R(s)$ となり，それを制御対象の式 $Y(s) = G(s)U(s)$ に代入すると，$Y(s) = G_M(s)R(s)$ となるので，閉ループ伝達関数 $G_{yr}(s) = \dfrac{Y(s)}{R(s)}$ が $G_M(s)$ に一致する。

つぎに制御器 $K(s)$ を求めよう。式 (5.106) に式 (5.107) を代入する。

$$U(s) = \frac{G_M(s)}{G(s)}(E(s) + G(s)U(s)) = \frac{G_M(s)}{G(s)}E(s) + G_M(s)U(s)$$

$G_M(s)U(s)$ を移項し，両辺を $1 - G_M(s)$ で割ると，式 (4.27) が導かれる。

$$U(s) = \frac{G_M(s)}{G(s)}\frac{1}{1 - G_M(s)}E(s) \quad \therefore K(s) = \frac{U(s)}{E(s)} = \frac{G_M(s)}{G(s)}\frac{1}{1 - G_M(s)}$$

5.4 4章の制御器の設計を「ナットク」する

（3） $G(s)$ が不安定だと内部モデル制御系も不安定になることの証明

$G(s)$ が不安定だと，内部モデル制御系の目標値応答特性 $G_{yr}(s)$ も不安定になることを証明しよう。

【証明】 p.119 の $G_{yr}(s)$ の式 (4.5) に p.142 の $K(s)$ の式 (4.27) を代入して，分子分母に $G(s)(1 - G_M(s))$ をかける。

$$G_{yr}(s) = \frac{G(s)K(s)}{1+G(s)K(s)} = \frac{G(s)\dfrac{G_M(s)}{G(s)}\dfrac{1}{1-G_M(s)}}{1+G(s)\dfrac{G_M(s)}{G(s)}\dfrac{1}{1-G_M(s)}}$$

$$= \frac{G(s)G_M(s)}{G(s)(1-G_M(s)) + G(s)G_M(s)} = \frac{G(s)}{G(s)}G_M(s) \quad (5.109)$$

上式より，$G(s)$ が不安定極（または不安定零点）をもつと $\dfrac{G(s)}{G(s)}$ が不安定な極零相殺（p.44 を参照）を起こして $G_{yr}(s)$ が不安定になってしまう。 ♠

（4） 二次遅れ系に対する内部モデル制御の PID ゲインの導出

【問題】 p.143 の式 (4.28) を導出してみよう。

【解答】 p.142 の式 (4.27) の分子分母を $G(s)G_M(s)$ で割る。

$$K(s) = \frac{G_M(s)}{G(s)}\frac{1}{1-G_M(s)} = \frac{G^{-1}(s)}{G_M^{-1}(s) - 1}$$

p.94 の式 (3.22) の $G(s)$ と $G_M(s) = \dfrac{1}{1+\lambda s}$ を代入する。

$$K(s) = \frac{s^2 + 2\zeta\omega_n s + \omega_n^2}{K\omega_n^2}\frac{1}{(1+\lambda s) - 1} = \frac{s^2 + 2\zeta\omega_n s + \omega_n^2}{K\omega_n^2 \lambda s}$$

$$= \frac{1}{K\omega_n^2 \lambda}s + \frac{2\zeta}{K\omega_n \lambda} + \frac{\dfrac{1}{K\lambda}}{s} \quad (5.110)$$

上式は PID 制御器 $k_d s + k_p + \dfrac{k_i}{s}$ と同じ構造をしているので，係数比較して式 (4.28) を得る。 ◇

（5） 一次遅れ系とむだ時間要素に対する内部モデル制御の PID ゲインの導出

【問題】 p.144 の式 (4.30) を導出してみよう。

【解答】 式 (4.29) の e^{-Ls} に 1 次パデ近似（p.108 の式 (3.42)）を代入して，分子分母に $K\left(\dfrac{L}{2}s + 1\right)$ をかける。

$$K(s) \simeq \cfrac{\cfrac{Ts+1}{K}}{1+\lambda s - \cfrac{-\cfrac{L}{2}s+1}{\cfrac{L}{2}s+1}} = \cfrac{(Ts+1)\left(\cfrac{L}{2}s+1\right)}{K\left((\lambda s+1)\left(\cfrac{L}{2}s+1\right)-\left(-\cfrac{L}{2}s+1\right)\right)}$$

$$= \cfrac{(Ts+1)\left(\cfrac{L}{2}s+1\right)}{K\left(\lambda\cfrac{L}{2}s^2+\left(\lambda+\cfrac{L}{2}\right)s+1+\cfrac{L}{2}s-1\right)}$$

$$\therefore K(s) = \cfrac{T\cfrac{L}{2}s^2+\left(T+\cfrac{L}{2}\right)s+1}{sK\left(\lambda\cfrac{L}{2}s+(\lambda+L)\right)} \tag{5.111}$$

上式の $K(s)$ は，不完全微分を用いた式 (4.30) の PID 制御器 $\cfrac{k_i}{s}+k_p+k_d\cfrac{s}{T_\delta s+1}$ と同じ構造をしている．PID 制御器 $\cfrac{k_i}{s}+k_p+k_d\cfrac{s}{T_\delta s+1}$ に s をかけて $s=0$ を代入すると k_i になるので，式 (5.111) に s をかけて $s=0$ を代入し，式 (4.30) の k_i を得る．

$$k_i = \lim_{s\to 0} sK(s) = \lim_{s\to 0} s\cfrac{T\cfrac{L}{2}s^2+\left(T+\cfrac{L}{2}\right)s+1}{sK\left(\lambda\cfrac{L}{2}s+(\lambda+L)\right)}$$

$$\therefore k_i = \cfrac{1}{K(\lambda+L)} \quad \leftarrow \cfrac{s\cdot 1}{s}=1 \text{ を計算し，} s=0 \text{ を代入}$$

PID 制御器 $\cfrac{k_i}{s}+k_p+k_d\cfrac{s}{T_\delta s+1}$ から $\cfrac{k_i}{s}$ を引いて $s=0$ を代入すると k_p になるので，式 (5.111) から $\cfrac{k_i}{s}$ を引いて $s=0$ を代入し，式 (4.30) の k_p を得る．

$$k_p = \lim_{s\to 0}\left(K(s)-\cfrac{k_i}{s}\right) = \lim_{s\to 0}\left(\cfrac{T\cfrac{L}{2}s^2+\left(T+\cfrac{L}{2}\right)s+1}{K\left(\lambda\cfrac{L}{2}s+(\lambda+L)\right)s}-\cfrac{k_i}{s}\right)$$

$$= \lim_{s\to 0}\left(\cfrac{T\cfrac{L}{2}s^2+\left(T+\cfrac{L}{2}\right)s+1}{K\lambda\cfrac{L}{2}s+\cfrac{1}{k_i}}-k_i\right)\cfrac{1}{s} \quad \leftarrow k_i=\cfrac{1}{K(\lambda+L)} \text{ を代入}$$

$$= \lim_{s \to 0} \left(\frac{\left(T\frac{L}{2}s^2 + \left(T + \frac{L}{2}\right)s + 1\right)k_i}{K\lambda\frac{L}{2}k_i s + 1} - k_i \right) \frac{1}{s}$$

$$= \lim_{s \to 0} \frac{\left(T\frac{L}{2}s^2 + \left(T + \frac{L}{2}\right)s + 1\right) - \left(K\lambda\frac{L}{2}k_i s + 1\right)}{K\lambda\frac{L}{2}k_i s + 1} \left(\frac{k_i}{s}\right)$$

$$= \lim_{s \to 0} \frac{T\frac{L}{2}s^2 + \left(T + \frac{L}{2}(1 - K\lambda k_i)\right)s}{K\lambda\frac{L}{2}k_i s + 1} \left(\frac{k_i}{s}\right)$$

$$= \lim_{s \to 0} \frac{T\frac{L}{2}s + \left(T + \frac{L}{2}(1 - K\lambda k_i)\right)}{K\lambda\frac{L}{2}k_i s + 1} k_i \quad \leftarrow \frac{s \cdot 1}{s} = 1 \quad (5.112)$$

$$\therefore k_p = \left(T + \frac{L}{2}(1 - K\lambda k_i)\right) k_i \quad \leftarrow s = 0 \text{ を代入} \quad (5.113)$$

PID 制御器 $\frac{k_i}{s} + k_p + k_d \frac{s}{T_\delta s + 1}$ から $\frac{k_i}{s} + k_p$ を引くと $k_d \frac{s}{T_\delta s + 1}$ になるので，式 (5.112) から k_p を引いて，式 (4.30) の $k_d \frac{s}{T_\delta s + 1}$ を得る．

$$k_d \frac{s}{T_\delta s + 1} = \frac{k_i \left(T\frac{L}{2}s + \left(T + \frac{L}{2}(1 - K\lambda k_i)\right)\right)}{K\lambda\frac{L}{2}k_i s + 1} - k_p$$

$$= \frac{k_i T\frac{L}{2}s + k_p}{K\lambda\frac{L}{2}k_i s + 1} - k_p \quad \leftarrow \text{式 (5.113) を代入}$$

$$= \frac{\left(k_i T\frac{L}{2}s + k_p\right) - k_p \left(K\lambda\frac{L}{2}k_i s + 1\right)}{K\lambda\frac{L}{2}k_i s + 1}$$

$$\therefore k_d \frac{s}{T_\delta s + 1} = k_i \frac{L}{2}(T - k_p K\lambda) \frac{s}{K\lambda\frac{L}{2}k_i s + 1}$$

$\diamondsuit$

（6） 制御器 $K(s)$ が制御対象 $G(s)$ の遅い極と極零相殺を起こすと外乱除去特性が悪くなることの証明　p.145 の特記事項を証明しよう。ただし，内部モデル制御（p.142 の式 (4.27)）のように，制御器が $K(s) = \dfrac{K_0(s)}{G(s)}$ の形をしていて，制御対象 $G(s)$ と極零相殺を起こすタイプとする。

【証明】　p.119 の式 (4.5) に $K(s) = \dfrac{K_0(s)}{G(s)}$ を代入すると

$$G_{yd}(s) = \frac{G(s)}{1+G(s)K(s)} = \frac{G(s)}{1+G(s)\dfrac{K_0(s)}{G(s)}} = \frac{G(s)}{1+K_0(s)} \tag{5.114}$$

となるので，外乱除去特性 $G_{yd}(s)$ は $G(s)$ の極をもつ。応答は最も遅い代表根（p.48 を参照）の影響を大きく受けるので，$G(s)$ が遅い極（原点に近い極）をもつと，$G_{yd}(s)$ も同じ遅い極をもち，外乱応答が遅くなる。つまり，外乱が入ると，なかなか減衰しない。　　♠

（7）　極配置法（部分的モデルマッチング）の制御対象の近似のズレが低周波ほど小さいことの証明

【証明】　p.53 の式 (2.65) の制御対象を $G(s) = \dfrac{1}{g_2 s^2 + g_1 s + g_0 + \cdots}$ に近似したとき，$G(s) = \dfrac{b_0 + b_1 s + b_2 s^2 + \cdots}{a_0 + a_1 s + a_2 s^2 + \cdots} = \dfrac{1}{g_0 + g_1 s + g_2 s^2 + \cdots}$ の分母を払う。

$$\begin{aligned}(a_0 + a_1 s + a_2 s^2 + \cdots) &= (g_0 + g_1 s + g_2 s^2 + \cdots)(b_0 + b_1 s + b_2 s^2 + \cdots) \\ &= g_0 b_0 + (g_0 b_1 + g_1 b_0)s + (g_0 b_2 + g_1 b_1 + g_2 b_0)s^2 + \cdots\end{aligned}$$

上式は s に関する恒等式なので，$s = 0, 1, 2, 3, \cdots$ のどのような s でも，左辺と右辺が一致する。そのためには，s^0，s^2，s^3，$\cdots$ の各係数が一致しなければならない。よって次式が成り立つ[†]。

$$a_0 = g_0 b_0 \quad \therefore g_0 = \frac{a_0}{b_0}$$

$$a_1 = g_0 b_1 + g_1 b_0 \quad \therefore g_1 = \frac{a_1 - g_0 b_1}{b_0}$$

$$a_2 = g_0 b_2 + g_1 b_1 + g_2 b_0 \quad \therefore g_2 = \frac{a_2 - g_0 b_2 - g_1 b_1}{b_0}$$

p.146 の式 (4.31) は，$G(s) = \dfrac{1}{g_0 + g_1 s + g_2 s^2 + \cdots} \simeq \dfrac{1}{g_0 + g_1 s + g_2 s^2}$ として s^3

[†] この式は $s = 0$ まわりのテイラー展開でも得られる。つまり，$s = j\omega = 0$ まわりの展開なので，$\omega = 0$ 付近で近似しているのである。

5.4 4章の制御器の設計を「ナットク」する

以上の項を無視した近似である。$G(s)$ の周波数特性は $s = j\omega$ を代入した $G(j\omega)$ なので，無視するのは $(j\omega)^3$ 以上の項である。$(j\omega)^3$，$(j\omega)^4$，$(j\omega)^5$，$\cdots$ は，ω が大きくなるほど，$(j\omega)$，$(j\omega)^2$ よりも大きくなる。したがって，ω が大きくなるほど近似のズレが大きくなる。言い換えると，低周波ほど良好な近似である。 ♠

（8）極配置法の λ_1 が小さいほど速応性が良くなることの証明

【証明】 $x = \lambda_1 s$ とおき，$\alpha_2 = \dfrac{\lambda_2}{\lambda_1^2}$，$\alpha_3 = \dfrac{\lambda_3}{\lambda_1^3}$，とおくと，p.146 の式 (4.33) は
$G_M(s) = \dfrac{1}{1 + x + \alpha_2 x^2 + \alpha_3 x^3}$ となる。$1 + x + \alpha_2 x^2 + \alpha_3 x^3 = 0$ の x の解を x_1, x_2, x_3 とおく。極は s の解なので，$x = \lambda_1 s$ より極 $= \dfrac{x_1}{\lambda_1}, \dfrac{x_2}{\lambda_1}, \dfrac{x_3}{\lambda_1}$ となり，$\dfrac{1}{\lambda_1}$ に比例する。p.47 の極と速応性の関係より，極が原点よりも遠いほど（つまり絶対値が大きいほど）応答が速いので，λ_1 が小さいほど速応性が良くなる。 ♠

（9）ループ整形のPD制御で位相余裕 P_M を設定できることの証明

p.152 の式 (4.37) を証明しよう。

【証明】 p.72 の図 2.30 より，位相余裕 P_M [°] は $-180°$ と $G(j\omega_{\mathrm{gc}})K(j\omega_{\mathrm{gc}})$ の位相との差なので，PID 制御器 $K(s) = k_p\left(1 + \dfrac{k_i}{s}\right)(1 + k_d s)$ の場合は

$$P_M C = -\left(-180C - \angle\left(G(j\omega_{\mathrm{gc}})k_p\left(1 + \dfrac{k_i}{j\omega_{\mathrm{gc}}}\right)(1 + k_d j\omega_{\mathrm{gc}})\right)\right)$$

が成り立つ。ただし，$C = \dfrac{2\pi}{360}$ は角度の単位を [°] から [rad] に変換する定数である。定数 k_p は $\angle k_p = 0$ であり，$\angle(xy) = \angle x + \angle y$ の関係（p.61 を参照）より

$$P_M C = 180C + \angle\left(G(j\omega_{\mathrm{gc}})\left(1 + \dfrac{k_i}{j\omega_{\mathrm{gc}}}\right)\right) + \angle(1 + k_d j\omega_{\mathrm{gc}})$$

となる。$\angle(1 + k_d j\omega_{\mathrm{gc}})$ に p.60 の式 (2.73) を用いて移項する。

$$P_M C - 180C - \angle\left(G(j\omega_{\mathrm{gc}})\left(1 + \dfrac{k_i}{j\omega_{\mathrm{gc}}}\right)\right) = \tan^{-1}\dfrac{k_d \omega_{\mathrm{gc}}}{1}$$

両辺の tan をとって k_d について解くと，つぎのようにして式 (4.37) が導かれる。

$$\tan\left((P_M - 180)C - \angle\left(G(j\omega_{\mathrm{gc}})\left(1 + \dfrac{k_i}{j\omega_{\mathrm{gc}}}\right)\right)\right) = k_d \omega_{\mathrm{gc}}$$

$$\therefore k_d = \dfrac{1}{\omega_{\mathrm{gc}}}\tan\left((P_M - 180)\dfrac{2\pi}{360} - \angle\left(G(j\omega_{\mathrm{gc}})\left(1 + \dfrac{k_i}{j\omega_{\mathrm{gc}}}\right)\right)\right)$$

♠

― Part III【役立つ編】―

6 MATLABを活用した制御系設計を行って「役立つ」

　実際の制御系設計では，MATLAB（マトラブと読む）という制御系CADソフトウェアが広く使われている。CADとは，「コンピュータを利用した設計」の英語 "computer aided design" の頭文字だ。ここでは，MATLABを活用して1軸ロボットの制御系設計を行い，制御が実際に役立つことを実感しよう。設計する制御系は，図 6.1 に示す産業用1軸ロボットである。

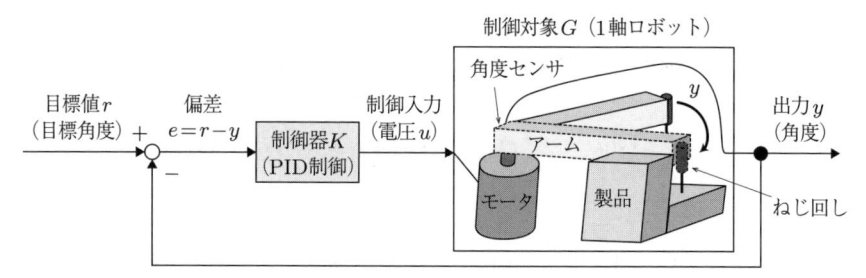

図 6.1 1軸ロボットによるねじ回し作業の制御系

　このロボットにはアームが一つあり，モータに電圧をかけると回転する。アームの先端には電動ドライバ（ねじ回し）が付いている。制御目的は，電動ドライバを製品のねじ穴まで正確に動かしてねじ回し作業を行うことなので，定常偏差をほぼゼロにしなければならない。また，ねじ穴を通り過ぎると，製品の出っ張りにぶつかって製品を壊してしまうので，オーバーシュートを発生させてはならない。さあ，これからロボットのアームの回転角度 y を制御するPID制御器を設計しよう。

6.1　MATLABとは

　制御系 CAD ソフトの MATLAB は，企業や大学で制御系設計を行うときに欠かせないツールになっている．それとよく似たフリーソフトに SCILAB（サイラブと読む）があり，その機能の一部を MATLAB と完全に互換させるフリーソフトの Mat@Scilab（マト・アト・サイラブ）を組み合わせると，フリーで MATLAB を学ぶことができる．ここでは，そのインストール方法と，使うための準備を説明する．

　Google などで「SCILAB」を検索し，ダウンロードしてインストールしよう．Mat@Scilab を Vector[†1]からダウンロードし，「MatAtScilab」アイコンを右クリックして「すべて展開」を選んで展開する[†2]．SCILAB を MATLAB として使う場合は，起動するたびに，図 **6.2** の破線で囲んだコンソールウィンドウに「Mat@Scilab」アイコンをドラッグアンドドロップすればよい．本書で取り上げる内容は，これですべて対応できるようになる（ちなみに，本書で示した例

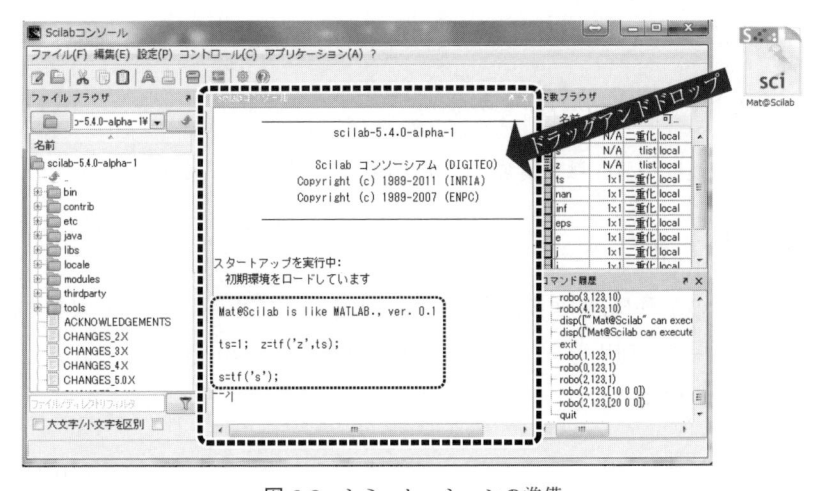

図 **6.2**　シミュレーションの準備

[†1] http://www.vector.co.jp/soft/data/edu/se494955.html
[†2] SCILAB や Mat@Scilab のインストール方法の詳細は，「小坂研」サイト（http://www.mec.kindai.ac.jp/mech/lab/kosaka）の「書籍」タブを参照．

は，すべて Mat@Scilab を用いて実行した結果である)。

なお，MATLAB がある場合は，起動のたびにウィンドウ上部のカレントディレクトリの右のボタンをクリックして，Mat@Scilab を展開したフォルダ（robo.m が入っている）を選択すれば，本書のコマンドがすべて使えるようになる。

6.2 制御対象を把握しよう

6.2.1 物理法則でモデル化しよう

1リンクロボットのシステムを物理法則でモデル化して伝達関数を求めよう。電磁石に電圧 $u(t)$ を加えたときに流れる電流 $i(t)$ は，p.90 の式 (3.19) で与えられる。モータは p.89 の図 3.2 のように，電磁石で永久磁石を引っ張って回す。しかし，回ると，フレミングの左手の法則より，コイルを通る永久磁石の磁束が変化して発電してしまう。自転車のライトに使われている発電機と同じで，速く回るほど大きく発電する。つまり，モータが回る速さである角速度 $\omega_y(t)$ に比例した電圧を発生するのだ。その比例定数を ϕ（ファイと読む）とすると，モータの電圧と電流の関係は，式 (3.19) に発電分の電圧 $\phi\omega_y(t)$ を加えて

$$u(t) = Ri(t) + L\dot{i}(t) + \phi\omega_y(t) \tag{6.1}$$

となる。角速度 $\omega_y(t)$ は角度 $y(t)$ の時間微分なので，次式が成り立つ。

$$\omega_y(t) = \dot{y}(t) \tag{6.2}$$

フレミングの左手の法則より，電流 $i(t)$ が大きいほど電磁石の磁力も大きくなるので，モータを回す力 $\tau(t)$ と電流 $i(t)$ は比例し，その比例定数を K_T とすると，つぎの関係がある。

$$\tau(t) = K_T i(t) \tag{6.3}$$

$\tau(t)$ は力のモーメント（またはトルク）と呼ばれる物理量である（τ はタウと読む）。p.95 のばね・マス・ダンパ系の場合，外から加えて能動的に発生する

力（外力という）は，力を受けて受動的に反発するばねの力と粘性力と慣性力の和とつり合う（p.96）。同じように，モータの場合は，回すときの重さ（慣性モーメントという）を J，粘性を D とすると

$$\tau(t) = J\dot{\omega}_y(t) + D\omega_y(t) \tag{6.4}$$

の関係がある。ここで角速度の時間微分 $\dot{\omega}_y(t)$ は角加速度である。$\tau(t)$ は能動的に回す力（トルク）である。$J\dot{\omega}_y(t)$ と $D\omega_y(t)$ は力を受けて受動的に反発するトルクであり，それぞればね・マス・ダンパ系の慣性力と粘性力に相当する。また，ばねの力は回った角度に比例して発生する力だが，モータの場合それは存在しない。子供の三輪車の小さいタイヤよりも，大人の自転車の大きなタイヤのほうが回すときに重いので，J が大きい。また，D はブレーキを強くかけるほど大きくなる。

初期値をすべて0として，式 (6.1) をラプラス変換しよう。

$$U(s) = RI(s) + LsI(s) + \phi\omega_y(s)$$
$$(Ls + R)I(s) = (U(s) - \phi\omega_y(s)) \quad \leftarrow I(s) \text{でくくって移項}$$
$$\therefore I(s) = \frac{1}{Ls + R}(U(s) - \phi\omega_y(s)) \tag{6.5}$$

式 (6.4) に式 (6.3) を代入し，初期値をすべて0としてラプラス変換する。

$$K_T I(s) = Js\omega_y(s) + D\omega_y(s) = (Js + D)\omega_y(s)$$
$$K_T \frac{1}{Ls + R}(U(s) - \phi\omega_y(s)) = (Js + D)\omega_y(s) \quad \leftarrow \text{式 (6.5) を代入}$$
$$K_T(U(s) - \phi\omega_y(s)) = (Ls + R)(Js + D)\omega_y(s) \quad \leftarrow \text{両辺} \times (Ls + R)$$
$$K_T U(s) = ((Ls + R)(Js + D) + K_T\phi)\omega_y(s) \quad \leftarrow \text{両辺} + K_T\phi\omega_y(s)$$
$$\therefore \frac{\omega_y(s)}{U(s)} = \frac{K_T}{(Ls + R)(Js + D) + K_T\phi} \tag{6.6}$$

上式は入力電圧 u から出力角速度 ω_y までの伝達関数である。式 (6.2) を初期値をゼロとしてラプラス変換すると，$\omega_y(s) = sY(s)$ となり，式 (6.6) に代入すると，入力電圧 u から出力角度 y までの制御対象の伝達関数を得る。

$$\frac{Y(s)}{U(s)} = \frac{\omega_y(s)}{sU(s)} = \frac{K_T}{s\left((Ls+R)(Js+D)+K_T\phi\right)} \tag{6.7}$$

式 (6.6) の分母多項式は s の 2 次多項式なので，二次遅れ系である．よって，p.94 の式 (3.22) より，式 (6.6), (6.7) はつぎのように表せる．

$$\frac{\omega_y(s)}{U(s)} = \frac{K\omega_n^2}{s^2+2\zeta\omega_n s+\omega_n^2} \tag{6.8}$$

$$\frac{Y(s)}{U(s)} = \frac{K\omega_n^2}{s\left(s^2+2\zeta\omega_n s+\omega_n^2\right)} \tag{6.9}$$

上式により，システムをモデル化して伝達関数で表すことができた．式 (6.6) の分子分母を LJ で割り，式 (6.8) と係数比較すれば，K, ω_n, ζ それぞれを R, L, K_T, ϕ, J, D で表すことができる．

6.2.2　ステップ応答で制御対象を把握しよう

ロボットアームの回転角速度のステップ応答を計測しよう．ロボットアームのモータにステップ関数である 1 V の電圧 $u(t)$ をかけたときの，アームの回転角速度 $\omega_y(t)$ がステップ応答である．そのステップ応答から，式 (6.8) の二次遅れ系のゲイン K，固有周波数 ω_n と減衰比 ζ のおおよその値を推定しよう．

MATLAB のコンソールウィンドウに robo(0,0123) とタイプしてシミュレーションを実行する．ただし，0123 を君の誕生日に置き換えてほしい．1 月 23 日生まれだと 0123 だ．誕生日が違うと K, ω_n, ζ も違うようになっている．

エンターキーを打ち込むと，**図 6.3** のグラフが現れる．SCILAB の場合は左図のアニメーションも現れて，$\omega_y(t)$ が時間の経過とともに変化する様子が横棒の上下の動きで示される．右図はステップ応答である．グラフ左上のズームボタンをクリックして範囲を指定すれば，その範囲が拡大されて最終値やオーバーシュートなどを詳細に読み取ることができる（p.6 の図 1.4 を参照）．そして，最終値，オーバーシュートや振動の周期から，二次遅れ系の K, ζ, ω_n が求まる（p.99 の図 3.8 を参照）．

図 6.3 のステップ応答から，K, ζ, ω_n を求めよう．最終値 0.1 rad/s なので $K = 0.1$ 〔rad/s〕である．オーバーシュート 0.037 rad/s で最終値 0.1 に

6.2 制御対象を把握しよう

アニメーション　ズーム　オーバーシュート　振動の周期　最終値

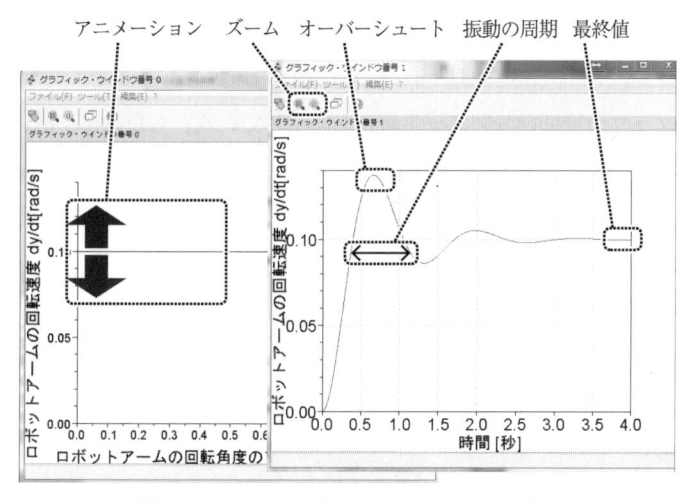

図 **6.3**　ステップ応答のシミュレーション結果

比べて $\dfrac{0.037}{0.1} = 0.37$ 倍なので，図 3.8 より減衰比 $\zeta = 0.3$ である．振動の周期は，出力が最終値 0.1 rad/s を超えてからつぎに 0.1 を下回るまでの時間 $1.052 - 0.393 = 0.659$〔s〕の 2 倍の 1.32 s なので，p.140 の式 (4.25) より角周波数 $\omega_n = \dfrac{2\pi}{周期} = \dfrac{2\pi}{1.32} = 4.76$〔rad/s〕である．MATLAB のコンソールウィンドウにつぎのコマンドをタイプすると，求めた K, ζ, ω_n をもつ伝達関数のステップ応答を見ることができる．図 6.3 とほぼ一致することを確認してほしい．

```
>> s=tf('s'); K=0.1; z=0.3; wn=4.76;
>> G=K*wn^2/(s^2+2*z*wn*s+wn^2);
>> step(G); grid
```

行頭の >> はコマンドウィンドウに初めから表示されているので，それに続いてコマンドをタイプする．1 行目の tf でラプラス変換の s を定義し，K, ζ, ω_n の変数名としてそれぞれ K, z, wn を用いて値を代入し，2 行目で $G(s)$ を設定している．かけ算は *，べき乗は ^（例えば s^2 は s^2）を用いる．一つのコマンドをタイプするたびにエンターキーを押してもよいし，この例のように一つの

コマンドの終わりにセミコロン；またはカンマ，を付けて，つぎに続くコマンドをタイプしてもよい．3 行目の step で $G(s)$ のステップ応答をグラフ表示し，grid でグラフの補助線（グリッド線）を表示している．ちなみに，tf, step などの MATLAB のコマンドの説明は，コンソールウィンドウに「help コマンド名」（例えば help step）とタイプしてエンターキーを押せば表示される．

6.2.3 ボード線図で制御対象を把握しよう

ロボットアームの回転角速度の周波数応答を計測して，ボード線図を作図しよう．ロボットアームのモータに正弦関数である入力電圧 $u(t) = \sin(\omega t)$〔V〕をかけ続けて，アームの回転角速度 $\omega_y(t)$ の振動の振幅が一定になったときの応答が周波数応答である．その周波数応答から，式 (6.8) の二次遅れ系のゲイン K，固有角周波数 ω_n，減衰比 ζ の値を求めよう．

MATLAB のコンソールウィンドウにつぎのようにタイプして，シミュレーションを実行する．ただし，0123 は君の誕生日で，1 月 23 日生まれなら 0123 だ．その右の 5 は入力電圧 $u(t)$ の周波数 ω〔rad/s〕である．誕生日が違うと，K, ω_n, ζ も違うようになっている．誕生日が同じなら K, ω_n, ζ もステップ応答のときと同じだ．

```
>> robo(1,0123,5)
```

エンターキーを押すと図 6.4 (a) のグラフが現れる．図から出力の振幅と入出力の立ち上がり時間の差を読み取り，それらからゲインは 0.17，位相は $-90°$ と求まる（p.56 の図 2.21 を参照）．さまざまな周波数 w でゲイン g と位相 p を求め[†]，つぎのコマンドで図 6.4 (b) のボード線図を作図することができる．ただし，1, 2 行目の $\cdots$ の部分は長いので省略しているが，実際は省略できない．

```
>> w=[0.1,0.2,0.5,1,…,100];
>> g=[0.10,0.10,…,0.000251]; p=[-0.69,-1.38,…,-178];
```

[†] 周波数を $\cdots, 1, 2, 5, 10, 20, 50, \cdots$ の比率の間隔にすれば，ボード線図の横軸（対数軸）の間隔がほぼ等しくなる．

6.2 制御対象を把握しよう 217

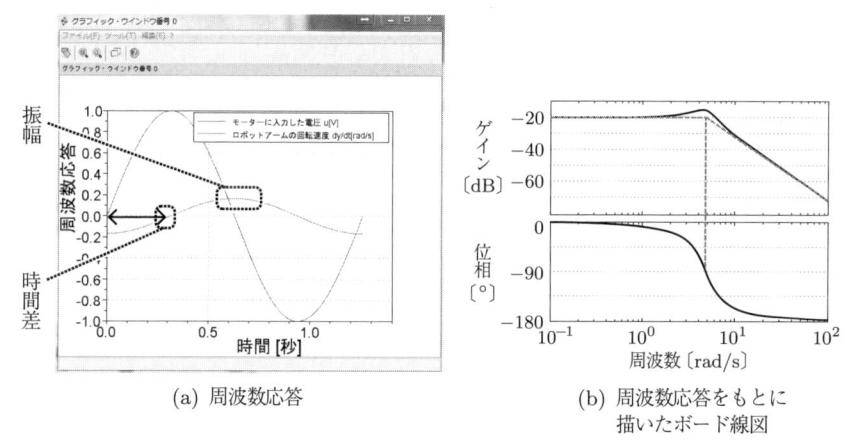

(a) 周波数応答 (b) 周波数応答をもとに描いたボード線図

図 6.4 周波数応答のシミュレーション結果とゲインと位相を求めて描いたボード線図

```
>> clf, subplot(211), semilogx(w,20*log10(g));
>> subplot(212), semilogx(w,p);
```

1 行目では，計測した周波数 w を小さい値から順にカンマ区切りでタイプし，2 行目では 1 行目でタイプした w の順に，その w に対応するゲイン g と位相 p の値をカンマ区切りでタイプしている。3 行目では，clf でグラフ画面を白紙に戻し，subplot(211) でグラフ画面の上半分を指定し，semilogx で横軸 w が対数軸で，縦軸が $20\log_{10}(\mathrm{g})$ のゲイン線図を作図している。4 行目は，下半分に位相線図を作図している。図 6.4 のボード線図から二次遅れ系の K, ζ, ω_n を求めてみよう（p.100 のボード線図を参照）。低周波のゲインが -20 dB なので，$20\log_{10} K = -20$ より，$K = 10^{-20/20} = 10^{-1} = 0.1$ [rad/s] である。ゲイン線図の直線と直線が交差する折点周波数（または位相が $-90°$ になる周波数）が ω_n なので，$\omega_n = 5.0$ [rad/s] である。p.195 の式 (5.93) より $\omega = \omega_n$ におけるゲインは $\dfrac{K}{2\zeta}$ なので，$20\log_{10}\dfrac{K}{2\zeta} = -15.6$ [dB] より $\dfrac{K}{2\zeta} = 10^{-15.6/20}$ となり，$K = 0.1$ を代入して，$\zeta = \dfrac{0.1}{10^{-15.6/20}}\left(\dfrac{1}{2}\right) = 0.3011$ を得る。よって，つぎの K, ζ, ω_n が求まった。

$$K = 0.1,\ z = 0.301,\ w_n = 5.0 \tag{6.10}$$

つぎの MATLAB コマンドで，伝達関数からボード線図を作図することができる。図 6.4 の左図とほぼ一致することを確認してほしい。

```
>> s=tf('s'); K=0.1; z=0.301; wn=5;
>> G=K*wn^2/(s^2+2*z*wn*s+wn^2);
>> clf, bode(G); grid
```

1 行目で，K，ζ，ω_n の変数名としてそれぞれ K，z，wn を用いて値を代入し，2 行目で $G(s)$ を設定し，3 行目の bode で $G(s)$ のボード線図をグラフ表示している。

6.3　PID 制御を設計しよう

ここでは 1 軸ロボットアームに対する PID 制御を設計する[†]。

6.3.1　積分項と微分項の役割を確かめよう

1 軸ロボットアームの回転角速度 $\omega_y(t)$ の PID 制御をシミュレーションしよう。PID 制御器 $K(s) = k_p + \dfrac{k_i}{s} + k_d s$ の PID ゲイン k_p，k_i，k_d（MATLAB ではそれぞれ kp，ki，kd と表示）に適当に値を代入して robo(2, 0123, [kp, ki, kd]) とタイプすればシミュレーションを実行できる。また，robo(2, 0123, [kp, ki, kd], 2) のように，4 番目の引数に 2 を追加すると，シミュレーション時間が 2 倍になる。では，つぎのようにタイプしてみよう。

```
>> robo(2,0123, [20, 0, 0]),
>> robo(2,0123, [20, 30, 0]),
>> robo(2,0123, [20, 30, 2]),
```

1 行目で $k_i = k_d = 0$ の P 制御を，2 行目で $k_d = 0$ の PI 制御を，3 行目で PID

[†] 実際のモータ制御では，式 (6.1) の電流 i をフィードバックして望ましい電流に制御する電流制御系を設計し，その系に対する入力である電流指令値を制御入力とみなして制御系設計することが多い。詳細はモーションコントロールの書籍を参照。

制御を行う。このときのシミュレーション結果を図 6.5 に示す。それぞれ上図が出力応答，下図が入力応答である。図 (a) は P 制御の結果であり，振動的で定常偏差が残っている。図 (b) は PI 制御の結果であり，積分項を入れると定常偏差がなくなることが確認できる（p.127 を参照）。図 (c) は PID 制御の結果であり，微分項を入れると振動が小さくなることが確認できる（p.132 を参照）。

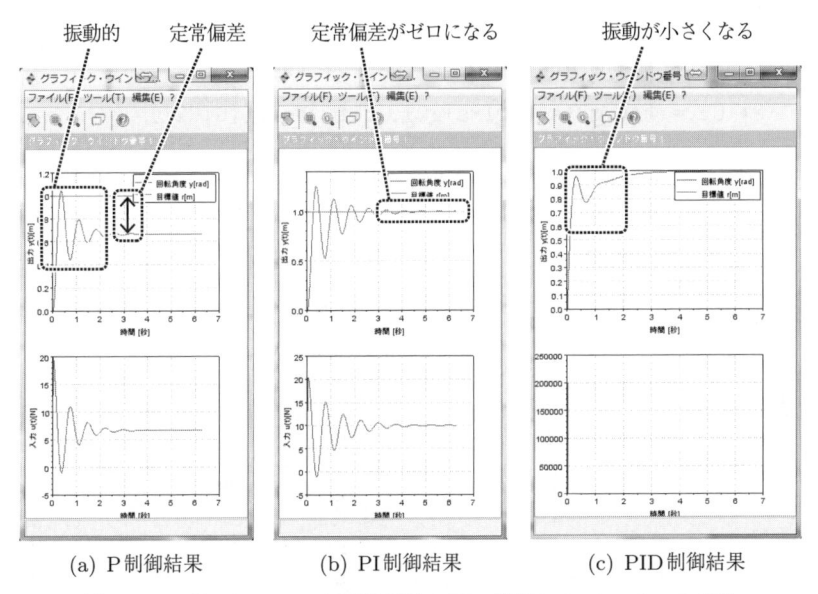

(a) P 制御結果　　(b) PI 制御結果　　(c) PID 制御結果

図 **6.5** ロボットアームの回転角速度の PID 制御シミュレーション結果

6.3.2　極配置法による伝達関数を利用した PID 制御器を設計しよう

1 軸ロボットアームの回転角度 $y(t)$ を制御する PID 制御器を極配置法で設計しよう。制御対象は式 (6.9) の三次遅れ系 $G(s) = \dfrac{K\omega_n^2}{s\left(s^2 + 2\zeta\omega_n s + \omega_n^2\right)}$ である。周波数応答から求めた式 (6.10) の K, ζ, ω_n（変数名はそれぞれ `K`, `z`, `wn`）を用いて，つぎのコマンドにより p.146 の式 (4.31) を実行する（b_2 などは `b2` のように下付き文字を通常の文字としてタイプしている）。

```
>> K=0.1; z=0.301; wn=5;
>> b2=0; b1=0; b0= K*wn^2; a2=2*z*wn; a1= wn^2; a0=0;
```

```
>> g0=a0/b0; g1=(a1 -b1*g0)/b0; g2=(a2-b1*g0-b2*g1)/b0;
```

極配置法 (部分的モデルマッチング) では，制御対象 G を $G_2 = \dfrac{1}{g_2 s^2 + g_1 s + g_0}$ で近似しているが，この近似は低周波域でよく一致し，高周波域ほどズレが大きいことを，つぎのコマンドでボード線図を表示させて確認しよう（p.208 の 5.4.4 項 (7) を参照）。

```
>> s=tf('s'); G=K*wn^2/(s*(s^2+2*z*wn*s+wn^2));
>> G2 = 1/( g2*s^2+g1*s+g0), clf, bode([G;G2])
```

図 **6.6** (a) に制御対象 G とその近似 G_2 のボード線図を示す。図よりその性質が確認できる。

(a) 制御対象 G とその近似 G_2 のボード線図

(b) 極配置法による I-PD 制御シミュレーション結果

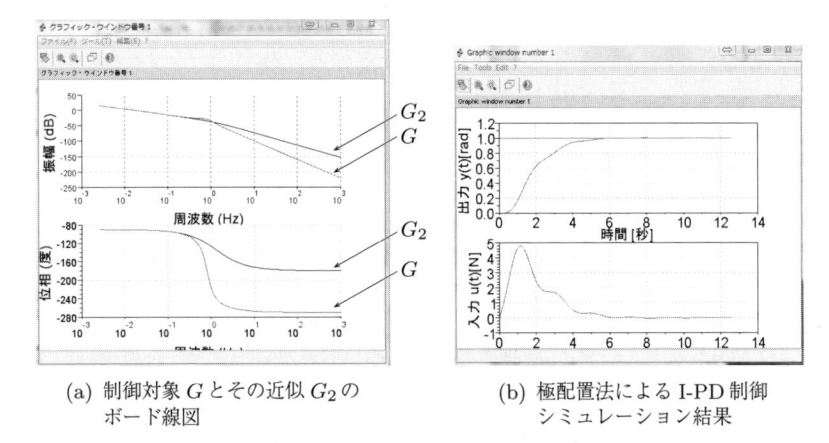

図 **6.6** ロボットアームの回転角度の極配置法による PID 制御シミュレーション結果

では，p.148 の極配置法の設計手順に沿って PID ゲインを求めよう。オーバーシュートが大きいと製品の突起部分に電動ドライバがぶつかってしまうので，オーバーシュートが起こらないように設計する。その MATLAB コマンドは，つぎに示すとおりだ。

```
>> L1=2, L2=L1^2/3, L3=L1^3/3^3,
>> ki = g2/L3; kd= L2*ki-g1; kp= L1*ki-g0;
```

6.3 PID 制御を設計しよう

```
>> robo(3,0123,[kp ki kd],2)
```

1 行目では，オーバーシュートが起こらないように，式 (4.33) の望ましい目標値応答特性 $G_M(s)$ を 3 重解で振動なしになるように，表 4.3 より $\lambda_2\,(=\mathrm{L2}) = \dfrac{\lambda_1^2}{3}$，$\lambda_3\,(=\mathrm{L3}) = \dfrac{\lambda_1^3}{3^3}$ に設定している．2 行目では，式 (4.34) より I-PD 制御の PID ゲインを求めている．できるだけ速応性が良くなるように，λ_1（MATLAB では L1）をさまざまに調整してシミュレーションしてみよう．すると，$\lambda_1 = 2$ のときにほぼベストな結果が得られる．k_d が負のとき，$k_d = 0$ に設定するには

```
>> if kd<0, kd=0;end,
```

とすればよい（p.149 を参照）．3 行目のように，robo() の 1 番目の引数を 3 にすれば，ロボットアームの回転角度 $y(t)$ を I-PD 制御するシミュレーションが行える．また，robo() の 4 番目の引数 2 を大きくすると，シミュレーション時間を長くすることができる．I-PD 制御シミュレーション結果を図 6.6 (b) に示す．上図が出力応答，下図が入力応答である．図より，オーバーシュートがほぼゼロなので，理論どおりの結果が得られたことが確認できる．

pole(G) で伝達関数 G の極がわかるので，配置した閉ループ系の極が設計したとおり 3 重解になっているかを確認しよう．

```
>> pole(1/(1+L1*s+L2*s^2+L3*s^3)),
>> pole(G2*(ki/s)/(1+G2*(kp+ki/s+kd*s))),
```

1 行目で式 (4.33) の望ましい特性 $G_M(s) = \dfrac{1}{1 + \lambda_1 s + \lambda_2 s^2 + \lambda_3 s^3}$ の極がわかり，2 行目で式 (4.32) の目標値応答特性 $G_{yr}(s) = \dfrac{G(s)\,k_i/s}{1 + G(s)\,K(s)}$ の極がわかる．どちらも理論どおり，-1.5 の 3 重解になっていることを確認してほしい．

また margin(G*(kp+ki/s+kd*s)) で安定余裕を調べて，ゲイン余裕 2.22 dB，位相交差周波数 9.57 rad/s，位相余裕 32.5°，ゲイン交差周波数 1.28 rad/s であることを確認してほしい．

6.3.3 ループ整形によるボード線図を利用した PID 制御器を設計しよう

つぎに，極配置法の代わりに，ループ整形によって PID ゲインを設計しよう。p.151 のループ整形の設計例に沿って，つぎの MATLAB コマンドを実行する。ただし，%;// よりも後ろはコメントであり，コマンドとは関係ない文を書ける。MATLAB では，%;// の代わりに % を使ってもよい。

```
>> PM=60; ratio_wgc=0.9; ratio_ki=0.9; %;// 位相余裕 PM 等を設定
>> [kp,ki,kd]=loopshaping(G,PM, ratio_wgc, ratio_ki); %;//設計
>> s=tf('s'); GK=G*(kp+ki/s+kd*s); margin(GK); %;// 安定余裕
>> robo(3,0123,[kp ki kd],2); %;// I-PD 制御シミュレーション
```

1 行目で，ループ整形の三つの調整パラメータを設定している。まず，位相余裕 PM を 60°に指定している。二つ目に，手順 2) に従い，ゲイン交差周波数 ω_{gc} を限界周波数 ω_u の 1 倍弱にするために，$\dfrac{\omega_{gc}}{\omega_u} =$ ratio_wgc $= 0.9$ と設定している。三つ目に，手順 3) に従い，周波数 k_i を w_{gc} の $\dfrac{1}{10}$ 以下にするために，$\dfrac{k_i}{\omega_{gc}/10} =$ ratio_ki $= 0.9$ と設定している。2 行目のコマンド loopshaping() の本体は loopshaping.m という名前のファイル（m ファイルという）である。3 行目の margin(GK) で，図 6.7 (a) に示すように，開ループ伝達関数 $G(s)K(s)$ のボード線図上に安定余裕を示したグラフが現れる。ま

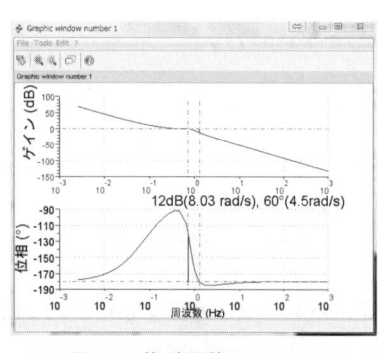

(a) 開ループ伝達関数 $G(s)K(s)$ のボード線図

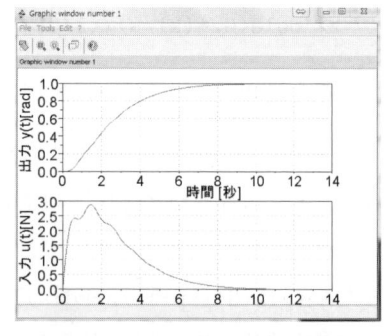

(b) ループ整形による I-PD 制御シミュレーション結果

図 6.7 ロボットアームの回転角度のループ整形による PID 制御シミュレーション結果

た，ボード線図は bode(GK) で，ナイキスト線図は nyquist(GK) で作図できる。

loopshaping.m をテキストエディタで開くと，図 6.8 に示すコマンドが記されていて，p.151 の設計例を忠実に実行している。ただし，文頭の行番号の 1: などは見やすくするためにあとで付け足したもので，m ファイルとは関係ない。

```
1: function [kp,ki,kd]=loopshaping(G,PM,ratio_wgc,ratio_ki) %;//関数宣言
2:   %;// 手順1) 限界周波数wuを求める
3:   [Gm,Pm,wu,wgc]=margin(G); %;// 安定余裕と交差周波数を求める
4:   if Gm==inf,  disp('ERROR: 解が得られない！');end
5:   %;// 手順2) ゲイン交差周波数wgcをwuの1倍弱に設定
6:   wgc = wu*ratio_wgc;
7:   %;// 手順3) 周波数kiをwgcの1/10以下に設定
8:   ki = wgc/10*ratio_ki;
9:   %;// 手順4) 位相余裕PMが望ましい値になるようにkdを設定
10:  C=2*pi/360;  %;// かけるとradを度に変換する定数
11:  kd = tan( (PM-180)*C-angle(freqresp(G*(1+ki/s),wgc)) )/wgc;
12:  %;// 手順5) G(j*wgc)K(j*wgc)のゲインを1にするようにkpを設定
13:  kp = 1/abs(freqresp(G*(1+ki/s)*(1+kd*s),wgc));
14:  %;// 手順6) K(s) = kp(1+ki/s)(1+kd*s)→ kp+ ki/s+ kd sの形式
15:  k = [kp*(1+ki*kd) (kp*ki) (kp*kd)];    %;// [a b c]はベクトル
16:  kp = k(1);  ki = k(2);   kd = k(3);    %;// k(1)はkの第1要素
```

図 6.8　m ファイル loopshaping.m をエディタで開く

1 行目で，m ファイルの関数宣言をしている。例えば，$y = \sin(\theta)$ は，角度 θ を入力すると $\sin(\theta)$ の値を y に代入して出力する関数だが，それと同じように，loopshaping() は G, PM などを入力すると，kp, ki, kd を出力する関数であることを宣言している。2 行目は，文頭が %;// なので，すべてコメントである。3 行目は，手順 1) で必要な限界周波数 wu を margin(G) で求めている。4 行目では，ゲイン余裕 $G_m = \infty$ のとき，位相がどの周波数でも $-180°$ を下回ることがないので G_m に数値を代入することができず，そのために PID ゲインの解が得られなくなることをエラー表示して警告している。6 行目で手順 2) の wgc を，8 行目で手順 4) の ki を求め，10 行目で，角度の単位 [rad] を度に変換する定数 C を求めている（pi は π）。11 行目では，手順 4) の freqresp(G*(1+ki/s), wgc) で $G(j\omega_{\text{gc}})\left(1 + \dfrac{k_i}{j\omega_{\text{gc}}}\right)$ を求め，その位相角を angle() で求め，式 (4.37)

より k_d を求めている.13 行目では,手順 5) の abs() で複素数の大きさ,すなわちゲインを求め,式 (4.38) より k_p を求めている.15 行目では,式 (4.39) で置き換えた kp, ki, kd をベクトル k の要素に代入し,16 行目で PID ゲインに値を代入している.

設計した PID ゲインを用いて I-PD 制御シミュレーションを行った結果を図 6.7 (b) に示す.上図が出力応答,下図が入力応答である.図より,オーバーシュートはない.また,margin(G*(kp+ki/s +kd*s)) で安定余裕を調べて,ゲイン余裕 12.0 dB,位相交差周波数 8.03 rad/s,位相余裕は設定したとおりの 60.0°,ゲイン交差周波数 4.50 rad/s となることを確認してほしい.p.43 の極による安定判別より,閉ループ伝達関数の極の実部の最大値が負であれば安定であるので,つぎのコマンドで確認しよう.

```
>> K=kp+ki/s+kd*s;
>> max(real(pole(1/(1+G*K)))),
```

1 行目で制御器 $K(s)$ の伝達関数を設定し,2 行目で閉ループ伝達関数 $G_{yd}(s) = \dfrac{1}{1+G(s)K(s)}$ の極を pole() で求め,real() でその実部を求め,max() でその最大値を求めると,-0.7422 となり,極の実部の最大値が負なので,安定と確認できる.

引用・参考文献

1) 柴田 浩, 藤井知生, 池田義弘：新版 制御工学の基礎, 朝倉書店 (2001)
2) 下町壽男：杜陵サークル 2 月例会 (2002)
3) 須田信英：PID 制御, 朝倉書店 (1992)
4) Thomas R. Kurfess, PhD: Getting in tune with Ziegler-Nichols, in the Academic Viewpoint column, Control Engineering magazine, p.28 (2007)
5) Anthony S. McCormack and Keith R. Godfrey: Rule-Based Autotuning Based on Frequency Domain Identification, IEEE Transactions on Control Systems Technology, **Vol.6**, No.1, pp.43–61 (1998)
6) 小坂 学：s が右半平面を囲うことを前提としないナイキストの安定判別法の証明, 計測自動制御学会論文集, **Vol.49**, No.4, pp.497–498 (2013)

索引

【あ】

安定　43
安定限界　42
安定性　6
安定余裕　73, 151

【い】

位相　56, 177
位相遅れ補償　128
位相交差周波数　72
位相進み補償　131
位相線図　60
位相余裕　73, 151
一次遅れ系　87, 190
一巡伝達関数　22
一般解　40
インパルス応答　33
インパルス関数　33, 169

【う】

運動方程式　88

【お】

オイラーの公式　45, 160
オーバーシュート　6, 8, 99
オームの法則　90
折れ線近似　62

【か】

外乱　4
外乱除去特性　6
開ループ伝達関数　22
角周波数　56, 140
カットオフ周波数　92

過渡状態　7
過渡特性　7
完全積分　128
完全微分　131
観測ノイズ　20
感度関数　22

【き】

擬似積分　86
擬似微分　86
逆応答　104
逆振れ　104
逆ラプラス変換　169
共振　100
共振周波数　94, 100
強制応答　40
共役複素数　176
極　40
──による安定判別　43, 174
極零相殺　44, 208
極配置法　145, 208, 219
虚数単位　43
虚部　45

【く】

クロスオーバー周波数　73

【け】

経年変化　53
ゲイン　56, 177
ゲイン交差周波数　73
ゲイン線図　60
ゲインチューニング　137, 138
ゲイン余裕　73, 151

限界感度法　139
減衰係数　94
減衰比　94
厳密にプロパー　186

【こ】

コイル　89
公称値　74
古典制御理論　31
固有周波数　94
コンデンサ　96

【さ】

最終値　7, 50
──の定理　50, 168
最小位相系　105, 115
再調整　137
サスペンション　87, 95
サーボ制御　145
三角関数　34, 173

【し】

シーケンス制御　1
次数　31
指数関数　34, 171
システム　13
システム同定　12, 62, 82
自然周波数　94
実部　45
時定数　87
時不変　53
時変　53
シミュレーション　12
遮断周波数　92
周期　140

索　引

【し】(続き)

周波数	140
周波数応答	35, 57
周波数応答法	62
周波数伝達関数	60
周波数特性	57
出　力	4
初期値	28
初期値応答	40
初期調整	137
ショックアブソーバ	88
自励振動	128
振　幅	56

【す】

数式モデル	11, 82
ステップ応答	7, 34, 98, 214
ステップ関数	33, 171
スミス法	144
スモールゲイン定理	74

【せ】

制　御	1
制御器	4
——の設計	12
制御系設計	9
制御工学	2
制御仕様	9, 12, 21
制御性能	6
制御帯域	8, 73
制御対象	3
制御入力	4
制御目的	4
制御量	4
斉次方程式	40
整定時間	7
静的システム	14
積　分	15
積分ゲイン	127
積分項	127
積分要素	86, 189
折点周波数	61, 92, 94
零　点	40, 103, 196
線　形	52

線形時不変系	53, 176
線形性の公式	28, 167

【そ】

相補感度関数	22, 75
速応性	7

【た】

帯域幅	8
ダイナミックシステム	15
代表根	48
多項式	31
ダンパ	88

【ち】

チャタリング	130
チューニング	12
直結フィードバック	118

【て】

ディケイド	60
抵　抗	89
定常ゲイン	87, 94, 129
定常状態	7
定常値	7, 50
定常特性	7
定常偏差	7, 116
テイラー展開	156
伝達関数	29
伝達関数表現	31

【と】

同　定	62
動的システム	15
特性変動	5, 53
特性方程式	40
特　解	40
トルク	213

【な】

ナイキスト軌跡	67
ナイキスト線図	67
ナイキストの安定判別	184

【に】

内部モデル原理	116, 199
内部モデル制御	141, 204
二次遅れ系	94, 192
2自由度制御	20, 197
入出力間特性	11
ニュートンの運動方程式	15

【ね】

粘性摩擦係数	88
粘性摩擦力	88

【の】

ノミナルモデル	74

【は】

バックラッシ	55
発　散	42
発振条件	71
パデ近似	108
ば　ね	14
ばね・ダンパ系	87
ばね定数	14
ばね・マス・ダンパ系	95
パラメータ	11, 82
パラメータ調整	12
パラメータ同定	12, 82

【ひ】

非最小位相系	105, 115
ヒステリシス	55
非線形	54
微調整	138
微分ゲイン	129
微分項	129
微分公式	28, 166
微分方程式	11, 31, 35, 88
——を解く手順	36
微分要素	85, 189
比例ゲイン	118
比例項	118
比例要素	85

【ふ】

不安定	5, 42
── な $G(s)$ の周波数特性	76
不安定極	44
不安定零点	44, 104
フィードバック	3
フィードバック制御	2, 3
フィードバック制御器	20
フィードバックループ	17
フィードフォワード制御器	20, 115
不完全積分	86, 128
不完全微分	86, 130
不感帯	55
複素平面	45
不確かさ	74
フックの法則	14
部分的モデルマッチング	145, 208
部分分数展開	37
プロセス制御	145
ブロック線図	10, 16
プロパー	186
分母多項式	31

【へ】

閉ループ	17
閉ループ制御	2
閉ループ伝達関数	22
ベクトル軌跡	67
ベクトル線図	67
偏差	4

【ほ】

飽和	54
ボード線図	59, 60, 100, 216
── の折れ線近似	62

【ま】

マス	95

【む】

無限大ノルム	75
むだ時間要素	105, 197

【も】

モータ	89
目標値	4
目標値応答特性	6
モデリング	82
モデル化	11, 82, 212
モデルマッチング	141

【ゆ】

行きすぎ量	6, 8

【よ】

1/4 減衰	140

【ら】

ラウス・フルビッツの安定判別	67, 181
ラプラス変換	26, 169
── の積分公式	167
── の線形性の公式	167
── の微分公式	166
ラプラス変換表	32
ラムダチューニング	141, 204
ランプ応答	34
ランプ関数	34, 173

【り】

留数定理	38, 173
量子化誤差	55

【る】

ループ整形	149, 209, 222

【れ】

レギュレータ	145, 151

【ろ】

ロバスト安定	76

【D】

D ゲイン	130
dec	60
decade	60

【H】

H^∞ 制御	76

【I】

I ゲイン	127
IMC	141
I-PD 制御	135, 201

【L】

LTI	176
LTI システム	53

【M】

MATLAB	211
Mat@Scilab	211

【P】

P ゲイン	118
P 制御	118
PD 制御	129
PI 制御	126
PID ゲイン	133
PID 制御	117, 133, 137, 200
PI-D 制御	136, 202

【R】

RL 回路	89
RLC 回路	96

【S】

s 平面   45
SCILAB   211

【記号】

C: 制御器   4
e: 自然対数の底   26
e: 偏差   4
G: 制御対象   3
Im[ ]: 虚部   45
j: 虚数単位   44
K: 制御器   4
P: 制御対象   3
r: 目標値   4
Re[ ]: 実部   45
s: 複素数の変数   26
t: 時間   6
u: 制御入力   4
y: 制御量, 出力   4

【MATLAB 操作】

安定余裕を求める   221
極を求める   67, 221
ステップ応答を見る   147, 215
ナイキスト線図を描く   81
ボード線図を描く   109, 218

―― 著者略歴 ――

1989年 大阪府立大学工学部電子工学科卒業
1991年 大阪府立大学大学院工学研究科博士前期課程修了(電子工学専攻)
1991年 ダイキン工業株式会社 電子技術研究所
〜01年
1999年 大阪府立大学大学院工学研究科博士後期課程修了(電気情報系専攻)
　　　 博士(工学)
2001年 近畿大学講師
2006年 近畿大学助教授
2011年 近畿大学教授
　　　 現在に至る

高校数学でマスターする　制御工学
本質の理解からMat@Scilabによる実践まで
Control Engineering Based on High School Math
――From the Essence to the Practice Using Mat@Scilab――

　　　　　　　　　　　　　　　　　　　　Ⓒ Manabu Kosaka 2012

2012年 8月23日 初版第1刷発行
2022年11月30日 初版第7刷発行

検印省略	著　者	小　坂　　　学
	発行者	株式会社　コロナ社
		代表者　牛来真也
	印刷所	三美印刷株式会社
	製本所	有限会社　愛千製本所

112-0011 東京都文京区千石 4-46-10
発行所 株式会社 コロナ社
CORONA PUBLISHING CO., LTD.
Tokyo Japan
振替 00140-8-14844・電話(03)3941-3131(代)
ホームページ https://www.coronasha.co.jp

ISBN 978-4-339-03206-2　C3053　Printed in Japan　　　　　(柏原)

〈出版者著作権管理機構　委託出版物〉
本書の無断複製は著作権法上での例外を除き禁じられています。複製される場合は,そのつど事前に,出版者著作権管理機構(電話 03-5244-5088,FAX 03-5244-5089,e-mail: info@jcopy.or.jp)の許諾を得てください。

本書のコピー,スキャン,デジタル化等の無断複製・転載は著作権法上での例外を除き禁じられています。購入者以外の第三者による本書の電子データ化及び電子書籍化は,いかなる場合も認めていません。
落丁・乱丁はお取替えいたします。